第5章 色彩局部平衡调整

第5章 调和曲线的使用

第5章 亮度/对比度/强度的使用

第5章 颜色平衡的使用

第5章 替换颜色的使用

第5章 通道混合器的使用

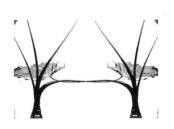

第5章 极色化的使用

第5章 位图的校正

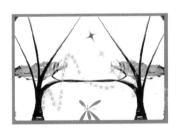

第5章 上机实训（一）

第5章 上机实训（二）

第5章 上机实训

第6章 三维旋转效果

第6章 浮雕效果

第6章 卷页效果

第6章 挤远效果

第6章 球面效果

第6章 碳笔画效果

第6章 单色蜡笔画效果

第6章 蜡笔画效果

第6章 立体派效果

第6章 印象派效果

第6章 调色刀效果

第6章 彩色蜡笔效果

第6章 钢笔画效果

第6章 点彩派效果

第6章 木版效果

第6章 素描效果

第6章 水彩画效果

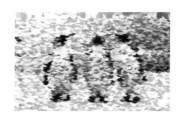

第6章 水印画效果

第6章 低通滤波器效果

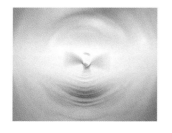

第6章 放射式模糊

第6章 缩放效果

第6章 位平面效果

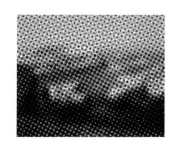

第6章 半色调效果

第6章 梦幻色调效果

第6章 曝光效果

第6章 边缘检测效果

第6章 查找边缘效果

第6章 描摹轮廓效果

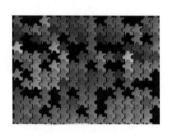

第6章 工艺效果

第6章 晶体化效果

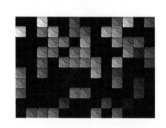

第6章 织物效果

第6章 框架效果

第6章 玻璃砖效果

第6章 儿童游戏效果

第6章 马赛克效果

第6章 粒子效果

第6章 散开效果

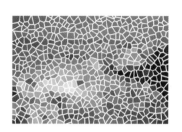

第6章 彩色玻璃效果

第6章 虚光效果

第6章 旋涡效果

第6章 旋涡效果

第6章 块状效果

第6章 置换效果

第6章 偏移效果

第6章 像素效果

第6章 龟纹效果

第6章 旋涡效果

第6章 平铺效果

第6章 湿笔画效果

第6章 涡流效果

第6章 风吹效果

第6章 最小效果

第6章 非鲜明化遮罩效果

第6章 上机实训（一）

第6章 上机实训（二）

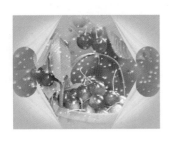

第6章 上机实训（三）

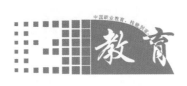

第8章 碎块拖尾字

第8章 碎块拖尾子（举一反三）

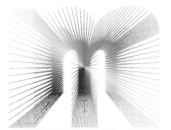

第8章 发射字形

第8章 发射字（举一反三）

第8章 卷边文字效果

中国教育2008

第8章 卷边文字效果（举一反三）　　　第8章 胶片字效果　　　第8章 胶片字效果（举一反三）

第8章 交互式渐变文字　　　第8章 交互式渐变文字（举一反三）　　　第8章 立体图片文字效果

第8章 立体图片文字效果（举一反三）　　　第8章 绘制斑斓孔雀　　　第8章 绘制斑斓孔雀（举一反三）

adngn644623dnasng(64) dj hhfl d64646465

第8章 制作书籍条形码　　　第8章 制作书籍条形码（举一反三）　　　第8章 燃烧的蜡烛效果制作

第8章 燃烧的蜡烛效果（举一反三）

第8章 可口可乐罐的制作

第8章 可口可乐罐的制作（举一反三）

第8章 制作邮票效果

第8章 制作邮票效果（举一反三）

第8章 房地产DM单的制作

第8章 房地产DM单的制作（举一反三）

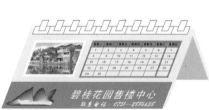

第8章 台历的制作

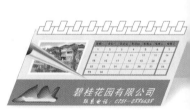

第8章 台历的制作（举一反三）

第8章 礼品包装设计

第8章 礼品包装设计（举一反三）

第8章 书籍装帧设计

21 世纪全国高职高专计算机系列实用规划教材

CorelDRAW X4 实用教程与实训

主　编　张祝强　赵冬晚　伍福军

副主编　于永忱　陈雪元　张巧玲
　　　　张珈瑞　邓玉莲

主　审　张喜生

北京大学出版社

PEKING UNIVERSITY PRESS

内 容 简 介

本书内容分为 CorelDRAW X4 基础知识、CorelDRAW X4 基本工具的应用、交互式调和工具与填充工具的应用、对象的操作管理与形状编辑、位图的编辑、为位图添加特殊的效果、图像的输出与打印、综合案例设计八大部分。编者将 CorelDRAW X4 的基本功能和新功能融入实例的讲解过程中，使读者可以边学边练，既能掌握软件功能，又能快速进入案例操作过程中。

本书是根据编者多年的教学经验和学生的实际情况(学生对实际操作较感兴趣)编写的，全书精心挑选了 20 多个案例进行详细讲解，再通过与这些案例配套的练习来巩固所学的内容。本书采用理论与实际相结合的方法编写，使学生先学习理论再通过后面的练习来巩固理论，在巩固理论的同时也将理论应用到实践过程中，使学生每做完一个案例就会掌握一个知识点，使学生在学习的过程中有一种成就感，这样可大大地提高学生的学习兴趣。

本书内容实用，可作为高职高专院校及中等职业院校计算机专业的教材，也可以作为网页动画设计者与爱好者的参考用书。

图书在版编目(CIP)数据

CorelDRAW X4 实用教程与实训/张祝强，赵冬晚，伍福军主编. —北京：北京大学出版社，2009.1
(21 世纪全国高职高专计算机系列实用规划教材)

ISBN 978-7-301-14473-2

Ⅰ. C⋯　Ⅱ. ①张⋯　②赵⋯　③伍⋯　Ⅲ. 图形软件，CorelDRAW X4—高等学校：技术学校—教材
Ⅳ. TP391.41

中国版本图书馆 CIP 数据核字(2008)第 183215 号

书　　　　名：	CorelDRAW X4 实用教程与实训
著作责任者：	张祝强　赵冬晚　伍福军　主编
责 任 编 辑：	郭穗娟
标 准 书 号：	ISBN 978-7-301-14473-2/TP・0981
出　版　者：	北京大学出版社
地　　　址：	北京市海淀区成府路 205 号　100871
网　　　址：	http://www.pup.cn　http://www.pup6.com
电　　　话：	邮购部 62752015　发行部 62750672　编辑部 62750667　出版部 62754962
电 子 邮 箱：	pup_6@163.com
印　刷　者：	河北滦县鑫华书刊印刷厂
发　行　者：	北京大学出版社
经　销　者：	新华书店
	787mm×1092mm　16 开本　19.5 印张　彩插10　444 千字
	2009 年 1 月第 1 版　2009 年 1 月第 1 次印刷
定　　　价：	35.00 元

21世纪全国高职高专计算机系列实用规划教材
专家编审委员会

信息技术的职业化教育

(代丛书序)

刘瑞挺

北京大学出版社第六事业部组编了一套《21世纪全国高职高专计算机系列实用规划教材》。为此，制订了详细的编写目的、丛书特色、内容要求和风格规范。在内容上强调面向职业、项目驱动、注重实例、培养能力；在风格上力求文字精练、图表丰富、脉络清晰、版式明快。

一、组编过程

2004年10月，第六事业部开始策划这套丛书，分派编辑深入各地职业院校，了解教学第一线的情况，物色经验丰富的作者。2005年1月15日在济南召开了"北大出版社高职高专计算机规划教材研讨会"。来自13个省、41所院校的70多位教师汇聚一堂，共同商讨未来高职高专计算机教材建设的思路和方法，并对规划教材进行了讨论与分工。2005年6月13日在苏州又召开了"高职高专计算机教材大纲和初稿审定会"。编审委员会委员和45个选题的主、参编，共52位教师参加了会议。审稿会分为公共基础课、计算机软件技术专业、计算机网络技术专业、计算机应用技术专业4个小组对稿件逐一进行审核。力争编写出一套高质量的、符合职业教育特点的精品教材。

二、知识结构

职业生涯的成功与人们的知识结构有关。以著名侦探福尔摩斯为例，作家柯南道尔在"血字的研究"中，对其知识结构描述如下：

- ◆ 文学知识——无；
- ◆ 哲学知识——无；
- ◆ 政治学知识——浅薄；
- ◆ 植物学知识——不全面。对于药物制剂和鸦片却知之甚详。对毒剂有一般了解，而对于实用园艺却一无所知；
- ◆ 化学知识——精深；
- ◆ 地质学知识——偏于应用，但也有限。他一眼就能分辨出不同的土质。根据裤子上泥点的颜色和坚实程度就能说明是在伦敦什么地方溅上的；
- ◆ 解剖学知识——准确，却不系统；
- ◆ 惊险小说知识——很渊博。似乎对近一个世纪发生的一切恐怖事件都深知底细；
- ◆ 法律知识——熟悉英国法律，并能充分实用；
- ◆ 其他——提琴拉得很好，精于拳术、剑术。

事实上，我国唐朝名臣狄仁杰，大宋提刑官宋慈，都有类似的知识结构。审视我们自己，每人的知识结构都是按自己的职业而建构的。因此，我们必须面向职场需要来设计教材。

三、职业门类

我国的职业门类分为 18 个大类：农林牧渔、交通运输、生化与制药、地矿与测绘、材料与能源、土建水利、制造、电气信息、环保与安全、轻纺与食品、财经、医药卫生、旅游、公共事业、文化教育、艺术设计传媒、公安、法律。

每个职业大类又分为二级类，例如电气信息大类又分为 5 个二级类：计算机、电子信息、通信、智能控制、电气技术。因此，18 个大类共有 75 个二级类。

在二级类的下面，又有不同的专业。75 个二级类共有 590 种专业。俗话说："三百六十行，行行出状元"，现代职业仍在不断涌现。

四、IT 能力领域

通常信息技术分为 11 个能力领域：规划的能力、分析与设计 IT 解决方案的能力、构建 IT 方案的能力、测试 IT 方案的能力、实施 IT 方案的能力、支持 IT 方案的能力、应用 IT 方案的能力、团队合作能力、文档编写能力、项目管理能力以及其他能力。

每个能力领域下面又包含若干个能力单元，11 个能力领域共有 328 个能力单元。例如，应用 IT 方案能力领域就包括 12 个能力单元。它们是操作计算机硬件的能力、操作计算软件包的能力、维护设备与耗材的能力、使用计算软件包设计机构文档的能力、集成商务计算软件包的能力、操作文字处理软件的能力、操作电子表格应用软件的能力、操作数据库应用软件的能力、连接到互联网的能力、制作多媒体网页的能力、应用基本的计算机技术处理数据的能力、使用特定的企业系统以满足用户需求的能力。

显然，不同的职业对 IT 能力有不同的要求。

五、规划梦想

于是我们建立了一个职业门类与信息技术的平面图，以职业门类为横坐标、以信息技术为纵坐标。每个点都是一个函数，即 IT(Professional)，而不是 IT+Professional 单纯的相加。针对不同的职业，编写它所需要的信息技术教材，这是我们永恒的主题。

这样组合起来，就会有 IT((328)*(Pro(590)))，这将是一个非常庞大的数字。组织这么多的特色教材，真的只能是一个梦想，而且过犹不及。能做到 IT((11)*(Pro(75)))也就很不容易了。

因此，我们既要在宏观上把握职业门类的大而全，也要在微观上选择信息技术的少而精。

六、精选内容

在计算机科学中，有一个统计规律，称为 90/10 局部性原理(Locality Rule)：即程序执行的 90%代码，只用了 10%的指令。这就是说，频繁使用的指令只有 10%，它们足以完成 90%的日常任务。

事实上，我们经常使用的语言文字也只有总量的 10%，却可以完成 90%的交流任务。同理，我们只要掌握了信息技术中 10%频繁使用的内容，就能处理 90%的职业化任务。

有人把它改为 80/20 局部性原理，似乎适应的范围更广些。这个规律为编写符合职业教育需要的精品教材指明了方向：坚持少而精，反对多而杂。

七、职业本领

以计算机为核心、贴近职场需要的信息技术已经成为大多数人就业的关键本领。职业教育的目标之一就是培养学生过硬的 IT 从业本领，而且这个本领必须上升到职业化的高度。

职场需要的信息技术不仅是会使用键盘、录入汉字，而且还要提高效率、改善质量、降低成本。例如，两位学生都会用 Office 软件，但他们的工作效率、完成质量、消耗成本可能有天壤之别。领导喜欢谁？这是不言而喻的。因此，除了道德品质、工作态度外，必须通过严格的行业规范和个人行为规范，进行职业化训练才能养成正确的职业习惯。

我们肩负着艰巨的历史使命。我国人口众多，劳动力供大于求的矛盾将长期存在。发展和改革职业教育，是我国全面建设小康社会进程中一项艰巨而光荣的任务，关系到千家万户人民群众的切身利益。职业教育和高技能人才在社会主义现代化建设中有特殊的作用。我们一定要兢兢业业、不辱使命，把这套高职高专教材编写好，为我国职业教育的发展贡献一份力量。

刘瑞挺教授 曾任中国计算机学会教育培训委员会副主任、教育部理科计算机科学教学指导委员会委员、全国计算机等级考试委员会委员。目前担任的社会职务有：全国高等院校计算机基础教育研究会副会长、全国计算机应用技术证书考试委员会副主任、北京市计算机教育培训中心副理事长。

前　言

　　本书是根据编者多年的教学经验和学生的实际情况(学生对实际操作较感兴趣)编写的，全书精心挑选了 20 多个案例进行了详细讲解，再通过与这些案例配套的练习来巩固所学的内容。本书采用理论与实际相结合的方法编写，学生先学习理论再通过后面的练习来巩固理论，在巩固理论的同时也将理论应用到实践过程中，使学生每做完一个案例就会掌握一个知识点，使学生在学习的过程中有一种成就感，这样可大大提高学生的学习兴趣。

　　本书内容分为 CorelDRAW X4 基础知识、CorelDRAW X4 基本工具的应用、交互式调和工具与填充工具的应用、对象的操作管理与形状编辑、位图的编辑、为位图添加特殊的效果、图像的输出与打印、综合案例设计八大部分。编者将 CorelDRAW X4 的基本功能和新功能融入实例的讲解过程中，使读者可以边学边练，既能掌握软件功能，又能快速进入案例操作过程中。

　　本书内容实用，可作为高职高专院校及中等职业院校计算机专业教材，也可以作为网页动画设计者与爱好者的参考用书。同时配有 10 张效果彩色插页。分别位于封二、扉页之前、封四。

　　本书总共分为 8 章内容，第 1 章由张祝强编写，第 2 章由赵冬晚编写，第 3 章由张珈瑞编写，第 4 章由于永忱编写，第 5 章由陈雪元编写，第 6 章由张巧玲编写，第 7 章由邓玉莲编写，第 8 章由伍福军编写，张喜生对该书进行了全面的审稿。在此表示衷心的感谢！

　　本书不仅适用于高职高专及中等职业院校学生，也适于作为短期培训的案例教程，对于初学者和自学者尤为适合。

　　由于编者水平有限，书中疏漏之处敬请广大读者批评指正！联系的电子邮箱为025520_ling@163.com。

编　者

2008.10

目　录

第1章

CorelDRAW X4 基础知识

知识点：

1. CorelDRAW X4 的基础知识
2. 辅助绘图工具的应用与设置
3. 视图的设置
4. 预置属性的修改
5. 文件格式
6. CorelDRAW X4 新增功能

说明：

　　本章主要介绍 CorelDRAW X4 的基础知识、工作界面、辅助绘图工具的应用、页面的相关操作、文件格式、CorelDRAW X4 的相关概念和术语。本章旨在帮助学生对 CorelDRAW X4 有一个初步的了解，具体知识将在后面的各章节中详细介绍。

Corel 公司的 CorelDRAW X4 是非常出色的矢量平面设计软件。它具有全面、强大的矢量图形制作和处理功能，可以创建从简单的图案到需要很高绘画技法的美术作品。它具有很好的图文混排功能，同时具有强大的导入和导出功能，有极强的兼容性，可以进行影视广告、产品造型、海报招贴、宣传手册、图文报表等的制作。目前最高版本是 CorelDRAW X4。

目前市场上比较流行的图形图像处理软件有 CorelDRAW X4、Photoshop、FreeHand、Photo Impact、AutoCAD、Illustrator、3ds max 等。其中 CorelDRAW X4 被公认为是平面设计领域中较专业、较常用，且功能强大的软件。

1.1 CorelDRAW X4 的基础知识

1.1.1 CorelDRAW X4 的启动和操作界面介绍

1. CorelDRAW X4 的启动

单击 开始 按钮，在弹出的菜单中单击 程序(P) 命令，然后在弹出的一级菜单中单击 CorelDRAW Graphics Suite X4 命令，最后在弹出的二级子菜单中单击 CorelDRAW X4 命令，即可启动 CorelDRAW X4 软件，如图 1.1 所示。

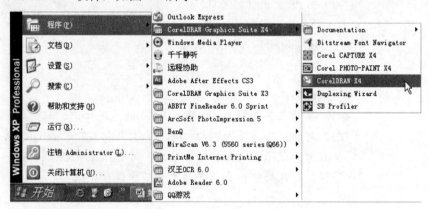

图 1.1

注意：如果桌面上有 CorelDRAW X4 的快捷图标，直接双击 图标即可启动。CorelDRAW X4 的启动路径与读者在安装软件时选择的路径有关，并不是一成不变的。

CorelDRAW Graphics Suite X4(CorelDRAW X4 套装软件包，CorelDRAW X4)是一套功能强大的软件包。它主要包括以下程序。

(1) CorelDRAW X4 页面排版和矢量绘图程序。

(2) Corel PHOTO-PAINT X4——数字图像处理程序。

(3) Corel CAPTURE X4——捕捉其他计算机屏幕图像程序。

(4) Bitstream Font Navigator——字体导航程序。

(5) SB Profiler——彩色输出中心预置文件程序。

(6) Documentation 选项——提供给用户的 CorelDRAW X4 专家的绘图方法和已经完成的设计实例。

2. CorelDRAW X4 的工作界面

CorelDRAW X4 的工作界面主要包括标题栏、菜单栏、工具栏、工具属性栏、工具箱、对话框、状态栏、标尺以及调色板，如图 1.2 所示。

图 1.2

(1) 菜单栏：用户可以通过单击菜单栏中的命令按钮来完成几乎所有的相关操作。只要用户单击相应的菜单栏中的命令按钮，就会弹出下拉菜单，下拉菜单中包括了与菜单栏命令相关的所有命令。

用户也可以改变菜单栏的显示方式。在菜单栏上右击，在弹出的快捷菜单中单击 自定义 命令，然后在弹出的一级子菜单中单击 菜单栏 命令，最后在弹出的二级子菜单中选择自己所需要的命令，即可改变菜单的显示方式。在这里选择 标题在图像右边 命令，如图 1.3 所示，即可得到如图 1.4 所示的菜单栏效果。

图 1.3

图 1.4

提示：如果在下拉菜单的命令项右边出现 ⋯ 按钮，单击该命令按钮会弹出该命令项的设置对话框；如果在下拉菜单的命令项右边出现 ▶ 按钮，单击该命令按钮会弹出下一级子菜单。

(2) 工具栏：工具栏主要包括主工具栏(又称标准工具栏)和文本工具栏两种。主工具栏主要包括了一些经常使用的命令按钮，以方便用户操作、提高操作速度，如图 1.5 所示。

图 1.5

文本工具栏主要用来设置字体，如字体大小、字体样式、字体的编排方式、对齐方式、字体效果等，如图 1.6 所示。

图 1.6

(3) 工具箱：工具箱是用户进行图形的设计和创意时不可缺少的组成部分，它包括了 CorelDRAW X4 的所有绘图命令，每一个按钮代表一个命令。如果命令按钮的右下角有 ◢ 小三角形按钮，说明该命令还包括子命令组，只要用鼠标单击该按钮，就会弹出子命令组，将鼠标移到需要选择的子命令上单击，即可选择该命令。工具箱如图 1.7 所示。

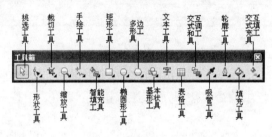

图 1.7

(4) 对话框：对话框是 CorelDRAW X4 中最具有特色的与人交互的窗口，提供了很多常用的功能，大大方便了用户的操作。

(5) 状态栏：在默认状态下位于窗口的底部，主要显示光标的位置坐标以及所选对象的大小、填充色、轮廓线颜色和宽度等。

(6) 标尺：标尺可以帮助用户准确地绘制、对齐和缩放对象。单击 视图(V) → 标尺(R) 命令，可对标尺在显示和隐藏两方面进行切换。按 Shift 键的同时，按住鼠标左键拖动标尺栏，可将其移动到绘图窗口的任意位置。在标尺的任意地方双击，就会弹出如图 1.8 所示的【选项】对话框，在其中可根据绘图需要来设置标尺的属性，例如微调量、标尺单位、标尺原点等。

(7) 工作区：工作区中包括了用户放置的任何图形和屏幕上的所有元素，如标题栏、菜单栏、标准工具栏、属性栏、工具箱、标尺、泊坞窗以及页面等。

(8) 绘图页面：在工作区中显示的一个矩形范围称为绘图页面。用户可以根据自己的需要来调整绘图区域的大小。要特别注意的是在进行图形输出处理的时候，要根据纸张大小来设置页面，而且要保证对象处于页面范围之内，否则无法完成输出。

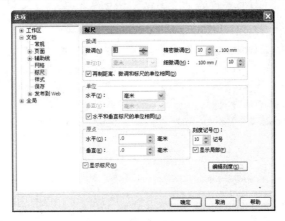

图 1.8

(9) 调色板：调色板中放置了 CorelDRAW X4 默认的各种颜色色标，它被默认放在工作界面的右侧，默认的色彩模式为 CMYK。单击 工具 (O) → 调色板编辑器 (A)… 命令，即可弹出【调色板编辑器】对话框，在其中可对面板属性进行设置，可以进行修改的有默认色彩模式、编辑颜色、添加颜色、删除颜色、将颜色排序、重置调色板等。

(10) 泊坞窗：泊坞窗是用来放置 CorelDRAW X4 的各种管理器和编辑的工作面板。在默认情况下，泊坞窗口不显示在页面上，可以通过单击 窗口 (W) → 泊坞窗 (D) 命令然后在弹出的下一级子菜单中选择所要显示的命令选项，即可将泊坞窗显示在页面右侧。

3. 新建文件

在 CorelDRAW X4 中新建文件很简单，启动 CorelDRAW X4 后，在工作界面中单击菜单栏中的 文件 (F) → 新建 (N) 命令即可新建一个空白文件，或者直接单击标准工具栏中的 按钮，也可新建一个空白文件。

4. 保存文件

在 CorelDRAW X4 中保存文件也很简单。单击 文件 (F) → 保存 (S)… 命令，弹出【保存绘图】设置对话框，根据实际需要在其中进行设置，设置完毕后单击 保存 按钮即可。

1.1.2　图像的基本术语和概念

要想成为一名平面设计人员，就必需明白矢量图与位图两者的区别，这也是设计领域中最基本的概念，只要接触图像，就会接触到这两个概念。

1. 矢量图

矢量图也称为向量图，它是以数学的方式来定义直线和曲线的，以线集合创建图形，能够平滑地放大和缩小图像而维持它原有的清晰度和弯曲度。因此，它一般适合于要求轮廓清晰的场合。它与分辨率无关，即它可以随意地缩放图形尺寸，也可以按任意分辨率打印，而且不会遗漏细节和降低清晰度，在存储时占用的内存空间也比较小。但是，它不适合表示色彩丰富的彩色图像，如果用来表示色彩丰富的风景照片，占用的空间比相同的位图图像要大。常用的矢量图像软件有 CorelDRAW X4、Flash、Adobe Illustrator、FreeHand 等。图 1.9 所示是图形在放大前与放大后的效果。

图 1.9

2. 位图

位图也称为栅格图或者点阵图，是以点(小方块)为单位所组成的图形，而每个点(小方块)的单位叫"像素"(pixel)。它最大的优点是色彩丰富，可以自由地在各软件中转变，但图像放大和缩小的效果差别很大(失真严重)。因为位图与分辨率有很大的关系，所以如果在屏幕上对位图进行缩放或用低于创建时的分辨率来打印时，将丢失其中的细节，并会出现马赛克现象。图 1.10 所示是图形在放大前与放大后的效果。

图 1.10

3. 分辨率

分辨率指单位面积内所含像素的多少，其单位是像素/英寸(1 英寸≈2.54 厘米)，分辨率的单位有 dpi 和 ppi 两种。dpi 指的是在每一英寸图像中所显示出的打印点数；ppi 指的是每一英寸图像中所显示出的像素。通常情况下都是以打印单位来度量图像的分辨率的，所以一般都是以 dpi 为分辨率的单位。在实际打印中要打印出真实清晰的效果，一般采用 200～300dpi 之间即可。如图 1.11 所示是分辨率为 72dpi 的图像效果。

不同的分辨率，图像精度也不一样，高分辨率的图像看起来效果更好。如图 1.12 所示是分辨率为 300dpi 的图像效果。

图 1.11　　　　　　　　　　　　　　　　　　图 1.12

图像的尺寸、分辨率和图像文件的大小这三者之间有着密切的关系。图像的尺寸越大，其分辨率越高，调整图像的尺寸大小和分辨率可以改变图像文件的大小。

1.1.3　颜色模式

任何一个平面设计软件，在对图像进行颜色处理时，都需要对颜色进行混合，但是要遵循一定的规则，即在不同的色彩模式下对颜色进行处理。CorelDRAW X4 中提供了以下几种颜色模式，下面对常见的几种颜色模式进行简单的介绍。

1. 位图模式

位图模式也称黑白模式，每一像素只有黑色和白色两种颜色，它所占的磁盘空间最少。如果要将彩色图像模式转化为位图模式，先要将其转化为 256 色的灰度图像，然后才能转化为位图图像。

2. 灰度模式

每个像素都用 8 位或 16 位来表示，整个图像由黑、白、灰三色来表现。如果使用灰度或黑白扫描仪产生的图像，其常以灰度模式显示。

3. 双色模式

双色模式可以采用最多 4 种色彩进行混合，用来创建单色调、双色调、三色调和四色调的图像。

4. RGB 模式

R 代表红色，G 代表绿色，B 代表蓝色，也就是三原色。在计算机领域中，每种原色以 8 位来计算，每一种颜色都有一个从 0～255 值的范围，所以共有 16 777 216 种颜色变化。这种模式产生的颜色理论与 CMYK 模式不同，是一种加色法的色彩模式。

5. CMYK 模式

C 代表青，M 代表洋红，Y 代表黄，K 代表黑，主要是印刷时所使用的模式。CMYK 在本质上和 RGB 模式是根本相反的。它们产生的颜色理论不同，CMYK 是一种减色法的色彩模式。

6. LAB 模式

LAB 模式包含了 RGB 和 CMYK 两种色彩模式，而且还加入了亮度，是一种"不依赖设备"的颜色模式方法。也就是说，无论使用何种监视器或打印机，LAB 的颜色都不改变。

这种模式常用于 RGB 和 CMYK 之间的转换。如果想将 RGB 模式转换为 CMYK 模式，首先要将 RGB 模式转换为 LAB 模式，再将 LAB 模式转换为 CMYK 模式，这样在颜色转换时能降低损失。

7. HSB 模式

HSB 是以人类对色彩的感觉为基础的。从物理学的角度讲，描述颜色的 3 种基本特性：色相、饱和度、亮度。色相是指物体反射或传出的光线，一般使用时，色相是以颜色的名称来判断的，如红色、橙色或绿色；饱和度有时也称为彩度，是指颜色的强度或纯度，在标准检色轮上，饱和度由中心向边缘递增；亮度是指颜色的相对亮度或暗度，通常以 0%(黑)～100%(白)的百分比表示。

图 1.13

8. ICC 预置文件

在 CorelDRAW X4 中，系统已经为用户预先设计好了一些 ICC 预置文件。当用户导入位图后，选择位图并单击 位图(B) 命令，在弹出的下拉菜单中单击 模式(D) 命令，弹出下一级子菜单，在下一级子菜单中单击 📟 应用 ICC 预置文件(A)… 命令，弹出如图 1.13 所示的【应用 ICC 预置文件】对话框，然后根据实际需要选择转换图像模式，单击【确定】按钮即可。

1.1.4　位图的处理

在 CorelDRAW X4 中，可以直接将由 Photoshop 等位图软件处理得到的图片或由数码相机、扫描仪等图像输入设备得到的图片导入其中。下面来简单介绍位图的导入和编辑。

1. 位图的导入

单击菜单栏中的 文件(F) 命令，在弹出的下拉菜单中单击 📑 导入(I)… 命令，此时就会弹出如图 1.13 所示的位图【导入】对话框。在对话框中选择图片保存的位置，以及选择需要导入的图片，在【文件类型】右侧的下拉列表中选择【全图像】选项，单击 导入 按钮，即可将整幅位图导入到 CorelDRAW X4 的文件中。

说明：为了讲解方便，在以后的文章中如有："单击菜单栏中的 文件(F) 命令，在弹出的下拉菜单中单击 📑 导入(I)… 命令，此时就会弹出如图 1.14 所示的位图【导入】对话框。"直接写成："单击 文件(F) → 📑 导入(I)… 命令，弹出如图 1.14 所示的位图【导入】设置对话框。"

图 1.14

2. 在导入前裁剪图像

用户在导入位图之前可以对它进行裁剪。单击 文件(F) → 导入(I)… 命令，弹出【导入】设置对话框，选择要导入的文件，如图 1.14 所示，并在 全图像 下拉列表中选择【裁剪】选项，然后单击 导入 按钮，就会弹出【裁剪图像】对话框，如图 1.15 所示。

在【裁剪图像】对话框中，用户可以手动调节图片裁切的大小；也可以在对话框中通过设置位图上边和左边的位置、高度和宽度来调节图片的大小。单击 确定 按钮，就可以将位图裁剪导入到页面中，如图 1.16 所示。

若在 全图像 下拉列表中选择【重新取样图像】选项，然后单击 导入 按钮，就会弹出【重新取样图像】对话框，如图 1.17 所示。对各选项进行设置，如可修改位图文件的大小、分辨率等属性。

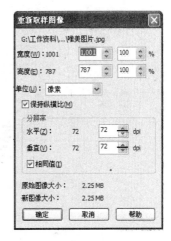

图 1.15　　　　　　　　　　图 1.16　　　　　　　　　　图 1.17

3. 编辑位图

位图导入到窗口后，就可以对其进行编辑了，如裁剪位图、对位图重新取样、调节位图大小、扩充边框等。

裁剪是指将位图中不需要的位图区域移除。单击工具箱中的【形状工具】按钮，并选定一幅位图，拖动位图的角节点，可将位图裁剪成不规则的形状，如图 1.18 所示。

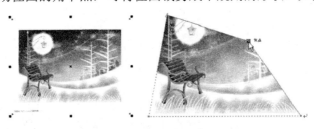

图 1.18

重新取样是指通过更改位图文件的大小和分辨率等属性来改变位图的图像质量。

选中一幅导入的位图，单击 位图(B) → 重新取样(R)… 命令，弹出【重新取样】设置对话框，如图 1.19 所示。根据实际需要进行设置，设置完成后，单击 ⬚确定 按钮，即可完成该图像的重新取样。

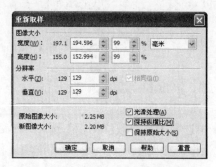

图 1.19

在 CorelDRAW X4 中，可以对位图扩充边框。位图扩充边框之后，会在原位图的周围扩充出白色的区域。如果取消自动扩充边框功能，就会终止某些效果，对图像边界造成影响。选中一幅位图，单击 位图(B) → 扩充位图边框(F) → 自动扩充位图边框(A) 命令，即可为位图自动扩充边框。如图 1.20 所示是扩充位图边框前后的效果。

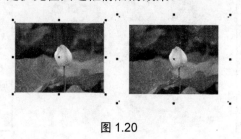

图 1.20

1.1.5　页面的基本操作

在进行页面的基本操作时，先要新建一个文件，方法很简单，按前面所介绍的方法启动 CorelDRAW X4 后，再单击 文件(F) → 🗋 新建(N) 命令(或直接单击工具栏中的 🗋 按钮)，即可新建一个文件。CorelDRAW X4 支持在一个文件中创建多个页面，也支持在不同的页面中进行不同的图形绘制和处理，以方便编辑系统、连贯、复杂的多页面图形项目，这也是 CorelDRAW X4 能够适用于大型出版物排版工作的原因。

1. 设置页面大小

在 CorelDRAW X4 中，一般默认的文件页面为 A4(210mm×297mm)纸张类型。但在实际图形设计过程中，客户要求的不一定是 A4 尺寸的大小，这时候就要根据客户的要求来设置页面尺寸的大小。设置尺寸的大小有 3 种方法。

(1) 在页面边缘的阴影处双击，即可弹出如图 1.21 所示的【选项】设置对话框，在【选项】设置对话框中可以对当前页面的方向、尺寸大小、分辨率、出血范围等属性进行设置。设置完成后，单击 ⬚确定 按钮，完成对当前文件中所有页面的调整和更新。

(2) 单击菜单栏中的 版面(L) → 📄 页面设置(P)… 命令，或单击菜单栏中的 工具(O) → 📄 选项(O)… 命令，也可以弹出如图 1.21 所示的【选项】设置对话框，其具体设置同上。

(3) 在工具属性栏的 □【纸张宽度】和 □【纸张高度】右边的文本框中直接输入所需要的页面宽度和高度，可以改变当前文件页面的尺寸。直接单击工具属性栏中的【纵向】按钮 □ 或【横向】按钮 □ 可以改变当前文件页面的方向。单击 单位: 毫米 ✓ 右边的 ✓ 按钮，弹出下拉列表，在下拉列表中选择所需要的页面设置单位，即可改变当前的页面设置单位。

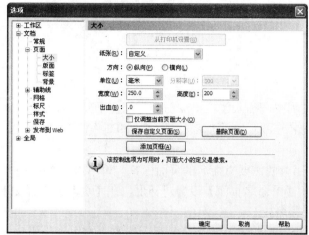

图 1.21

2. 插入页面

插入页面是指在当前文件的页面数量基础上加入一页或多页的操作。CorelDRAW X4 中为用户提供了插入页面的 3 种操作方法。

(1) 单击 版面(L) → 插入页(I)… 命令，弹出如图 1.22 所示的【插入页面】设置对话框。根据实际需要设置完各项参数之后，单击 确定 按钮，即可插入页面。

(2) 将鼠标移到页面左下方的标签栏上，单击页面信息前面的 □ 按钮，即可在当前页面之前插入一个新的页面；如果单击页面信息后面的 □ 按钮，即可在当前页面之后插入一个新的页面，如图 1.23 所示。

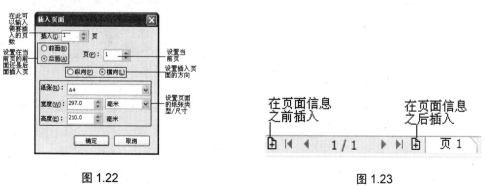

图 1.22　　　　　　　　　　　图 1.23

提示： 使用上面方法插入的页面具有和当前页面相同的页面信息。

(3) 将鼠标移到标签的页面名称上右击，此时就会弹出如图 1.24 所示的快捷菜单，在快捷菜单中单击【在前面插入页】或【在后面插入页】命令，即可在当前页面的前面或后面插入新的页面。

图 1.24

3. 重命名页面

有时候在设计过程中，插入了很多页面，为了便于操作和记忆，可以给每一个页面重新取一个便于记忆的名称，叫做重命名页面。CorelDRAW X4 中为用户提供了两种重命名的方法。

(1) 单击页面左下角的需要重命名的页面标签，再单击 版面(L) → 重命名页面(A)… 命令，弹出如图 1.25 所示的【重命名页面】设置对话框，在【页名】设置文本框中输入名称，单击 确定 按钮即可改名。

(2) 将鼠标移到标签栏中需要重命名的页面标签上右击，弹出快捷菜单，在快捷菜单中单击 重命名页面(A)… 命令，弹出如图 1.25 所示的【重命名页面】设置对话框，根据需要输入页面名称，单击 确定 按钮即可改名。

4. 删除页面

在 CorelDRAW X4 中进行绘图编辑和操作时，如果想对多余的页面进行删除，可以通过以下两种方法来完成。

(1) 单击 版面(L) → 删除页面(D)… 命令，弹出如图 1.26 所示的【删除页面】设置对话框。在【删除页面】设置文本框中输入页面序号，单击 确定 按钮即可。

图 1.25

图 1.26

(2) 将鼠标移到需要删除的页面标签上右击，在弹出的快捷菜单中单击 删除页面(D) 命令，即可将页面删除，如图 1.27 所示。

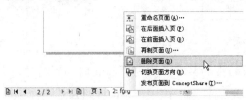

图 1.27

5. 调整页面顺序

在实际生活中，在进行比较复杂的多页的画册或手册设计时，常常会遇到页面之间前后顺序的调整。CorelDRAW X4 中为用户提供了两种调整页面之间前后顺序的方法。

(1) 在需要调整顺序的页面上单击(切换到需要调整顺序的页面)，单击 版面(L) → 转到某页 (G)… 命令，弹出如图 1.28 所示的【定位页面】对话框。在【定位页面】文本框中输入调整后的目标页面序号，单击 确定 按钮即可。

(2) 将鼠标移到页面标签中需要调整的页面名称上，然后在按住鼠标左键不放的同时，将光标拖到目标位置后，松开鼠标即可完成调整，如图 1.29 所示。

图 1.28

图 1.29

6. 设置页面背景

这里所说的页面背景是指添加到页面中的背景颜色或图像，而且页面在添加背景后，不会影响图形绘制的操作。在 CorelDRAW X4 中，页面的背景可以设置为纯色，也可以设置为位图图像或矢量图像。如果在相同背景上进行多个页面的文件编辑时，就可以通过设置页面背景来快速编辑需要的背景内容。

在 CorelDRAW X4 中，新建文档的页面背景默认为"无背景"。如果需要设置页面背景，单击 版面(L) → 页面背景 (B)… 命令，弹出【选项】设置对话框，在【选项】设置对话框的【背景】选项中，即可对页面背景进行设置，如图 1.30 所示。

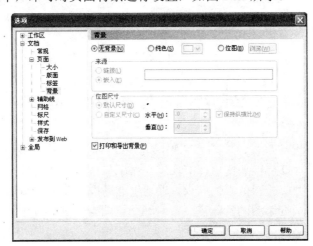

图 1.30

(1) ◉无背景(N)：在图形文件的页面背景上没有任何内容。

(2) ○纯色(S)：选中 ○纯色(S) 单选按钮后，就可以在其后面的颜色下拉列表中，选择需要的颜色作为负面的背景，如图 1.31 所示。

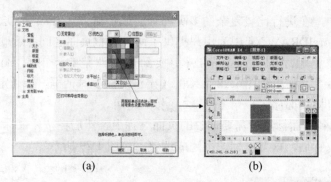

(a)　　　　　　　　　　　　　　(b)

图 1.31

（3）○**位图**⒃：选中 ○**位图**⒃ 单选按钮后，单击其后面的【浏览】按钮，打开【导入】图片设置对话框，在对话框中选择自己需要的图片作为页面的背景。要注意【选项】对话框中【链接】和【嵌入】两个选项的选择，它们之间只能选择一项。如果选择【链接】选项时，当改变插入图片的原路径或者删除原图片时，会影响插入到页面中的背景。如果选择【嵌入】选项就不会影响插入页面的背景，但会增加占用的内存空间。如图 1.32 所示为页面设置的位图图像背景效果。

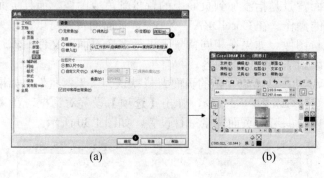

(a)　　　　　　　　　　　　　　(b)

图 1.32

1.2　辅助绘图工具的应用与设置

用户在设计过程中经常会借用到一些辅助工具(尺、三角板、圆规、量角器等)进行设计，目的是为了在设计过程中加快设计的速度和精度。在 CorelDRAW X4 中也可以通过辅助工具中的标尺、辅助线和网格来提高设计的速度和精度。使用 CorelDRAW X4 软件进行绘图时，用户还可以根据绘图的实际需要，对辅助绘图工具进行应用与设置。

1.2.1　标尺

在 CorelDRAW X4 中的默认情况下，标尺处于显示状态，并且显示在工作区的左侧和顶部，主要用来测量对象大小、位置等。使用标尺工具可以准确地绘制、缩放和对齐对象。标尺的显示位置如图 1.33 所示。

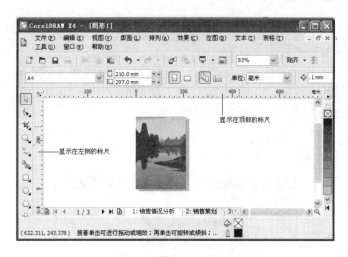

图 1.33

1. 标尺的显示/隐藏

为了设计方便,设计者可以根据实际的需要显示或隐藏标尺,单击 视图(V) → ✓ 标尺(R) 命令则隐藏标尺,同时【标尺】前面的"√"消失。再单击 视图(V) → 标尺(R) 命令则显示标尺,同时在【标尺】前面打上"√"。

2. 标尺的设置

有时候在设计时 CorelDRAW X4 提供的默认标尺的设置不一定能够满足用户的需要,此时,用户可以对标尺的单位、原点、刻度记号等进行设置,具体操作方法如下。

单击 工具(O) → 选项(O)… 命令,在弹出的【选项】设置对话框中单击 标尺 按钮,显示出标尺具体参数的设置,如图 1.34 所示。

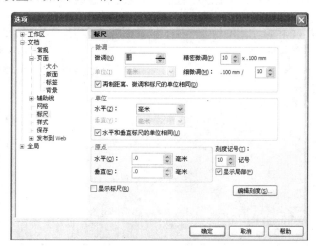

图 1.34

(1) 单位 :默认的单位是"毫米",可以根据设计的实际需要在下拉列表中选择一种计量单位。

(2) **原点**：用户可以通过在【水平】和【垂直】义本框中输入精确的数值米重新定义标尺的位置，以满足设计的实际需要。

(3) **刻度记号**：用户可以在其文本框中输入数值来修改标尺的刻度。输入的数值决定每一段数值之间的刻度数量。在其文本框中输入的数值只能是 2～20 之间的任意一个整数。在 CorelDRAW X4 中刻度的默认值为 10。

(4) 编辑刻度(S)...：单击 编辑刻度(S)... 按钮，弹出【绘图比例】设置对话框，单击【典型比例】右侧的 ▼ 按钮，在弹出的下拉列表中用户可以选择不同的刻度比例，如图 1.35 所示。

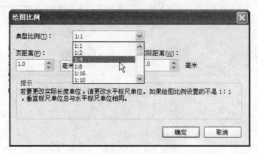

图 1.35

设置好标尺选项中的各个参数后，单击 确定 按钮，即可完成对标尺的修改设置。

3. 标尺原点的调整

在设计过程中，有时为了方便对图形进行测量，用户可以将标尺的原点调整到方便测量的位置上，具体的调整方法如下。

(1) 将鼠标移到水平标尺与垂直标尺的 原点按钮上，按住鼠标左键不放，将原点拖到绘图窗口中，此时，在屏幕上会出现两条垂直相交的虚线，如图 1.36 所示。

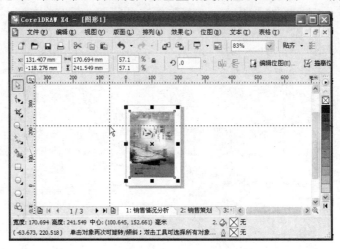

图 1.36

(2) 将原点拖到需要放置的位置时松开鼠标，此时水平标尺和垂直标尺的原点就被调整到松开鼠标的位置，如图 1.37 所示。

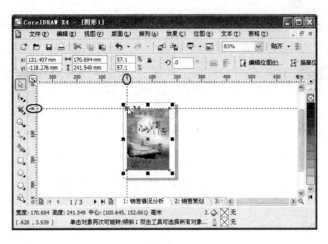

图 1.37

提示 1：用户也可以只在标尺的水平或垂直方向上拖动标尺 🔘 原点按钮。如果在水平标尺
上拖动时，水平方向上的"0"刻度会被调整到释放鼠标的位置上，水平方向上的
"0"刻度就是标尺的原点；同样，在垂直标尺上拖动时，垂直方向上的"0"刻
度会被调整到释放鼠标的位置上，标尺原点就被调整到垂直标尺上。

提示 2：双击标尺 🔘 原点按钮，标尺原点将恢复到默认状态。

4. 标尺位置的调整

在 CorelDRAW X4 中，可以将标尺放置到页面的任意位置，也就是可以根据不同对象
的测量需要来灵活调整标尺的位置。可以同时调整水平和垂直标尺到页面任意位置，也可
只调整水平或垂直标尺到页面任意位置。

(1) 同时调整水平和垂直标尺到页面的任意位置。将鼠标移到标尺 🔘 原点按钮上，按
住 Shift 键的同时，按住鼠标左键拖动标尺 🔘 原点按钮到需要的位置松开鼠标，标尺即可
调整到指定的位置，如图 1.38 所示。

图 1.38

(2) 分别调整水平或垂直标尺。将鼠标移到水平或垂直标尺上，按住 Shift 键的同时，

按住鼠标左键分别向下或向右拖动鼠标到需要的位置，松开鼠标，水平标尺或垂直标尺将调整到指定的位置，如图 1.39 所示。

图 1.39

1.2.2 辅助线

在 CorelDRAW X4 中，辅助线可以放置在页面上的任意位置，用于准确定位对象的虚线。它可以帮助用户快捷、准确地调整对象的位置和对齐对象等。辅助线分为水平、垂直和倾斜 3 种，在进行文件输出时辅助线不会输出，但要同文件一起保存。

1. 显示和隐藏辅助线

辅助线和前面讲解的标尺的基本知识一样，也可以设置成隐藏或者显示。

单击 视图(V) 命令，如果弹出的下拉菜单中 辅助线(I) 命令前面有出现 ✔ 复选项，说明可以显示辅助线，否则不能显示辅助线。 辅助线(I) 命令是一个复选项，用户可以单击 视图(V)→辅助线(I) 命令，进行显示/隐藏切换。

单击 工具(O)→ 选项(O)… 命令，弹出【选项】设置对话框，再单击【选项】设置对话框左侧的 辅助线 命令。此时，在【选项】设置对话框右边显示【辅助线】选项设置的具体参数，如图 1.40 所示。

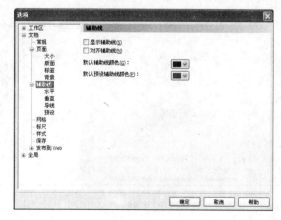

图 1.40

(1) ☐显示辅助线(S)：用于隐藏/显示辅助线复选框。

(2) ☐对齐辅助线(N)：如果选中该复选框后，在页面中移动对象的时候，对象将自动向辅助线靠齐。

(3) 默认辅助线颜色(G) 和 默认预设辅助线颜色(P)：可以在对应的下拉列表中选择需要的颜色，用来修改辅助线和预设辅助线在绘图窗口中显示的颜色。

2. 设置辅助线

在 CorelDRAW X4 中，可以设置水平、垂直和倾斜 3 种辅助线，也可以在页面中进行将辅助线锁定、删除、按顺时针或逆时针方向旋转等操作。

将鼠标移到水平或垂直标尺上，按住鼠标左键向绘图工作区(页面)中拖动，拖到需要设置辅助线的位置松开鼠标，即可完成水平或垂直辅助线的设置和定位。有时候用户需要准确地设置和定位辅助线，用拖动的方法可能行不通。在 CorelDRAW X4 中为用户提供了准确设置辅助线的【选项】设置对话框。下面详细介绍利用【选项】设置对话框来设置辅助线的方法。

1) 设置水平方向辅助线

设置水平方向辅助线可通过以下方法来完成。

(1) 单击 工具(O) → 选项(O)… 命令，弹出【选项】设置对话框，单击【选项】设置对话框左侧的⊞符号，在展开的下级列表中单击水平命令时，会显示出水平辅助线的详细参数设置，如图 1.41 所示。

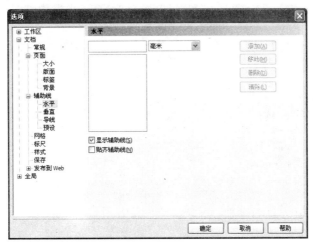

图 1.41

(2) 在【水平】选项卡下的文本框中输入需要添加的水平辅助线所指向的垂直标尺刻度值，单击 添加(A) 按钮，即可将水平辅助线显示在页面中，如图 1.42 所示。如果还需要添加，可以继续输入垂直标尺的刻度值，单击 添加(A) 按钮即可。

(3) 设置完辅助线后，单击 确定 按钮即可关闭【选项】设置对话框。

2) 设置垂直方向辅助线

垂直方向辅助线的添加与水平方向辅助线的添加的操作方法基本相同，在此不再详述。

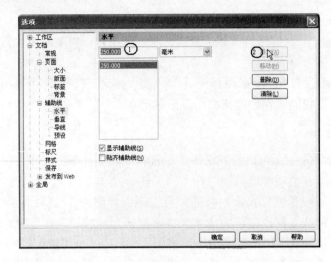

图 1.42

3) 导线

在 CorelDRAW X4 中，导线是指具有一定倾斜角度的辅助线，添加导线的具体方法如下。

(1) 单击 工具(U) → 选项(O)… 命令，在弹出的【选项】设置对话框的左侧单击⊞符号，展开下级列表，在下级列表中单击 导线 命令，会显示出导线的详细参数设置，如图 1.43 所示。

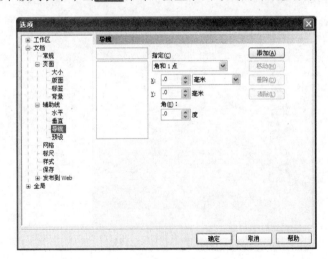

图 1.43

(2) 选择 指定(C) 下拉列表中的一项。

① 2点 ：只要用户指定辅助线的两个点的坐标，即可设置出一条穿过这两点的辅助线，对话框的设置如图 1.44 所示。在 X、Y 的文本框中分别输入两点的坐标值。

② 角和1点 ：只要用户指定辅助线的一个角度和一个点的坐标，即可设置出一条以指定的角度和穿过指定点的辅助线，对话框的设置如图 1.45 所示。在 X、Y 的文本框中分别输入坐标值，在 角(E) 文本框中输入角度值。

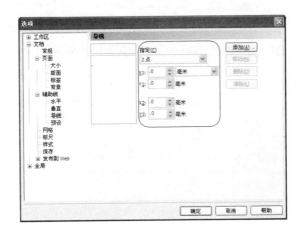

图 1.44

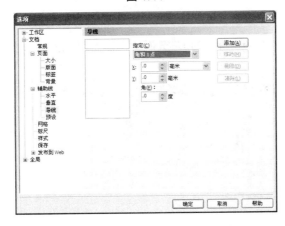

图 1.45

（3）在文本框右边的下拉列表中选择测量单位。在 CorelDRAW X4 中默认的单位是"毫米"。设置好参数后，单击 添加(A) 按钮添加参考线，再单击 确定 按钮即可关闭【选项】设置对话框，完成参考线的设置。

4）预置辅助线

预置辅助线是指 CorelDRAW X4 程序为用户提供的一些辅助线设置样式，它包括【Corel 预设】和【用户定义预设】两个选项。添加预设辅助线的操作方法如下。

（1）单击 工具(O) → 选项(O)… 命令，在弹出的【选项】设置对话框的左侧单击 田 符号，展开下级列表，在下级列表中单击 预设 命令，将会显示 预设 的详细参数设置，如图 1.46 所示。

（2）在默认情况下，面板中显示的是【Corel 预设】下的各个选项，主要包括【一厘米页边距】、【出血区域】、【页边框】、【可打印区域】、【三栏通讯】、【基本网格】、【左上网格】选项。

（3）用户根据实际需要进行选择，完成后单击 确定 按钮即可。

5）用户定义预设

（1）单击 工具(O) → 选项(O)… 命令，在弹出的【选项】设置对话框的左侧单击 田 符号，展开下级列表，在下级列表中单击 预设 命令，将会显示 预设 的详细参数设置。

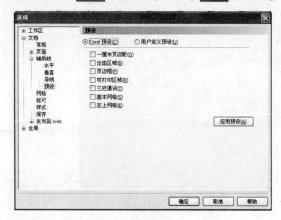

图 1.46

（2）选中 预设 设置对话框中的 ○用户定义预设(U) 单选按钮，此时，【选项】对话框的显示如图 1.47 所示。

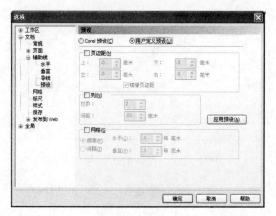

图 1.47

① □页边距(M)：是指辅助线离页面边缘的距离。如果选中了☑镜像页边距 复选框，只要在【上】和【左】右边的文本框中输入数值即可。此时【下】和【右】选项分别与【上】【左】选项的数值相同。如果没有选中☑镜像页边距 复选框，则可以分别在【下】、【上】、【左】、【右】的右边文本框中输入不同的数值。

② □列(N)：是指将页面垂直分栏。【栏数】选项是指页面被划分成栏的数量；【间距】选项是指每两栏之间的距离。

③ □网格(G)：指的是在页面中将水平和垂直辅助线相交后形成网格的形式。用户可以通过【频率】和【间隔】选项来修改网格显示形式。

3. 辅助线使用的常见技巧

在 CorelDRAW X4 中，辅助线使用的常见技巧主要包括辅助线的选择、旋转、锁定以及删除等。各种技巧的使用方法如下。

(1) 单条辅助线的选择。选择 挑选工具，在辅助线上单击，即可选中该辅助线。

(2) 页面中所有辅助线的选择。单击 编辑(E) → 全选(A) → 辅助线(G) 命令，此时，页面中所有辅助线呈红色显示，即表示所有辅助线被选中。

(3) 辅助线的旋转。选择 挑选工具，在需要旋转的辅助线上双击，此时在辅助线上会显示旋转手柄，将鼠标移到辅助线上按住左键不放进行移动即可，如图 1.48 所示。

图 1.48

(4) 辅助线的锁定。选择辅助线后，单击 排列(A) → 锁定对象(L) 命令，即可锁定被选中的辅助线。被锁定的辅助线不能再进行移动或删除操作。

(5) 辅助线的解锁。将鼠标移到被锁定的辅助线上，右击弹出快捷菜单，在快捷菜单中单击 解除锁定对象(K) 命令即可解锁辅助线。

(6) 对齐辅助线。为了绘图过程中对图形进行更加精确的操作，用户可以单击 视图(V) → 贴齐辅助线(U) 命令。另一种方法是：单击标准工具栏中的 贴齐 右边的 ▾ 按钮，在弹出的下拉菜单中单击 贴齐辅助线(U) 命令。此时，当用户移动选定的对象时，图形对象中的节点将向距离最近的辅助线及交叉点靠拢对齐，如图 1.49 所示。

图 1.49

(7) 辅助线的删除。选中辅助线，按 Delete 键即可。

(8) 预设辅助线的删除。单击 视图(V) → ✓ 辅助线(I) 命令，此时 ✓ 辅助线(I) 前面的 ✓ 消失，预设辅助线被删除。

1.2.3 网格

在 CorelDRAW X4 中，网格是由均匀分布的水平和垂直的线组成的。使用网格可以使用户在页面中精确地对齐和定位对象。通过指定频率和间距，可以设置网格线或点之间的距离，从而使定位更加精确。

1. 显示和隐藏网格

单击 视图(V) → 网格(G) 命令，屏幕中会显示出网格效果，如图 1.50 所示。再次单击 视图(V) → 网格(G) 命令，网格将被隐藏。

图 1.50

2. 设置网格

用户可以根据设计的需要来自定义网格的频率和间距，具体操作方法如下。

(1) 单击 工具(O) → 选项(O)… 命令，弹出【选项】设置对话框，单击对话框左侧的 网格 命令，此时，网格 的参数设置显示在【选项】设置对话框的右侧，如图 1.51 所示。

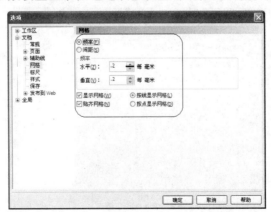

图 1.51

(2)【频率】和【间距】选项的设置。

① 【频率】选项是指每 1 毫米距离中所包含的行数,即网格的间隔距离。

② 【间距】选项是指具体的距离数值,即网格线的间隔距离。

(3) 在【水平】和【垂直】文本框中输入相应的数值。

(4) 设置完所有的选项后,单击 确定 按钮即可。

3. 对齐网格

单击标准工具栏中的 贴齐 ▾ 右边的 ▾ 按钮,在弹出的下拉菜单中单击 贴齐网格(P) 命令,也可以开启【贴齐网格】命令功能。此时,用户移动选定的图形对象,系统会自动将对象中的节点按格点对齐,如图 1.52 所示。

图 1.52

1.3　视图的设置

在 CorelDRAW X4 中,用户可以通过单击【视图】菜单中的 ⊞ 全屏预览(F) 或 ☒ 只预览选定的对象(O) 两个命令来分别预览所有图形或选定对象。

用户在预览之前,可以指定预览模式。预览模式的选取直接影响预览的速度和效果。

1.3.1　视图的显示模式

在 CorelDRAW X4 中,为用户提供了简单线框、线框、草稿、正常、增强和叠印增强 6 种视图显示模式,用户可以在绘图过程中根据设计的实际需要来选择视图的显示模式。

单击 视图(V) 命令,弹出如图 1.53 所示的下拉菜单,在下拉菜单中选择需要显示的模式。

1. 简单线框模式

单击 视图(V) → 简单线框(S) 命令,视图模式转换为 简单线框(S) 显示模式。在此模式中矢量图形只显示外框线,所有变形对象(渐变、立体化、轮廓效果)只显示原始图像的外框,位图显示为灰度图。简单线框模式的显示效果如图 1.54 所示。

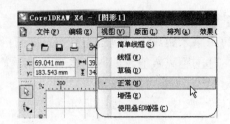

图 1.53

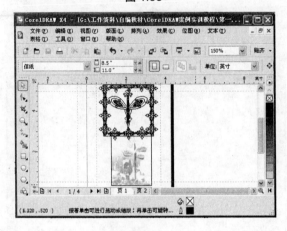

图 1.54

2. 线框模式

在 CoreIDRAW X4 中，线框模式与简单线框模式类似，但线框模式只显示立体模型、轮廓线、中间调和形状，位图只显示为单色。线框模式的显示效果如图 1.55 所示。

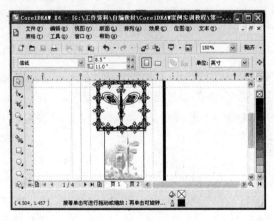

图 1.55

3. 草稿模式

在 CoreIDRAW X4 中，草稿模式中的图形以低分辨率显示。花纹填色、材质填色和 PostScript 图案填色等均以一种基本图案显示，滤镜效果以普通色块显示，渐变填色以单色显示。草稿模式的显示效果如图 1.56 所示。

图 1.56

4. 正常模式

在 CorelDRAW X4 中，正常模式中位图以高分辨率显示，而其他的图形均以正常方式显示。在正常模式中，刷新和打开文件的速度比增强模式要快一点，但显示效果比增强模式要差一点。正常模式的显示效果如图 1.57 所示。

图 1.57

5. 增强模式

在 CorelDRAW X4 中，增强模式中图形对象以高分辨率显示，并使图形尽可能地平滑。当显示复杂的图形时，增强模式会消耗更多的内存和运算时间。增强模式显示效果如图 1.58 所示。

6. 叠印增强模式

叠印增强模式是在增强模式显示的基础上，同时模拟目标图形被设置成叠印，这样用户就可以非常方便直观地预览叠印效果。叠印增强模式的显示效果如图 1.59 所示。

图 1.58

图 1.59

1.3.2　视图的缩放操作

在 CorelDRAW X4 中，为了方便用户对文件进行细节和整体的观察和编辑，系统提供了视图缩放比例的功能。视图的缩放操作主要有以下 3 种方法。

(1) 单击工具箱中的【缩放工具】按钮，然后将鼠标移到页面中，此时，鼠标变成形状，然后单击即可逐级放大页面。

(2) 单击工具箱中的【缩放工具】按钮，然后将鼠标移到页面中，按住鼠标左键不放的同时，将需要放大的部分框一个框，松开鼠标即可放大视图，如图 1.60 所示。

(a)

(b)

图 1.60

(3) 单击工具箱中的【缩放工具】按钮，此时，在属性栏中会显示出该工具的相关选项，如图 1.61 所示。

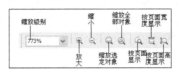

图 1.61

① 放大工具：在工具属性栏中单击 按钮一次，将会使视图放大两倍，此时，在视图中右击一次将会使视图缩小为原来的 50%。

② 缩小工具：在工具属性栏中单击 按钮一次，会使视图缩小为原来的 50%。

③ 缩放选定对象工具：在工具属性栏中单击 按钮一次，会将选定的对象最大化地显示在页面上。

④ 缩放全部对象工具：在工具属性栏中单击 按钮一次，会将页面中的全部对象显示出来，此时，在视图中右击一次，会使视图缩小为原来的 50%。

⑤ 按页面显示工具：在工具属性栏中单击 按钮一次，会将页面的宽度和高度最大化地显示出来。

⑥ 按页面宽度显示工具：在工具属性栏中单击 按钮一次，会按页面的宽度显示，右击一次会使页面缩小为原来的 50%。

⑦ 按页面高度显示工具：在工具属性栏中单击 按钮一次，会按页面的高度显示，右击一次会使页面缩小为原来的 50%。

1.3.3　视图的移动

视图的移动是指在保持视图不被缩放的情况下，使视图在不同的方向上移动。视图的移动有两种方法，下面来详细介绍这两种方法。

第一种方法：将鼠标移到工作区域的右边或下边的滚动条滑块上，按住鼠标左键不放的同时，上下或左右移动鼠标。

第二种方法：这种方法比第一种方法更简单快捷。将鼠标移到工具箱中的【缩放工具】按钮 上按住鼠标左键不放，弹出隐藏菜单工具，在弹出的工具中单击【手形工具】按钮 手形，将鼠标移到工作区中的任意位置，按住鼠标左键不放并进行移动，即可任意移动视图的显示范围。

1.3.4　使用快捷键控制视图

为了提高设计的操作速度，CoreIDRAW X4 中为一些常用的功能提供了相应的快捷键。

(1) F2 键：启用【放大工具】按钮 。

(2) F3 键：直接缩小视图。

(3) F4 键：直接将工作区中的所有对象最大范围地缩放显示在工作区中。

(4) Shift+F4 组合键：按页面显示视图。

(5) H 键：调出【手形工具】按钮 手形。

(6) 空格键：快速地从其他工具切换到挑选工具 ▢ 。

提示： 使用挑选工具 ▢ 时，单击对象，即可选中该对象；按住 Shift 键的同时，单击各个对象，即可选择多个对象；按住鼠标左键并拖动鼠标，即可框选出一个或多个对象。

1.3.5 页面的不同预览方式

在 CorelDRAW X4 中，页面的预览方式主要有全屏预览、只预览选定的对象、显示对开页、页面排序器 4 种方式。

1. 全屏预览

全屏预览是指将工作区中显示的内容以全屏预览的方式显示，工作区以外的所有对象将被隐藏。

单击 视图(V) → ▢ 全屏预览(F) 命令或按 F9 键，即可将工作区以全屏的方式显示。全屏显示效果如图 1.62 所示。

提示： 在全屏预览显示方式中，单击或按任意键，即可返回到应用程序窗口。

图 1.62

2. 只预览选定的对象

在页面中选择一个或多个对象后，单击 视图(V) → ▢ 只预览选定的对象(O) 命令，即可将选定的对象进行全屏幕预览，没有被选中的对象将被隐藏，如图 1.63 所示。

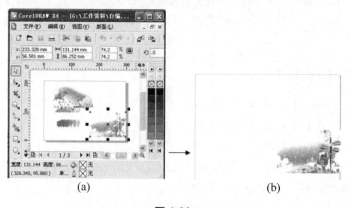

(a)   (b)

图 1.63

3. 显示对开页

在 CorelDRAW X4 中，可以按对开页的方式将两个或多个不同的页面显示在同一个页面中。显示对开页的具体设置方法如下。

(1) 单击 **工具(O)** → **选项(O)…** 命令，弹出【选项】设置对话框，单击 **页面** 前面的⊞符号，在弹出的下拉列表中单击 **版面** 命令，此时，在【选项】设置对话框右侧将显示【版面】选项的各项设置项，具体设置如图 1.64 所示。

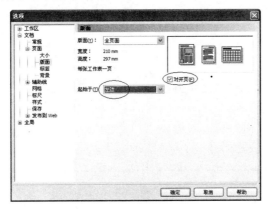

图 1.64

(2) 单击 **起始于(T)** 右边的 ∨ 图标，弹出下拉列表，有两个选项可以选择，即从左、从右两项。①从左：文档从左边页面开始；②从右：文档从右边页面开始。

(3) 设置完毕，单击 **确定** 按钮即可，效果如图 1.65 所示。

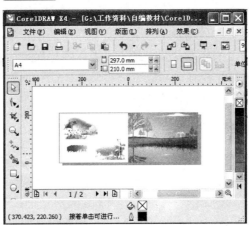

图 1.65

提示： 在【版面】选项卡中，除【版面】的下拉列表中的【全页面】选项外，其他选项都不能应用于【对开页】选项的设置。

4. 页面排序器视图

用户在设计一本有多页的画册或相册时，如果在设计完成后想同时浏览所有页面，应该怎么办呢？在 CorelDRAW X4 中为用户提供了【页面排序器视图】功能，即可以同时浏览所有页面的效果。

单击 视图(V) → 页面排序器视图(A) 命令，即可将所有页面以图像浏览方式显示，显示效果如图 1.66 所示。

图 1.66

退出【页面排序器视图】模式很简单。只要单击标准工具栏中的【页面排序器视图】按钮 即可退出【页面排序器视图】显示模式。

1.4 预置属性的修改

在 CorelDRAW X4 中，预置属性的设置对提高系统的运行速度和按设计的习惯操作设置有很大的帮助。预置属性的修改主要包括还原操作步骤次数、自动备份文档的时间、运行软件的内存等，可以通过菜单命令对它们进行修改。在对预置属性的修改之前必须了解预置属性的含义，预置属性指的是软件中各项功能的默认设置。

1.4.1 预置还原操作步骤的次数

在 CorelDRAW X4 中，还原操作步骤是指在编辑对象的过程中，将对象恢复到未执行操作前的状态，而还原操作步骤的次数是指可恢复操作的步骤数。

单击 工具(O) → 选项(O)... 命令，弹出【选项】设置对话框。单击 工作区 前面的 符号，在弹出的下拉列表中单击 常规 命令，此时，在【选项】设置对话框右侧显示的为【常规】选项的各项设置，如图 1.67 所示。

在 CorelDRAW X4 中进行矢量图形编辑时，默认的撤销步骤为 20 步；而位图默认的撤销操作步骤为 2 步。用户可以根据自己的需要来设置撤销的步骤。

提示：在 CorelDRAW X4 中对矢量图形编辑时，撤销步骤的最高设置没有多大的限制，只与用户的计算机内存大小有关，而对位图的撤销步骤是有限制的，最多撤销步骤为 20 步。用户要注意，撤销的步骤不要设置太大，这样会占用很多内存空间，降低运行速度。

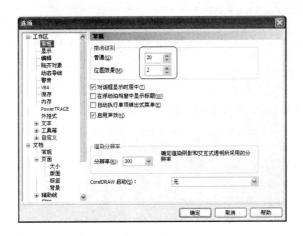

图 1.67

技巧：在进行还原操作的步骤时，只要按 Ctrl+Z 组合键即可。每按一次还原一步。

1.4.2　设置自动备份文档的时间

用户在设计过程中经常会遇到这样的情况，一幅作品还差一点就完成了，或者设计到一半还没有来得及保存时，由于停电或者系统出问题，用户的作品丢失了，这对用户来说是一件最头痛的事。在 CorelDRAW X4 中，为用户提供了一个自动备份文档的功能，很好地弥补了这一缺点。不过用户也要注意一个问题，自动备份的时间不要设置得太短，否则系统频繁地存储文件会降低计算机的运行速度。

单击**工具**(D) → **选项**(O)…命令，弹出【选项】设置对话框，单击**工作区**前面的⊞符号，在弹出的下拉列表中单击**保存**命令，此时，在【选项】设置对话框右侧将显示【保存】选项的各项设置，如图 1.68 所示。

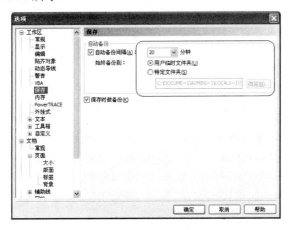

图 1.68

(1) ☑**自动备份间隔**(A)：在 ☑**自动备份间隔**(A) 右边的文本框中可以输入需要自动保存的时间。如果**自动备份间隔**(A) 前面的 ☑ 被取消，系统就不会自动保存文件。对于备份的时间间隔，建议用户不要设置得太短，否则会降低系统的运行速度。

(2) 始终备份到： 始终备份到 右边有两个可供用户选择的单选按钮，如果选中 ◉用户临时文件夹(U) 单选按钮，系统将备份的文件保存到临时文件夹中，而临时文件夹一般在系统盘(C：\……temp 文件夹)下，这样会降低系统的运行速度。如果用户选择 ◉特定文件夹(S) 单选按钮，就可以通过 ◉特定文件夹(S) 下面的 浏览(B)... 按钮选择临时文件保存的路径。

(3) ☑保存时做备份(K)：如果 保存时做备份(K) 前面被打上 ☑，用户在保存的同时系统还会自动备份 1 份到临时文件夹或者用户指定的临时文件存储的文件夹中。

1.4.3　设置软件运行的内存

合理地设置软件的内存空间有利于提高系统的运行速度和合理地分配内存空间，提高系统资源的利用率。

单击 工具(O) → ⋛ 选项(O)… 命令，弹出【选项】设置对话框，单击 工作区 前面的 ⊞ 符号，在弹出的下拉列表中单击 内存 命令，此时，在【选项】设置对话框右侧将显示【内存】选项的各项设置，如图 1.69 所示。

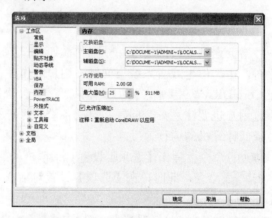

图 1.69

(1) 交换磁盘：为正在进行的图形编辑操作选择虚拟内存的暂存空间。当主磁盘空间不够时，程序将自动占用磁盘空间中的其他空间进行数据的运算交换。在 CorelDRAW X4 中默认的交换磁盘为系统的临时文件夹，为了保证程序的运行速度，建议用户根据自己的磁盘大小尽量将辅助磁盘的空间设置得大一些。

(2) 内存使用：在 内存使用 图标下面显示了计算机系统中内存的大小，用户可以对程序所能使用的内存空间的百分比进行设置。如果用户只运行 CorelDRAW X4，可以将百分比设置得大一些；如果还需要运行其他程序，建议最好保持默认设置，以免造成系统资源不足，影响其他应用程序的运行速度。

1.5　CorelDRAW X4 的文件格式

用户在学习 CorelDRAW X4 之前要先了解一下有关 CorelDRAW X4 能支持的文件格式，这样对以后的学习和灵活使用 CorelDRAW X4 设计作品有很大的帮助。CorelDRAW X4

能支持的文件格式有很多种，如 CDR、PAT、CDT、CLK、DES、CSL、CMX、AI、PS、WPG、WMF、EMF、CGF、SVG、SVGZ、HTM、PCT、DSF、DRW、DXF、DWG、PLT、FMV、GEM、PIC、VSD、FH、MET、NAP、CMX、CPX、CDX、PPT、SHW 及不同的矢量、点阵图形等文件格式。这里主要向用户介绍几种常用的文件格式。对于其他的文件格式，如果用户感兴趣，可以通过其他相关的书籍来了解它的详细情况。

1. CDR 格式

CorelDRAW X4 的文件格式为 CDR 格式，它只能在 CorelDRAW X4 中直接打开，而不能在其他程序中直接打开。

2. JPEG(.JPG、.JPE)格式

JPEG 图像文件格式主要用于图像预览及超文本文档，如 HTML 文档等。JPEG 是一种比较流行的有损压缩技术，主要用来压缩图像，在压缩过程中丢失的信息并不会严重影响图像质量，但会丢失掉部分不易察觉到的数据，所以在印刷时不适合使用此格式。

JPEG 是"联合图片专家组"的缩写，是在 Word Wide Web 及其他联机服务上常用的一种格式，用于显示照片和其他连续色调图像。

3. TIFF(.TIF)格式

TIFF(标记图像文件格式)图像文件格式是为色彩通道图像创建的最有用的格式，可以在许多不同的平台和应用软件之间交换信息，其应用非常广泛。该格式支持 RGB、CMYK、LAB、IndexedColor、BMP、灰度等色彩模式，而且在 RGB、CMYK 以及灰度等模式中支持 Alpha 通道的使用。

TIFF 是一种标记图像文件格式，用于在应用程序和计算机平台之间交换文件。TIFF是一种灵活的位图图像格式，支持几乎所有的绘画、图像编辑和页面排版的应用程序。几乎所有的桌面扫描仪都可以产生 TIFF 图像。

4. PSD(.PSD)格式

PSD 图像文件格式是 Photoshop 软件生成的格式，是唯一能支持全部图像色彩模式的格式。以 PSD 格式保存的图像可以包括图层、通道及色彩模式，具有调节层、文本层的图像也可以用该格式保存。

5. GIF(.GIF)格式

GIF(图形交换格式)图像文件格式是 CompuServe 提供的一种格式，支持 BMP、Grayscale、Indexed Color 等色彩模式，可以进行 LZW 压缩，缩短图形加载的时间，使图像文件占用较少的磁盘空间。

6. BMP(.BMP、.RLE)格式

BMP 图像文件格式是一种标准的点阵式图像文件格式，支持 RGB、索引颜色、灰度和位图色彩模式，但不支持 Alpha 通道。采用 BMP 格式保存的文件通常会很大。

BMP是DOS和Windows系统兼容的标准Windows图像格式，可以为图像指定Windows

或 OS/2 的格式和位深度。对于使用 Windows 格式的 4 位和 8 位图像，还可以指定 RLE 压缩。

1.6　体验矢量绘图软件 CorelDRAW X4 的新特性

CorelDRAW X4 相比两年前的 CorelDRAW X3 加入了大量的新特性，总计有 50 项以上，其中值得注意的亮点有文本格式实时预览、字体识别、页面无关层控制、交互式工作台控制等。

在 Windows Vista 系统开始普及的今天，CorelDRAW X4 也与时俱进，整合了新系统的桌面搜索功能，可以按照作者、主题、文件类型、日期、关键字等文件属性进行搜索，还新增了在线协作工具"ConceptShare"(概念分享)。

此外，CorelDRAW X4 还增加了对大量新文件格式的支持，包括 Microsoft Office Publisher、Illustrator CS3、Photoshop CS3、PDF 8、AutoCAD DXF/DWG、Painter X 等。

作为一个套装，CorelDRAW X4 继续整合了抓图工具 Capture、点阵图矢量图转换工具 Trace、剪贴图库与像素编辑工具 Paint，其中 Paint 增加了对 RAW 相机文件格式的支持，还引入了一个新的自动控制功能 Straighten Image，可以交互式地快速调整倾斜的扫描图片和照片。

CorelDRAW X4 的语言版本包括英语、法语、德语、意大利语、荷兰语、西班牙语、巴西葡萄牙语等。

1. CorelDRAW X4 安装文件剧增

CorelDRAW X4 的安装速度很快。改变最大的是文件的体积越来越大，除去其他的组件，X3 安装完不到 200MB，而新的 X4 安装完后的文件体积达到了 615MB。(注：这 615MB 中包含 X4 目录下的安装备份文件，这是 Corel 公司为防止文件损坏而做的安装备份。)

2. CorelDRAW X4 新的启动界面和快捷方式

CorelDRAW X4 的启动界面与 X3 相比，简洁而又不失专业性，新的快捷方式也令人眼前一亮，比起 X3 的椭圆形状增添了不少的质感，如图 1.70 所示。

图 1.70

3. CorelDRAW X4 新文本格式的实时预览、字体识别功能

当用户选择不同的字体时，CorelDRAW X4 会自动把段落文本中的字体预览成用户将要选择的字体。也就是说，当在【字体】下拉列表中选择不同的字体时，段落文本中的字体也会随之呈现预览方式供用户查看其显示效果。这一新加的特性可以大大地方便用户选择不同的字体效果，从而提高工作的效率，如图 1.71 所示。

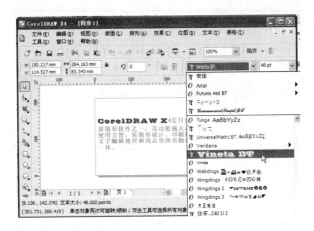

图 1.71

4. CorelDRAW X4 的新界面

1）新的属性栏

CorelDRAW X4 新的属性栏与 CorelDRAW X3 的相比有所改变，新的属性栏如图 1.72 所示。

图 1.72

2）工具预览方式的改变

CorelDRAW X4 中工具预览方式由原来的横式排列改成竖式排列，如图 1.73 所示。

5. CorelDRAW X4 新增的表格制作工具

注意不要把 CorelDRAW X4 新增的表格制作工具同图纸工具混淆，

图 1.73

这是完全不同的两个工具。通过表格工具的属性栏，可以很方便地修改其行数和列数，改变边框线的颜色，如图 1.74 所示。

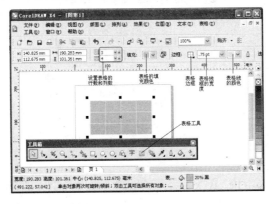

图 1.74

1.7 上机实训

1. 上机练习 CorelDRAW X4 的相关属性的设置。

提示： CorelDRAW X4 的属性设置主要有：预置还原操作步骤的次数、设置自动备份文档的时间和设置软件运行的内存三方面。具体操作步骤和相关参数的介绍可参考 "1.4 预置属性的修改"。

2. 新建一个文件，导入一张位图，自己再随意绘制一些图形，并进行视图之间的切换。

提示： 具体操作方法可参考 "1.1 CorelDRAW X4 的基础知识" 和 "1.3 视图的设置" 两节的内容。

3. 绘制一个如图 1.75 所示的表格。

影视动画设计班座位表

讲 台			
李　文	张小花	黄小娟	黄爱林
李娟娟	刘小花	刘德桂	胡海军
赵小娟	李　湘	郭　湘	陈小娟

图 1.75

提示： 在菜单栏中单击 表格(T) → ▦ 新建表格(C)… 命令，弹出【新建表格】设置对话框，具体设置如图 1.76 所示，单击 确定 按钮，创建一个 4 行 4 列的表格，再将最上面的 4 个单元格选中并进行合并，即可得。图 1.75 所示的表格中的其他设置可参考 "1.6 体验矢量绘图软件 CorelDRAW X4 新特性" 中的相关内容。

图 1.76

小结

　　本章主要介绍了 CorelDRAW X4 的基础知识、辅助绘图工具的应用与设置、视图的设置、预置属性的修改、文件格式、矢量绘图软件 CorelDRAW X4 的新特性等知识点，用户要重点掌握预置属性的修改、辅助绘图工具的相关知识和常用的文件格式。这是后面章节学习的基础。

练习

一、填空题

1. Corel 公司的 CorelDRAW X4 是非常出色的＿＿＿＿＿＿平面设计软件。

2. 目前市场上比较流行的图形图像处理软件有很多，其中＿＿＿＿＿＿被公认为平面设计领域中较专业、较常用，且功能强大的软件。

3. 矢量图也称＿＿＿＿＿＿，它是以数学的方式来定义直线或者曲线的，一线集合创建图形。

4. 位图也称为＿＿＿＿＿＿或者点阵图，是以点(小方块)为单位所组成的图形，而每个点(小方块)的单位叫"像素"(pixel)。

二、简单题

1. 说明矢量图形与位图图像之间的区别。

2. CorelDRAW X4 的主要新增功能有哪些？

3. 在 CorelDRAW X4 中，辅助工具有什么作用？

第 **2** 章

CorelDRAW X4 基本工具的应用

知识点:

1. 认识 CorelDRAW X4 中的工具箱
2. 基本几何体图形的绘制
3. 曲线的绘制
4. 选取对象
5. 曲线对象变形操作
6. 刀刻、擦除、虚拟段删除工具的使用
7. 涂抹笔刷、粗糙笔刷、变换工具的使用
8. 查看对象
9. 智能工具组
10. 文字工具
11. 表格工具的使用

说明:

本章中在讲解各个工具的时候,会先将最终效果(对所设计图形的最终效果)展示给学生看之后,再讲解每一步的操作和工具的作用以及使用方法。

在 CorelDRAW X4 中，学会灵活使用工具箱中的各个工具是进行图形设计和艺术创作的基础，在本章中将结合实际例子来讲解 CorelDRAW X4 中各个工具的作用和其使用方法。

2.1　认识 CorelDRAW X4 的工具箱

在使用 CorelDRAW X4 进行各种图形编辑操作时，工具箱发挥着重大的作用，工具箱中主要包括了常用的绘图工具和编辑工具。在默认情况下，工具箱位于工作区的左侧，用户也可以将它拖到工作区中的任意位置。工具箱中各个工具的名称如图 2.1 所示。

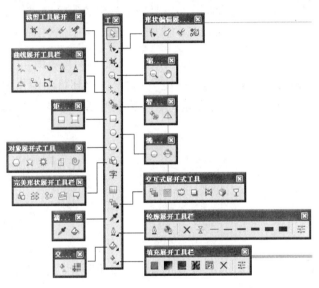

图 2.1

从图 2.1 所示的工具箱中可以看出，工具按钮右下角显示有◢小三角标记的，表示还包含有同一类型的其他工具，只要用户将鼠标移到相应的工具上按住鼠标左键不放，即可展开该工具栏，如图 2.2 所示。

将鼠标移到展开的双竖线控制条上，在按住鼠标左键不放的同时拖动鼠标，即可将工具栏分离成独立的展开工具面板，如图 2.3 所示。

图 2.2　　　　　　　　　　　　　　　　　图 2.3

如果要选择展开工具栏中的某个工具，只要将鼠标移到展开工具栏中的相应工具上单击即可。

2.2 基本几何体图形的绘制

在 CorelDRAW X4 中基本几何体图形绘制工具主要包括了【矩形工具】、【椭圆工具】、【多边形工具】、【基本形状工具组】4 大类型。下面来详细学习各种类型工具的作用和使用方法。

2.2.1 矩形工具

在 CorelDRAW X4 中绘制矩形时，首先要确定需要绘制哪一种矩形，是正方形，还是长方形。只有确定了目标，才能确定绘图的方法。下面介绍几种绘制矩形的方法。

1. 绘制矩形

(1) 单击工具箱中的【矩形工具】按钮□。将鼠标移到页面中，按住鼠标左键不放的同时向页面的右下角拖动，拖到适当的位置松开鼠标即可绘制出一个矩形，示意图如图 2.4 所示。

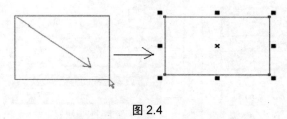

图 2.4

(2) 如果在按住 Shift 键和鼠标左键不放的同时拖动鼠标，则能绘制一个以起点为中心向外扩展的矩形，示意图如图 2.5 所示。

(3) 如果在按住 Ctrl 键和鼠标左键不放的同时拖动鼠标，则绘制一个正方形，示意图如图 2.6 所示。

(4) 如果按住 Shift +Ctrl 组合键和鼠标左键不放的同时拖动鼠标，则可以绘制一个以起点为中心向外扩展的正方形，示意图如图 2.7 所示。

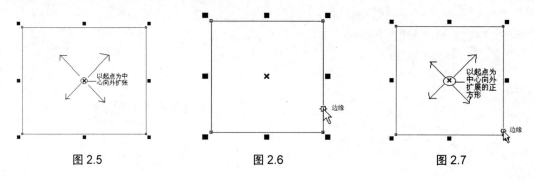

图 2.5   图 2.6   图 2.7

2. 编辑绘制的矩形

手动绘制的矩形，在很多情况下矩形精度和形状不符合用户的要求，在 CorelDRAW X4 中，用户可以通过属性栏的参数设置来调整矩形。选择绘制的矩形，矩形属性栏被激活，如图 2.8 所示。此时，就可以通过属性栏来调整矩形的大小、位置和旋转角度。

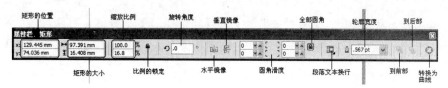

图 2.8

(1) 🔒【全部圆角】：如果此项被选中，输入相应的数值，矩形的 4 个角都会变成设置数值的圆角。否则，就可以随意设置 4 个角中任意一个角的平滑度，如图 2.9 所示。

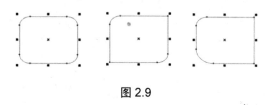

图 2.9

(2) 🔲【到前部】、🔲【到后部】：用来调整被选定的对象与其他对象的前后顺序关系。

(3) ⬡【转换为曲线】：将被选中的实线转换为可以随意调节节点的曲线。

3. 利用 🖎【形状工具】设置矩形的圆角

在页面中选择需要设置圆角的矩形，单击工具箱中的【形状工具】按钮🖎，此时，被选择的矩形变成如图 2.10 所示的效果。将鼠标移到矩形四个角的任意一个◼小黑块上，按住鼠标左键不放的同时进行拖动，即可设置出矩形的圆角，如图 2.11 所示。

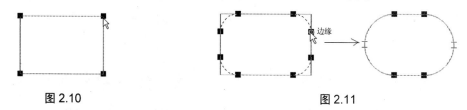

图 2.10　　　　　　　　　　　　　　　图 2.11

4. 利用 🔲【三点矩形工具】绘制矩形

【三点矩形工具】是通过 3 个点来绘制矩形的，具体操作方法如下。

(1) 在工具箱中单击【三点矩形工具】按钮🔲。

(2) 将鼠标移到页面中，按住鼠标左键拖动鼠标到适当的位置松开鼠标左键，此时，确定矩形的一条边长，如图 2.12 所示。

(3) 再继续拖动鼠标到适当的位置，单击即可绘制出一个矩形，如图 2.13 所示。

图 2.12　　　　　　　　　　　　　　　图 2.13

2.2.2 椭圆工具

在 CorelDRAW X4 中，【椭圆形工具】与【矩形工具】一样，也有两种绘制椭圆的方法，一种是【椭圆工具】，另一种是【三点椭圆形工具】，也称为【任意椭圆形工具】。

1. 利用 ⊙ 【椭圆形工具】绘制椭圆

(1) 单击工具箱中的【椭圆形工具】按钮 ⊙ ，将鼠标移到页面中，在按住鼠标左键不放的同时拖动鼠标，即可绘制出一个椭圆，如图 2.14 所示。

(2) 如果在按住 Shift 键和鼠标左键不放的同时，在页面中拖动，即可绘制一个以起点为中心点，向四周展开的椭圆，如图 2.15 所示。

(3) 如果在按住 Ctrl+Shift 组合键和鼠标左键不放的同时，在页面中拖动，即可绘制一个以起点为中心点，向四周展开的圆，如图 2.16 所示。

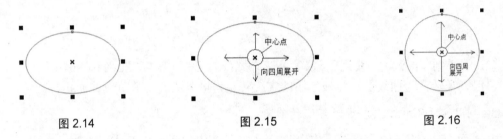

| 图 2.14 | 图 2.15 | 图 2.16 |

2. 编辑绘制的椭圆

手动绘制的椭圆，在很多情况下椭圆精度和形状不符合用户的要求，在 CorelDRAW X4 中，用户可以通过属性栏的参数设置来调整椭圆。选择绘制的椭圆，椭圆属性栏被激活，如图 2.17 所示，此时，就可以通过属性栏来调整椭圆的大小、位置、形状、旋转角度。

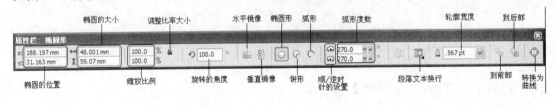

图 2.17

(1) ⊙ 【饼形】：选择所绘制的椭圆，在工具箱中单击【饼形】按钮，并在【顺/逆时针】右侧的文本框中输入饼形椭圆的起始/结束角度值，在这里分别输入"100/300"，图形效果如图 2.18 所示。

(2) ◇ 【轮廓宽度】：设置所选择的椭圆的边宽度，在这里设置边宽度为 10.0 pt ，图形效果如图 2.19 所示。

(3) ○ 【弧形】：单击【弧形】按钮 ○ ，被选中的椭圆变为弧形，如图 2.20 所示。

(4) ▤ 【段落文本换行】：在此不多叙述，到文本章节中再详细讲解。

(5) ▫ ▫ 【到前部、到后部】：用来调整被选定的对象与其他对象的前后顺序关系。

(6) ⊙ 【转换为曲线】：将被选中的实线转换为可以随意调节节点的曲线。

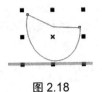

图 2.18　　　　　　　　　图 2.19　　　　　　　　　图 2.20

(7) 【水平镜像】：将选中的绘制图形以 Y 轴进行镜像，效果如图 2.21 所示。

(8) 【垂直镜像】：将选中的绘制图形以 X 轴进行镜像，效果如图 2.22 所示。

图 2.21　　　　　　　　　　　　　　　图 2.22

3．利用【三点椭圆形工具】绘制椭圆

【三点椭圆形工具】是通过 3 个点来绘制椭圆的，具体操作方法如下。

(1) 在工具箱中单击【三点椭圆形工具】按钮。

(2) 将鼠标移到页面中，按住鼠标左键拖动鼠标到适当的位置松开鼠开鼠标左键，此时，确定椭圆一条轴的长度，如图 2.23 所示。

(3) 再继续拖动鼠标到适当的位置，单击即可绘制出一个椭圆，如图 2.24 所示。

图 2.23　　　　　　　　　　　　　　　图 2.24

提示：按住 Shift 键可以绘制出一个以两个固定点之间的线段为对称轴的椭圆，按住 Ctrl 键可以绘制出一个正圆，按住 Ctrl+Shift 组合键可以绘制出一个由两个固定点之间的线段为对称轴和半径的正圆。

说明：在以后的讲解中如果没有特别说明，"单击"指的是"单击鼠标左键"。

2.2.3　多边形工具

在 CorelDRAW X4 中，多边形工具主要包括【多边形工具】、【星形工具】、【复杂星形工具】、【图纸工具】和【螺纹工具】这 5 个。其中【星形工具】和【复杂星形工具】是到 CorelDRAW X3 才新增的工具。下面对各个工具进行介绍。

1．利用【多边形工具】绘制多边形

绘制多边形与绘制矩形和椭圆的方法差不多，具体操作如下。

(1) 单击工具箱中的【多边形工具】按钮，在【多边形工具】的工具属性栏中设置需要绘制的多边形边数。

(2) 将鼠标移到页面中，在按住鼠标左键不放的同时拖动鼠标，即可绘制出一个多边形，如图 2.25 所示。

(3) 如果在按住 Shift 键和鼠标左键不放的同时，在页面中拖动，即可绘制一个以起点为中心点，向四周展开的多边形，如图 2.26 所示。

(4) 如果在按住 Ctrl+Shift 组合键和鼠标左键不放的同时，在页面中拖动，即可绘制一个以起点为中心点，向四周展开的正多边形，如图 2.27 所示。

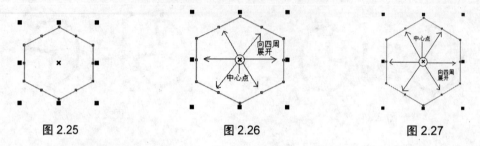

图 2.25   图 2.26   图 2.27

2. 将多边形修改为星形

(1) 选中在页面中绘制的多边形。

(2) 在工具箱中单击【形状工具】按钮，将鼠标移到被选中的多边形的角点上或各边的中点上，按住鼠标左键不放的同时，拖动鼠标，直至拖出合适的星形为止，如图 2.28 所示。松开鼠标，即可将多边形修改为星形效果，如图 2.29 所示。

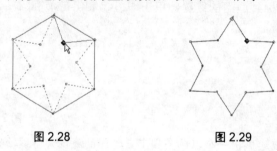

图 2.28   图 2.29

3. 利用☆【星形工具】绘制星形

【星形工具】与〇【多边形工具】的使用方法差不多，具体操作方法如下。

(1) 在工具箱中单击【星形工具】按钮☆。

(2) 在☆【星形工具】工具属性栏中设置星形的边数和角的锐度，如图 2.30 所示。

(3) 将鼠标移到页面中，按住鼠标左键进行拖动，即可绘制出星形的效果，如图 2.31 所示。

图 2.30   图 2.31

提示：按住 Shift 键在页面中拖动，绘制一个以起始点为中心，向四周展开的星形效果，按住 Ctrl 键可以绘制出一个正星形，按住 Ctrl+Shift 组合键可以绘制出一个以起始点为中心，向四周展开的正星形。其他属性的设置与【矩形工具】和【椭圆形工具】的属性栏差不多，在这里就不再介绍。

4. 利用 ✿【复杂星形工具】绘制星形

利用 ✿【复杂星形工具】绘制星形，与利用 ☆【星形工具】绘制星形的步骤差不多，在这里就不再介绍其详细步骤。可以参考 ☆【星形工具】绘制星形的步骤，不过要注意：在 ✿【复杂星形工具】的属性栏中，▲【星形及复杂星形尖角】是指尖锐角度，设置不同的边数后，图形的尖锐角度也各不相同，端点数低于"7"的交叉星形，不能设置尖锐角度。通常情况下，点数越多，图形的尖锐角度越大。设置不同的边数和尖锐角度后所产生的图形效果如图 2.32 所示。

图 2.32

提示：所有使用【多边形工具】绘制的对象，在没有转换为曲线对象之前，都可以使用 ↖【形状工具】进行变形操作。使光标处于【形状工具】状态下，单击多边形对象的某一条边，在属性栏中会出现编辑类工具，单击其中的【转换直线为曲线】按钮 ↻，然后将相对的另一条边也【转换直线为曲线】，就可以像编辑曲线一样对多边形进行编辑。

5. 利用 ▦【图纸工具】绘制图纸

在 CorelDRAW X4 中，利用 ▦【图纸工具】可以绘制不同行数和列数的网格图形。绘制的网格图形是由一组矩形或正方形群组而成，可以取消群组，使网格图形成为独立的矩形或正方形。操作方法如下。

(1) 单击工具箱中的【图纸工具】按钮 ▦。

(2) 在 ▦【图纸工具】工具属性栏中设置需要绘制的图纸的行数和列数，如图 2.33 所示。

(3) 将鼠标移到页面中，按住鼠标左键不放的同时在页面中拖动鼠标到满足要求的地方松开鼠标即可绘制出图纸，如图 2.34 所示。

提示：如果在绘制过程中，按住 Ctrl 键和鼠标左键不放的同时在页面中拖动，即可绘制出长宽相等的正方形网格，如图 2.35 所示。

图 2.33　　　　　　　　　　图 2.34　　　　　　　　　　图 2.35

(4) 选择绘制好的图纸，按下 Cul+U 组合键，即可将绘制的图纸群组解散，使其成为多个独立的图形，效果如图 2.36 所示。

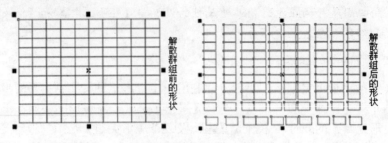

图 2.36

6. 利用 ◎【螺纹工具】绘制螺纹形状

在 CorelDRAW X4 中，提供了两种螺纹形式，即对称式螺纹和对数式螺纹。下面详细介绍绘制螺纹的操作方法。

(1) 在工具箱中单击【螺纹工具】按钮 ◎。

(2) 在 ◎【螺纹工具】工具属性栏中根据需要设置参数，如图 2.37 所示。

图 2.37

(3) 设置好 ◎【螺纹工具】工具属性栏后，将鼠标移到页面中，按住鼠标左键不放的同时拖动鼠标到满足用户要求的位置松开鼠标即可绘制出螺纹效果，如图 2.38、图 2.39 所示，不同属性参数绘制的螺纹效果不同。

图 2.38   图 2.39

◎【对称式螺纹】：单击此按钮，可以绘制出间距均匀且对称的螺旋图形，如图 2.38 所示。

◎【对数式螺纹】：单击此按钮，可以绘制出圈与圈之间的距离由内向外逐渐增大的螺旋图形，如图 2.39 所示。

2.2.4 基本形状工具组

在 CorelDRAW X4 中，提供了 🔲 基本形状 (B) 、🔛 箭头形状 (A) 、🔛 流程图形状 (F) 、🔛 标题形状 (N) 、

标注形状ⓒ 5 组基本形状工具，下面依次将其各组包含的图形展开，如图 2.40 所示。

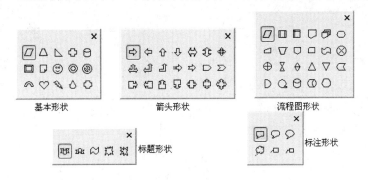

基本形状　　　　　箭头形状　　　　　流程图形状

标题形状　　　　　　标注形状

图 2.40

这 5 组工具图形组的操作方法和工具属性栏的设置与椭圆、矩形的操作方法和设置类似，在这里就不再叙述。

2.3　曲线的绘制

在 CorelDRAW X4 中绘制曲线的工具主要有 手绘ⓕ、 贝塞尔ⓑ 、 艺术笔 、 钢笔ⓟ 、 折线ⓟ 、 3 点曲线⑶ 、 连接器ⓒ 、 度量 8 个工具。可以通过这些基本工具绘制出各式各样的图形曲线，在这一节中将主要介绍这些工具的基本使用方法和属性的设置。

2.3.1　利用 手绘ⓕ 工具绘制线条

使用 手绘ⓕ 工具绘制线条的具体操作步骤如下。

(1) 单击工具箱中的手绘ⓕ工具按钮 ，此时鼠标变成 形状。

(2) 将鼠标移到页面中，在需要的地方单击，确定线条的第一个点，再继续移动鼠标到第二个点的位置，如图 2.41 所示，单击即可绘制出一条用户需要的线条，如图 2.42 所示。

图 2.41　　　　　　　　　　　图 2.42

(3) 如果需要绘制连续的折线，在确保刚绘制的线条被选中的情况下，单击 手绘ⓕ 工具按钮，然后在线条的端点处单击，确定下一条线条的起点，再将鼠标移到需要的地方单击即可绘制出一个折线，如果需要继续绘制折线，那么方法同上。折线效果如图 2.43 所示。

(4) 用户还可以通过 手绘ⓕ 工具属性栏设置线条的形状和箭头。属性栏的设置如图 2.44 所示，最终线条的效果如图 2.45 所示。

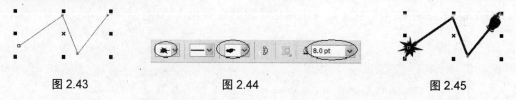

图 2.43   图 2.44   图 2.45

(5) 也可以将绘制的折线绘制成封闭的曲线图形。单击绘制的折线,再单击 ✎ 手绘(F) 工具,将鼠标移到折线的端点处单击,在将鼠标移到折线的起始点处单击,即可绘制成闭合的曲线,如图 2.46 所示。

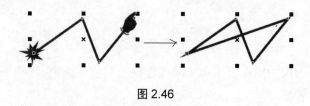

图 2.46

2.3.2 利用 ✎ 贝塞尔(B)工具绘制曲线

【贝塞尔工具】主要用来绘制平滑、精确的曲线。主要是通过改变节点和控制点的位置来控制曲线的弯曲度,达到调节直线和曲线形状的目的。使用 ✎ 贝塞尔(B) 工具绘制曲线的具体方法如下。

(1) 单击工具箱中的 ✎ 贝塞尔(B) 工具按钮,然后将鼠标移到页面中,按住鼠标左键并拖动,即可确定曲线的第一个点(第一个锚点),此时该点两边出现一条蓝色的控制线,如图 2.47 所示。

(2) 将鼠标移到页面的其他地方单击,确定第二个点(第二个锚点),如图 2.48 所示。

(3) 用同样的方法,绘制其他的点,在绘制出需要的曲线之后,在绘制曲线的终点时双击,即可完成曲线的绘制,如图 2.49 所示。

图 2.47   图 2.48   图 2.49

✎ 贝塞尔(B)工具属性栏的设置与 ✎ 手绘(F) 工具属性栏的设置参数一样,在这里就不再详细叙述了。

2.3.3 利用 ✎ 艺术笔 工具创造图案和笔触效果

在 CorelDRAW X4 中,利用 ✎ 艺术笔 工具可以创造出各种图案和笔触效果, ✎ 艺术笔 工具在工具属性栏中为用户提供了 ⋈【预设】、❙【笔刷】、🗋【喷罐】、🔥【书法】、✏【压力】5 种样式,通过属性栏的设置,可以绘制出列表中系统所提供的各种图形,绘制的封闭曲线还可以进行色彩调整。

1. ⋈【预设】

在工具箱中单击艺术笔工具按钮 ⬘，此时，显示 ⬘ 艺术笔 工具的属性栏，在该属性栏中单击【预设】按钮 ⋈，工具属性栏如图 2.50 所示。

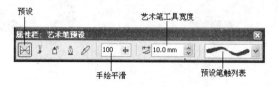

图 2.50

(1) ｜100 ＋｜【手绘平滑】：用来决定绘制的线条的平滑程度。该应用程序提供的最高平滑度为 100，也可以根据实际需要来调整该参数。

(2) ｜10.0 mm｜【艺术笔工具宽度】：用来设置笔触的宽度。

(3) ｜〰️｜【预设笔触列表】：提供程序预设的笔触样式。

使用 ⋈【预设】来绘制图形的操作方法很简单。首先，在【艺术笔预设】属性栏中根据自己的需要设置好属性栏，然后将鼠标移到页面中，按住鼠标不放的同时拖动鼠标到需要绘制的线条终点，松开鼠标即可，如图 2.51 所示。

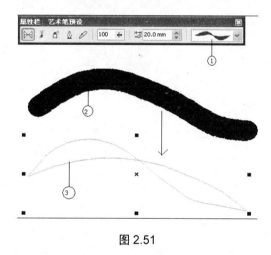

图 2.51

2. ⅄【笔刷】

【笔刷】在 CorelDRAW 的以前版本中叫做【画笔】，CorelDRAW X4 中提供了很多种【笔刷】供选择，其中包括带箭头的笔触、填满了色谱图样的笔触等。【笔刷】属性栏如图 2.52 所示。

【笔刷】属性栏中的参数同【预设】属性栏中的参数差不多，在这里就不再详细说明。

使用【笔刷】绘制图形的步骤与【预设】绘制图形的操作方法一样，如图 2.53 所示为绘制的图形效果。

在 CorelDRAW X4 中，不仅可以使用程序提供的【笔触】，还可以自己定义【笔触】效果，具体的操作方法如下。

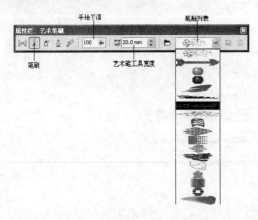

图 2.52

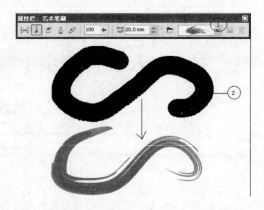

图 2.53

(1) 打开绘制好的图形文件或者绘制的图形都可以。在这里打开一个如图 2.54 所示的图形文件。

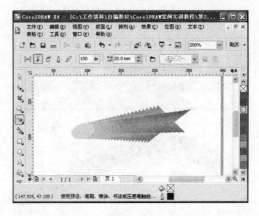

图 2.54

(2) 在工具箱中单击**艺术笔**工具按钮 ，并在属性栏中单击【笔刷】按钮 。

(3) 单击页面中的图形对象，此时，图形对象被选中，再单击属性栏中的【保存艺术笔触】按钮 ，弹出【另存为】所示的对话框，如图 2.55 所示。

图 2.55

（4）根据习惯在【文件名】右侧的文本框中输入名字，单击 保存(S) 按钮，即可创建自定义画笔。在属性栏中效果如图 2.56 所示。

图 2.56

提示：定义的【笔触图案】如果不喜欢，可以直接单击 【笔刷】属性栏中的 【删除】
　　　按钮，即可将其添加的【笔触图案】删除。

3. 【喷罐】

使用【喷罐】笔触，不仅可以在线条上喷涂一系列的对象，还可导入位图和符号沿着线条喷涂，也可以自行创建喷涂列表文件，创建的方法与【笔刷】列表的文件创建方法一样，在这里就不再进行详细的介绍。【喷罐】属性栏如图 2.57 所示。

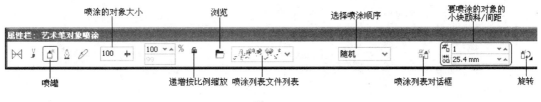

图 2.57

（1）【喷涂的对象大小】：用来设置喷罐对象的缩放比例。

（2）【喷涂列表文件列表】：提供笔触样式。

（3）【选择喷涂顺序】：该软件提供了【随机】、【顺序】和【按方向】3个选项，可以根据实际情况选择一种应用到对象上。

（4）【喷涂列表对话框】：用来设置喷涂对象的顺序和设置喷涂对象。

（5）【对象的小块颜料】：通过在右边文本框中输入数值，来调整喷涂对象的颜色属性。

（6）【对象的小块间距】：用来调整喷涂样式中各个元素之间的距离。

（7）【旋转】：使喷涂对象按一定角度进行旋转。

（8）【偏移】：用来调整对象中各个元素之间的偏移。单击 按钮，弹出下拉列表，在下拉列表中可以设置【偏移】的大小和偏移方式，有 4 种偏移方式，如图 2.58 所示。

图 2.58

使用【喷涂列表对话框】来创建涂抹对象的操作方法如下。

（1）单击【喷罐】属性栏中的 【喷涂列表对话框】按钮，弹出如图 2.59 所示的【创建播放列表】对话框。

（2）在【创建播放列表】中选择需要的图像，在这里选择【图像 7】命令，单击 确定 按钮。

（3）将鼠标移到页面上，拖动鼠标，即可绘制出图像，绘制的图像如图 2.60 所示。

将喷涂列表中的图像添加到播放列表

图 2.59

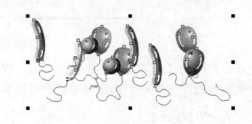

图 2.60

(4) 在【喷罐顺序】中选择不同的排列方式后，图形效果如图 2.61 所示。

(5) 调整 【喷罐】笔触属性栏中的 【旋转】和 【偏移】选项来调整图形的效果。通过不同的调整之后，效果如图 2.62 所示。

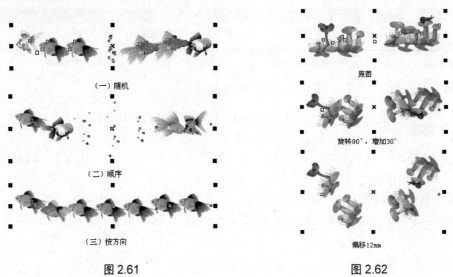

（一）随机

（二）顺序

（三）按方向

图 2.61

原图

旋转90°，增加30°

偏移12mm

图 2.62

4. 【书法】

使用 【书法】笔触工具可以绘制出书法笔画的图形效果。

单击 艺术笔 工具属性栏中的【书法】按钮 ，在属性栏中可设置笔触的宽度、书法角度等。将鼠标移到页面中，按住鼠标左键并拖动到适当的位置，松开鼠标即可得到所要的艺术图形，如图 2.63 所示。【书法】笔触的工具属性栏，如图 2.64 所示。

图 2.63

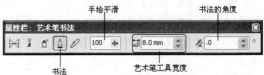

图 2.64

提示：调节【书法角度】参数值，可设置图形笔触的倾斜角度。用户设置的宽度是线条的最大宽度，线条的实际宽度由所绘线条与书法角度之间的角度决定。用户还可以对书法线条进行处理，方法很简单，用鼠标在菜单栏中单击 效果(C) → 艺术笔(I) 命令，弹出艺术笔泊坞窗，用户可以根据自己的需要在泊坞窗中选择所需要的样式，如图 2.65 所示。

图 2.65

5. ✑【压力】

✑【压力】是应用艺术笔的宽度来体现 ✑【压力】笔触所绘制出图形的体积感。

单击 ✎　艺术笔 工具属性栏中的【压力】按钮 ✑，在属性栏中可设置【艺术笔工具宽度】数值。将鼠标移到页面中，按住鼠标左键并拖动到适当的位置，松开鼠标即可得到所要的艺术图形，如图 2.66 所示。✑【压力】笔触的工具属性栏，如图 2.67 所示。

图 2.66

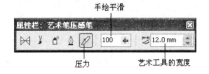

图 2.67

2.3.4　利用 ✎　钢笔(P) 工具绘制图形

在 CorelDRAW X4 中可以利用【钢笔工具】勾勒出许多复杂的图形，也可以对绘制的图形进行修改。

使用【钢笔工具】可以一次性地绘制出多条曲线、直线或者复合线。【钢笔工具】的使用方法比较简单，在工具箱中单击工具按钮 ✎　钢笔(P)，【钢笔工具】属性栏如图 2.68 所示。

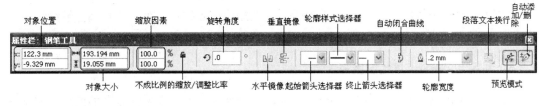

图 2.68

下面来具体讲解利用【钢笔工具】绘制直线和曲线的操作方法。

1. 利用【钢笔工具】绘制直线

在工具箱中单击工具按钮 ✎　钢笔(P)，将鼠标移到页面中绘制直线第一个点的位置处单击，确定直线的起点，将鼠标移到需要绘制直线第二个点的位置单击，确定第二个点的位置，依次单击即可绘制连续的直线，在绘制的直线最后一个点双击或按键盘上的 Esc 键，即可完成直线的绘制。绘制的直线如图 2.69 所示。

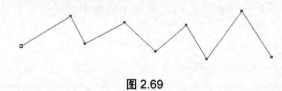

图 2.69

2. 利用【钢笔工具】绘制曲线

确定第一个点后，在绘制第二个点的时候，按住鼠标左键不放的同时拖动鼠标，即可绘制曲线，同时还会显示控制柄和控制点以便调节曲线的方向，如图 2.70 所示。双击或按键上的 Esc 键即可完成曲线的绘制。

如果单击【钢笔工具】属性栏中的 【预栏模式】按钮，就可以实时地显示出绘制的形状，如图 2.71 所示。

图 2.70   图 2.71

3. 利用 【钢笔工具】添加、删除节点

在 CorelDRAW X4 中利用 【钢笔工具】绘制直线或曲线的过程中，由于有时候绘制的直线或曲线不符合实际的需要，人们可以通过添加或删除节点的方法来编辑直线或曲线，达到用户的要求，具体的操作方法是。

单击 【钢笔工具】属性栏中的【自动添加/删除】按钮 之后，如将钢笔光标移到起始点以外的节点上时会自动地变成 删除节点模式，单击即可删除该节点；如将钢笔光标移到已经绘制好的路径上时就会变成 增加节点模式，单击即可在路径上添加一个节点；如将钢笔光标移到起始点上时会变成 闭合路径模式，单击即可闭合路径；如果已经结束了绘制但所绘制的路径没有闭合，那么把钢笔光标放在起始点上就会变成 继续连接绘制模式，此时可以继续绘制也可以封闭路径。

2.3.5 利用 折线(P) 工具绘制图形

在 CorelDRAW X4 中利用 折线(P) 工具可以很容易地绘制出各种复杂的图形，包括直线、曲线、折线、多边形和任意形状的图形。下面具体介绍利用 折线(P) 工具绘制各种线条的方法。

1. 利用 折线(P) 工具绘制直线

在工具箱中选择 折线(P) 工具，然后将鼠标移到页面中，在需要确定点的地方单击即可绘制出直线，如图 2.72 所示。

2. 利用  折线(P)工具绘制曲线

在工具箱中选择 折线(P)工具，然后将鼠标移到页面中，按住鼠标左键不放的同时拖动鼠标，即可绘制出曲线，如图 2.73 所示。

图 2.72　　　　　　　　　　　　　　图 2.73

3. 利用 折线(P)工具绘制直、曲混合的线条

在工具箱中选择 折线(P)工具，然后将鼠标移到页面中，直接在页面中单击即可绘制直线，如要在绘制直线后接着绘制曲线，按住鼠标左键不放的同时拖动鼠标即可绘制曲线，如果再要绘制直线时，松开鼠标左键，在页面中拖动鼠标即可。绘制的混合线条如图 2.74 所示。

图 2.74

提示：按住 Ctrl 键或 Shift 键并拖动鼠标，可以绘制以 15° 的倍数为方向的线段。

2.3.6　利用 3 点曲线(3)工具绘制图形

在 CorelDRAW X4 中利用 3 点曲线(3)工具绘制各种曲线的方法很简单。该工具还可以准确地确定曲线的曲度和方向。 3 点曲线(3)工具一般用来绘制类似弧形或者近似圆弧的线条。具体操作方法如下。

在工具箱中单击工具按钮 3 点曲线(3)，将鼠标移到页面中，确定曲线的起点，按住鼠标左键不放的同时拖动鼠标到需要的弧长位置，松开鼠标左键，移动鼠标确定曲线的弧度和方向，如图 2.75 所示。单击左键即可得到所需要的曲线，如图 2.76 所示。

图 2.75　　　　　　　　　　　　　　图 2.76

2.3.7　利用 连接器(C)工具绘制流程图

CorelDRAW X4 提供了一个专门用于连接图形的工具，即 连接器(C)工具。利用 连接器(C)工具可以在两个对象之间创建连接线，该工具主要用来绘制流程图。下面通过一个例子来详细介绍如何使用 连接器(C)工具来绘制流程图。

打开一个文件如图 2.77 所示，使用 连接器(C)工具将图形连接成如图 2.78 所示的效果。

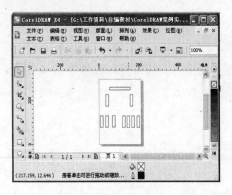
图 2.77

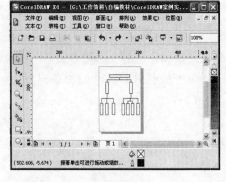
图 2.78

（1）在工具箱中单击工具按钮 连接器 ⓒ，在 连接器 ⓒ 工具属性栏中单击【成角连接器】按钮 。

（2）将鼠标移到页面中最上面图形的底边中点位置，按住鼠标左键不放的同时，拖到左侧图形的上边中点时松开鼠标如图 2.80 所示，并将 连接器 ⓒ 工具属性栏设置为如图 2.79 所示的效果，连接的效果如图 2.80 所示。

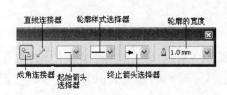
图 2.79

图 2.80

（3）将鼠标移到刚绘制的连接线的拐角处，按住鼠标不放的同时拖到右侧图形的上边中点位置松开鼠标，并设置 连接器 ⓒ 工具属性栏，具体参数的设置与图 2.79 一样。连接后的图形效果如图 2.81 所示。

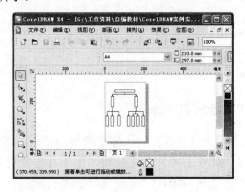
图 2.81

(4) 方法同上，将其他需要连接的图形使用 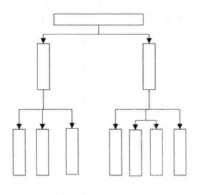 连接器ⓒ 工具，将其连接起来。最终效果如图 2.82 所示。

图 2.82

提示： 绘制连接线后，移动被连接的对象，则连接线会随之发生变化，说明连接线与对象之间互为关联。

对象上除中点以外的位置上，被指定为连接线的起点和终点后，所绘制的连接线将不会与被连接的对象互为关联。如果要删除连接线，则直接选择连接线，按键盘上的 Delete 键即可。

2.3.8　利用 度量 工具测量对象的尺寸

在 CorelDRAW X4 中利用 度量 工具，可以对图形进行各种垂直、水平、倾斜和角度的测量，并会自动显示测量的结果。

在 度量 工具属性栏中有 6 种尺寸标注的样式，度量 工具属性栏如图 2.83 所示。

图 2.83

利用 度量 工具对六边形进行测量，最终效果如图 2.84 所示。具体操作步骤如下。

(1) 在工具箱中单击工具按钮 度量 ，并在 度量 工具属性栏中单击【水平度量工具】按钮 ，将鼠标移到页面中的六边形左侧的左上角处单击，继续移动鼠标到六边形右侧的右上角处单击，再将鼠标往上移动到适当的位置处单击即可度量出水平的尺寸，如图 2.85 所示。

(2) 在 度量 工具属性栏中单击【垂直度量工具】按钮 ，然后将鼠标移动到六边形右侧的下角处单击，继续将鼠标移到六边形的右侧上角处单击，再继续将鼠标往右移到适当的位置处单击，即可测量出六边形一条边的长度，如图 2.86 所示。

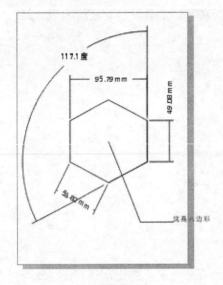

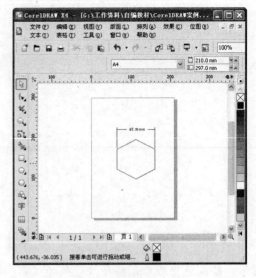

图 2.84　　　　　　　　　　　　　　　　　　图 2.85

（3）在 度量 工具属性栏中单击【倾斜度量工具】按钮 ，将鼠标移动到六边形左侧的下角处单击，继续将鼠标移到六边形的左侧上角处单击，再继续将鼠标往外移到适当的位置处单击，即可测量出六边形一条斜边的长度，如图 2.87 所示。

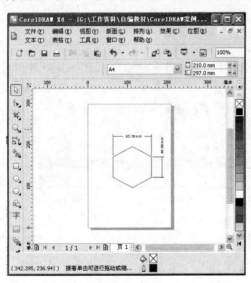

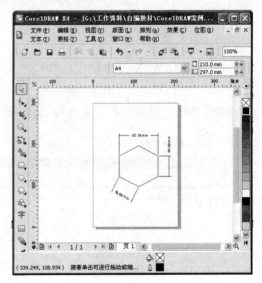

图 2.86　　　　　　　　　　　　　　　　　　图 2.87

（4）在 度量 工具属性栏中单击【角度度量工具】按钮 ，将鼠标移到需要测量的角点处单击，继续将鼠标沿底边移动到底边的端点处单击，再将鼠标移到终边的终端处单击，然后将鼠标往外移到适当的位置处单击即可，如图 2.88 所示。

（5）在 度量 工具属性栏中单击【标准工具】按钮 ，将鼠标移到六边形的中心位置处单击，继续将鼠标移到六边形外面的适当位置处单击，再继续移动鼠标到适当的位置处单击，此时，提示输入需要的注释即可，如图 2.89 所示。

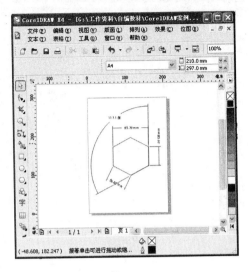

图 2.88

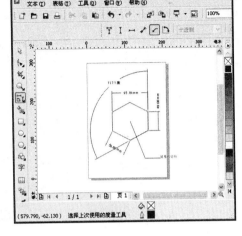

图 2.89

2.4　选 取 对 象

在 CorelDRAW X4 中，如果要对任何一个对象进行编辑，必须首先选取该对象，则被选取的对象周围会出现 8 个控制点，这时候我们就可以对对象进行缩放、旋转和变形等操作。下面来介绍几种选取对象的方法。

2.4.1　利用鼠标直接选取对象

使用鼠标选取对象是最简单的方法，在工具箱中单击【挑选工具】按钮 ，然后在需要选择的对象上单击即可选中工具对象。

如果需要选取多个对象，只要按住 Shift 键不放的同时，再连续单击需要选择的对象即可。注意，如果被选取的多个对象是一个整体，还可以同时进行编辑。

当多个对象群组后，要想选取其中的一个对象，只要按住 Ctrl 键，单击要选取的对象即可。

2.4.2　利用鼠标拖动的方法选取对象

在工具箱中单击【挑选工具】按钮 ，在需要选取的对象外围按住鼠标左键不放的同时拖动鼠标，此时，出现一个蓝色虚框，将需要选取的对象全部框住后，松开鼠标即可将框住的对象选中。

技巧：在选取对象的同时按住 Alt 键，此时，只要蓝色虚框接触到的对象都将被选取。

2.4.3　通过菜单命令方式选取对象

单击 编辑(E) → 全选(A) 命令，此时，在弹出的下级子菜单中根据需要选择对象类型，如图 2.90 所示。

图 2.90

2.4.4　在创建图形时选取对象

可以利用【矩形工具】、【椭圆形工具】、【多边形工具】、【螺旋曲线工具】、【网格纸工具】以及【预设工具】选取对象。方法很简单，在工具箱中单击上面列出的任意一个工具按钮，在需要选择的对象上单击即可。

2.4.5　利用键盘选取对象

如果页面中有多个对象可供选取时，按键盘上的空格键，此时，工具箱中的 ▷【挑选工具】被选中，然后连续按 Tab 键，即可依次选取下一个对象。

2.5　曲线对象变形操作

在 CorelDRAW X4 中，用户绘制的曲线和图形在很多情况下是达不到最终效果要求的，这时候，可以对它作进一步编辑和调整。

2.5.1　⟨⟩【形状工具】

1. 新的节点控制手柄

新设计的控制手柄能帮助用户选择并自由地调整节点，还可以更容易地移动曲线段，如图 2.91 所示。

2. 节点的选择方式

在 CorelDRAW X4 中，为用户提供了【矩形】、【手绘】、【选择全部节点】3 种节点选择方式。

(1)【矩形】选择：利用鼠标拖出一个矩形区域，即可选择区域内的节点，如图 2.92 所示。

(2)【手绘】选择：利用鼠标在页中以自由手绘的方式拖出一个不规则的形状区域，即可将不规则形状区域中的点选中，如图 2.93 所示。

(3)【选择全部节点】：在 【形状工具】工具属性栏中单击【选择全部节点】按钮 ，即可选中所有的节点。

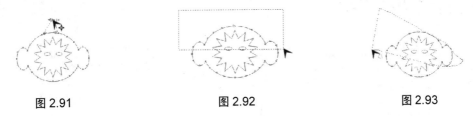

图 2.91　　　　　　　　　　图 2.92　　　　　　　　　　图 2.93

3. 节点选择方式的具体操作方法

(1) 单击工具箱中的【形状工具】按钮 。

(2) 在 【形状工具】工具属性栏中选择使用的节点选择方式。

(3) 单击要调整节点的矢量图形，然后利用上述方法进行节点选择。

(4) 如果需要取消当前选择，在工作区空白处单击或按键盘上的 Esc 键。

(5) 节点被选择后，可对所选的多个节点同时进行调整和操作。

4. 减少节点的方法

用户在设计过程中经常会遇到一些复杂的曲线、图形等其中包含大量多余的节点，并且这些多余的节点在一定程度上影响到用户的操作、输出和印前工作。为了解决这些问题，CorelDRAW X4 提供了【缩减节点工具】，可以轻而易举地自动减少节点数，并且基本上不影响曲线、图形的质量。下面通过一个具体的例子来介绍此功能的使用。

(1) 打开一幅如图 2.94 所示的图形，在工具箱中单击【形状工具】按钮 ，并将图形选中，节点会被显示出来，如图 2.95 所示。

(2) 在 【形状工具】属性栏中的 减少节点 右边文本框中输入 "30"，并按键盘上的 Enter 键，即可减少节点，减少节点的图形效果如图 2.96 所示。从图 2.96 可以看出，在减少了节点的图形中并没有影响到曲线和图形的质量。

图 2.94　　　　　　　　　　图 2.95　　　　　　　　　　图 2.96

5. 编辑文体

在 CorelDRAW X4 中， 【形状工具】除了编辑线条和封闭的路径对象之外，还可以对文本的行间距和字间距进行编辑。编辑的方法很简单，方法如下。

(1) 打开一个带有文本的文件，如图 2.97 所示。

(2) 在工具箱中单击【形状工具】按钮 ，在文本上单击，此时文本被选中，如图 2.98

所示。

图 2.97 图 2.98

（3）被选中文本的左下角和右下角将出现间距调整标记，通过拖动左下角的 ≣【行间距调整符】和右下角的 ⅢⅢ【字间距调整符】即可改变文本的间距。调整后的文本效果如图 2.99 所示。

图 2.99

注意：通过 ≣【行间距调整符】和 ⅢⅢ【字间距调整符】来调整，只能改变文本的间距，不能改变文字本身的大小和宽度，如果调整幅度过大，有可能出现文字重叠现象。

2.5.2 ✄ 裁剪工具

虽然 ✄ 裁剪工具 的使用频率不是很高，但有时候也有很大的帮助。它可以对工作区中任意对象进行裁切，不像以前版本中的【裁剪工具】，对多个对象进行裁切时，必须先群组。在 CoreIDRAW X3 以后的版本中，✄ 裁剪工具 都可以对工作区中的混合对象进行一次性裁切。

在 CorelDRAW X4 中裁切的对象包括了矢量图形、导入的或者转化的位图、段落文本、美术文字以及对象的混合体。

【裁剪工具】主要用于网页制作、拼贴、花纹制作、图文混排以及 LOGO 图案制作之中。下面通过一个例子来讲解【裁剪工具】的使用方法。

(1) 打开(新建)需要裁剪的文件，在工具箱中单击 ✂ 裁剪工具 按钮，在需要裁剪的对象上按住鼠标左键不放的同时拖动鼠标，得到一个裁剪区域，如图 2.100 所示。

(2) 移动：将鼠标移到裁剪区域中心，按住鼠标左键不放的同时并进行拖动，即可移动裁剪区域，如图 2.101 所示。

(3) 调节大小：将鼠标移到裁剪框中的 8 个控制手柄中的任意一个上面，按住鼠标左键不放的同时进行拖动，即可调整区域大小，如图 2.102 所示。

图 2.100

图 2.101

图 2.102

(4) 旋转：用鼠标在裁剪区域中心处单击，此时，出现 4 个旋转控制手柄，拖动就可进行自由旋转，如图 2.103 所示。

(5) 精确调整：在旋转的同时，还可以在【裁剪工具】属性栏上的旋转角度数值文本框中输入精确的数值进行精确调节，如图 2.104 所示。

(6) 如果对裁剪区域不满意，也可取消，直接按键盘上的 Esc 键或单击【清除裁剪框】按钮即可。

(7) 裁剪区域调整好后，双击即可得到裁剪的效果，如图 2.105 所示。

图 2.103

图 2.104

图 2.105

2.5.3　节点的编辑

在 CorelDRAW X4 中，曲线是由节点和线段组成的，节点是对象造型的关键，可以通过工具箱中的 【形状工具】很方便地调整图形对象的造型，可以随意添加节点也可以删除节点。在工具箱中单击【形状工具】按钮 并在页面中选择编辑的曲线，此时，会出现 【形状工具】属性栏，如图 2.106 所示。

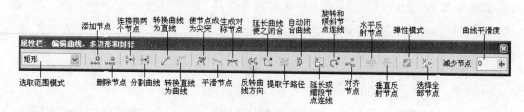

图 2.106

下面对各个按钮的功能和具体操作方法进行说明。

1.　【添加节点】

【添加节点】主要用来给曲线添加节点，具体操作方法如下。

(1) 在页面中绘制一个几何图形(在这里以复杂星形为例)，使用 【挑选工具】将刚绘制的复杂星形选中，再单击 【挑选工具】属性栏中的【转换为曲线】按钮 ，将复杂星形转换为曲线，如图 2.107 所示。

(2) 在工具箱中单击【形状工具】按钮 ，将鼠标移到曲线上需要添加节点的位置单击，此时该曲线被单击的地方将出现一个 形状，表示需要添加节点的位置，如图 2.108 所示画圆圈的位置。

(3) 在 【形状工具】属性栏中单击 按钮，即可添加一个节点，如图 2.109 所示画圆圈的位置。

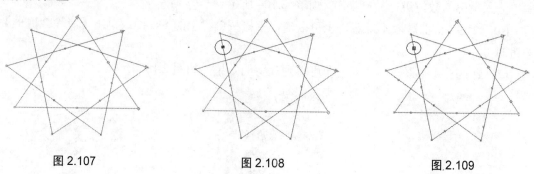

图 2.107　　　　　　　　　图 2.108　　　　　　　　　图 2.109

2.　【删除节点】

将曲线上选中的点删除，具体操作方法如下。

(1) 在工具箱中单击【形状工具】按钮 ，将曲线上需要删除的点选中，如图 2.110 所示，圆圈框住的点已被选中。

(2) 单击 【形状工具】属性栏中的【删除节点】按钮 ，即可将选中的点删除，如

图 2.111 所示。

技巧：删除对象节点的另一个简便方法是直接使用【形状工具】在需要删除的节点上双击即可。

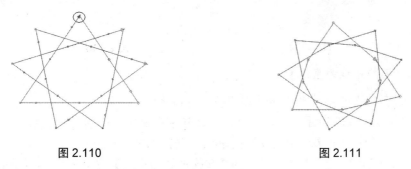

图 2.110   图 2.111

3. ⊩ 【分割曲线】

将闭合曲线中选中的节点分割成两个节点，使闭合的曲线转变为开放的曲线。另外，还可以将由多个节点连接成的曲线分离成多条独立的线段。具体操作方法如下。

(1) 使用 ↘ 【贝塞尔工具】，在页面中绘制一个闭合曲线，如图 2.112 所示。

(2) 在工具箱中单击【形状工具】按钮 ↘，选中需要分割曲线的节点，如图 2.113 所示圆框住的节点。

(3) 单击 ↘ 【形状工具】属性栏中的【分割曲线】按钮 ⊩，即可将该节点分离成两个节点，利用 ↘ 【形状工具】将分离的节点移开一点距离，如图 2.114 所示。

图 2.112   图 2.113   图 2.114

4. ⊩ 【连接两个节点】

【连接两个节点】的功能与【分割曲线】的功能相反，【连接两个节点】按钮可以将同一个对象上断开的两个相邻节点连接成一个节点，从而将开放的曲线连接成封闭的曲线或图形。具体操作方法如下。

接着上面的往下做。

(1) 在工具箱中单击【形状工具】按钮 ↘，在按住 Shift 键不放的同时，选取断开的两个节点，如图 2.115 所示椭圆框住的两个节点。

(2) 单击 ↘ 【形状工具】属性栏中的【连接两个节点】按钮 ⊩，即可将开放的曲线连接成封闭的曲线或图形，如图 2.116 所示。

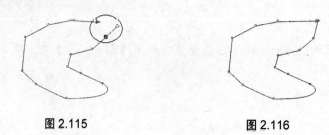

图 2.115   图 2.116

5. ╱ 【转换曲线为直线】

要将曲线转换为直线，操作方法很简单，具体操作方法如下。

(1) 打开如图 2.117 所示的图形文件或在新建空白文件中绘制曲线图形。

(2) 在工具箱中单击【形状工具】按钮⟨⟩，选择需要转换的节点，如图 2.118 所示。

(3) 单击⟨⟩【形状工具】属性栏中的【转换曲线为直线】按钮╱，即可将曲线转换为直线，如图 2.119 所示。

图 2.117   图 2.118   图 2.119

6. ╱ 【转换直线为曲线】

【转换直线为曲线】按钮的功能与【转换曲线为直线】按钮的功能刚好相反，操作也很简单，具体操作方法如下。

接着上面往下做。

(1) 在工具箱中单击【形状工具】按钮⟨⟩，选择刚转换为直线的节点，如图 2.120 所示。

(2) 单击⟨⟩【形状工具】属性栏中的【转换直线为曲线】按钮╱，即可将直线转换为曲线，如图 2.121 所示。

(3) 利用⟨⟩【形状工具】对该点的两个手柄进行调整，调整到需要的曲线即可，效果如图 2.122 所示。

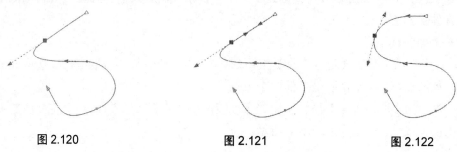

图 2.120   图 2.121   图 2.122

提示： 在 CoreIDRAW X4 中曲线工具绘制的图形是曲线的，非曲线工具绘制的图形是直线的，用户可以根据节点的颜色来判断，使用 【形状工具】选中图形，如果是曲线的话，节点小方块的颜色为红色，如是直线的话，节点小方块的颜色为蓝色。

7. 【使节点成为尖突】、 【平滑节点】、 【生成对称节点】

【平滑节点】可以同时控制节点两端的曲线，【生成对称节点】两边的控制柄长度是一致的，而【使节点成为尖突】只能控制一端的曲线，如图 2.123 所示。

图 2.123

在实际操作中，很多时候需要将平滑节点或对称节点转换成尖突节点。操作方法很简单，使用 【形状工具】选择【平滑节点】或【对称节点】，然后单击属性栏中的【使节点成为尖突】按钮，平滑节点或对称节点即可转换为尖突节点。

尖突节点转换成平滑节点或对称节点的操作方法与上述方法相同。只要选取尖突节点后，单击 【形状工具】属性栏中的【平滑节点】或【对称节点】按钮，即可转换为相应的平滑节点或对称节点。

8. 【反转曲线方向】

【反转曲线方向】按钮的作用是把起点和终点的位置对调，从而反转曲线的绘制方向。操作方法很简单，使用 【形状工具】选择曲线，再单击【反转曲线方向】按钮即可，如图 2.124 所示。

9. 【延长曲线使之闭合】

【延长曲线使之闭合】的功能是使开放的曲线形成闭合的曲线。操作方法很简单，使用 【形状工具】选择曲线，再单击【延长曲线使之闭合】按钮即可，如图 2.125 所示。

图 2.124　　　　　　　　　　　　　　　　图 2.125

10. 【自动闭合曲线】

【自动闭合曲线】的功能与【延长曲线使之闭合】的功能和操作方法差不多，在这里就不再详细介绍。

11. 　【提取子路径】

在复杂的路径对象中，会存在多个独立的曲线，可将它们看作一个个的子路径，有时候需要对其中的一个路径进行操作，该怎么办呢？ CorelDRAW X4 提供了【提取子路径】的功能，具体操作方法如下。

(1) 利用绘图工具绘制曲线和图形，并将它们都转换为曲线，再将它们连接在一起，或者从文件夹中打开如图 2.126 所示的文件。

(2) 在工具箱中单击【形状工具】按钮　，选择所有曲线，单击需要提取的子路径上的任意一个节点，在这里需要提取五边形，如图 2.127 所示。

(3) 单击　【形状工具】属性栏中的【提取子路径】按钮，此时，被提取的子路径所有节点变成红色显示，如图 2.128 所示。

(4) 这时候就可以对提取的子路径进行操作，如图 2.129 所示。

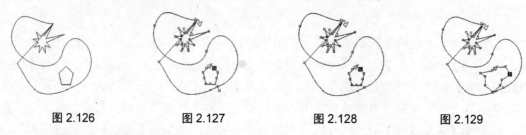

图 2.126　　　　　　图 2.127　　　　　　图 2.128　　　　　　图 2.129

12. 　【伸长和缩短节点连接】

【伸长和缩短节点连接】按钮的主要作用是对选取的节点进行伸长或缩短操作，具体操作方法如下。

(1) 新建一个文件，在页面中使用　【手绘工具】绘制如图 2.130 所示的图形。

(2) 在工具箱中单击【形状工具】按钮　，并在页面中选择需要进行伸长或缩短的节点，如图 2.131 所示。

(3) 单击　【形状工具】属性栏中的【伸长和缩短节点连接】按钮，此时，曲线周围会出现 8 个小黑块，如图 2.132 所示。

(4) 将鼠标移到任意一个黑色小块上进行拖动，接着对选中的节点进行调整，调整后的效果如图 2.133 所示。

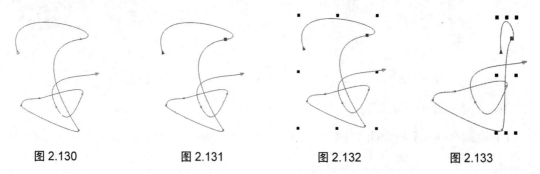

图 2.130　　　　　　图 2.131　　　　　　图 2.132　　　　　　图 2.133

13. ⟳【旋转和倾斜节点连接】

【旋转和倾斜节点连接】按钮的主要作用是对选取的节点进行旋转和倾斜操作，具体操作方法如下。

接着上面往下做。

(1) 单击⟨形状工具⟩属性栏中的【旋转和倾斜节点连接】按钮，如图 2.134 所示。

(2) 如果要对选中的节点进行旋转操作，将鼠标放到 ⬉ 图标上进行旋转，如图 2.135 所示。

(3) 如果要对选中的节点进行倾斜操作，将鼠标放到 ↔ 图标上进行倾斜移动即可，如图 2.136 所示。

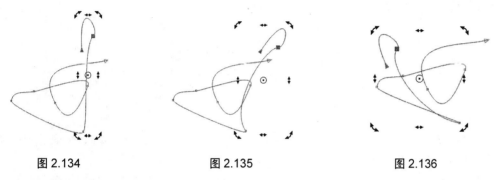

图 2.134　　　　　　　　图 2.135　　　　　　　　图 2.136

14. ⊡【对齐节点】

【对齐节点】的主要作用是将选中的节点进行水平对齐、垂直对齐、对齐控制点操作，具体操作步骤如下。

接着上面往下做。

(1) 单击【形状工具】按钮⟨⟩，选择需要对齐的节点，如图 2.137 所示。

(2) 单击⟨⟩【形状工具】属性栏中的【对齐节点】按钮，弹出【节点对齐】设置对话框，具体设置如图 2.138 所示。

(3) 设置完毕之后，单击 确定 按钮即可，效果如图 2.139 所示，可以看到被选中的 3 个节点处于同一水平线上。

图 2.137　　　　　　　　图 2.138　　　　　　　　图 2.139

15. ✐【弹性模式】

在【弹性模式】下可以对节点逐个进行调整。如果没有激活该按钮，移动节点时其他节点也会随之移动。

2.6 刻刀、擦除、虚拟段删除工具的使用

刻刀工具、 擦除 工具和 虚拟段删除 工具是编辑曲线和图形最基本的工具。下面对这 3 个工具的作用和具体使用方法作一个详细的介绍。

2.6.1 刻刀工具

使用 刻刀工具可以将对象分割成多个部分，但不会使对象的任何部分消失。 刻刀工具不仅可以编辑路径对象，还可以编辑形状对象。在工具箱中选择 刻刀工具，此时，显示 刻刀工具的工具属性栏，如图 2.140 所示。

图 2.140

(1) 【成为一个对象】：启用此按钮之后，使用 刻刀工具分割对象时，对象会始终保持为一个整体。

(2) 【剪切时自动闭合】：启用此按钮之后，使用 刻刀工具分割对象时，使对象变为两个闭合的图形对象。

使用 刻刀工具可以分割路径、将曲线转换为直线、分割对象。具体操作如下。

1. 分割路径

使用 刻刀工具不仅可以分割开放的路径，也可以分割封闭的路径。具体操作步骤如下。

(1) 首先利用【贝塞尔工具】绘制一段曲线，如图 2.141 所示。

(2) 在工具箱中单击 刻刀工具按钮，并在属性栏中单击【成为一个对象】按钮 。

(3) 将鼠标移到需要分割的地方，等【刻刀】形状由倾斜变为竖直状态时单击鼠标，如图 2.142 所示。

(4) 在工具箱中单击【形状工具】按钮，将鼠标移到被分割了的节点上，按住鼠标不放的同时进行移动，如图 2.143 所示。

图 2.141　　　　　　　　　图 2.142　　　　　　　　　图 2.143

2. 将曲线转换为直线

使用 刻刀工具可以将相邻或者不相邻节点间的曲线转换为直线，也可以对任意两点间的曲线进行操作，具体的操作方法如下。

(1) 首先利用【贝塞尔工具】绘制一段曲线，如图 2.144 所示。

(2) 在工具箱中单击 ✎ 刻刀工具按钮，并在属性栏中单击【剪切时自动闭合】按钮 ✂ 。

(3) 移动鼠标到曲线上，单击其中的一个节点，然后将鼠标移到第二个节点上，如图 2.145 所示，单击即可将这两个节点连接成一条直线，如图 2.146 所示。

图 2.144　　　　　　　　　图 2.145　　　　　　　　　图 2.146

3. 分割对象

利用 ✎ 刻刀工具可以将一个整体的图形分割成几个图形，具体操作方法如下。

(1) 选择【矩形工具】绘制一个矩形并填充为青色，如图 2.147 所示。

(2) 选择 ✎ 刻刀工具，然后单击属性栏中的【剪切时自动闭合】按钮。

(3) 移动鼠标到对象的边缘，等 ✎ 刻刀形状由倾斜变为竖直状态时单击鼠标，如图 2.148 所示。

(4) 松开鼠标并移动鼠标到下一个边缘处单击，如图 2.149 所示。

(5) 使用【挑选工具】将对象拖移一段距离，这时可以发现对象被分割为两个闭合的图形对象，如图 2.150 所示。

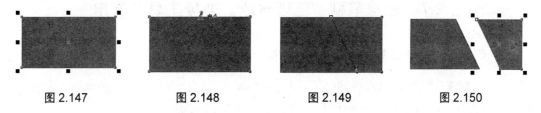

图 2.147　　　　　　　　图 2.148　　　　　　　　图 2.149　　　　　　　　图 2.150

2.6.2　✎ 擦除工具

使用 ✎ 擦除工具，可以改变、分割选择的对象或路径，而不必使用【形状工具】。

使用【选择工具】选取需要处理的图形对象，再在工具箱中单击 ✎ 擦除工具按钮，将光标移到对象上时，按住鼠标左键在对象上拖动鼠标，即可擦除所拖动路径上的图形；对象分割后，会自动成为封闭图形，擦除后图形对象与原始对象具有相同的属性。 ✎ 擦除工具的属性栏如图 2.151 所示。

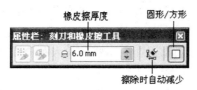

图 2.151

(1)【橡皮擦厚度】：通过在右边的文本框中输入数值来决定橡皮擦工具的宽度。

(2)【擦除时自动减少】：选择该按钮之后，可以在擦除时自动平滑擦除后的图形边缘。

(3)【圆形/方形】：用于切换橡皮擦工具的形状。

2.6.3 ✍ 虚拟段删除 工具

使用 ✍ 虚拟段删除 工具可以删除相交对象中两个交叉点之间的线段，从而产生新的图形形状，具体操作方法如下。

(1) 利用【复杂星形工具】在页面中绘制一个复杂星形图形，如图 2.152 所示。

(2) 在工具箱中单击 ✍ 虚拟段删除 工具按钮，将鼠标移到刚绘制的复杂星形图形中两个交叉点之间的线段上，等 ✍ 由倾斜变为垂直状态时单击即可将该线段删除，如图 2.153 所示。

提示：如果对图形应用了【虚拟段删除】操作后，封闭图形将变为开放图形，此时，在默认状态下，将不能对图形应用色彩填充等操作。

图 2.152　　　　　　　　　　　　图 2.153

2.7　涂抹笔刷、粗糙笔刷、变换工具的使用

2.7.1　使用 ⌀ 涂抹笔刷 工具创建复杂曲线图形

⌀ 涂抹笔刷 工具可以涂抹曲线图形。⌀ 涂抹笔刷 工具可以在矢量图形边缘或内部任意涂抹，以达到变形的目的。⌀ 涂抹笔刷 工具的属性栏如图 2.154 所示。

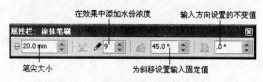

图 2.154

(1)【笔尖大小】：可以在右边的文本框中输入数值来决定涂抹工具的宽度。

(2)【在效果中添加水份浓度】：在右边的文本框中输入数值来决定涂抹工具的力度，只要单击 按钮，即可转换为使用已经连接好的压感笔模式。

(3)【为斜移设置输入固定值】：在文本框中输入数值来决定涂抹笔刷、模拟压感笔的倾斜角度。

(4)【输入方向设置的不变值】：在文本框中输入数值来决定涂抹笔刷、模拟压感笔的笔尖方位角。

⌀ 涂抹笔刷 工具的具体使用步骤如下。

(1) 利用前面所学知识绘制一个如图 2.155 所示的曲线图形。

(2) 在工具箱中单击 ⌀ 涂抹笔刷 工具按钮，⌀ 涂抹笔刷 工具的属性栏采用默认设置。

(3) 将鼠标移动刚绘制的图形上，按住鼠标左键不放的同时向图形内的方向进行连续涂抹，一直到自己满意的图形效果为此，效果如图 2.156 所示。

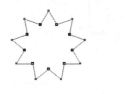

图 2.155　　　　　　　　　　　　　　图 2.156

2.7.2　使用 ✎ 粗糙笔刷 工具扭曲图形

✎ 粗糙笔刷 工具是一种多变的扭曲变形工具，它可以改变矢量图形对象中曲线的平滑度，从而产生粗糙的变形效果。✎ 粗糙笔刷 工具的属性栏与【涂抹笔刷工具】的属性栏类似，只是在【尖突方向】的下拉列表中设置笔尖方位角时，需要在【为关系输入固定值】的文本框中设置笔尖方位角的角度值。✎ 粗糙笔刷 工具的属性栏如图 2.157 所示。

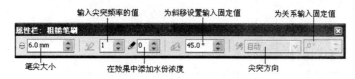

图 2.157

✎ 粗糙笔刷 工具的具体操作方法如下。

(1) 打开一个如图 2.158 所示的文件。

(2) 在工具箱中单击 ✎ 粗糙笔刷 工具按钮。✎ 粗糙笔刷 工具的属性栏设置如图 2.159 所示。

(3) 将鼠标移到图形对象的边缘上，在按住鼠标左键不放的同时进行拖动，最终效果如图 2.160 所示。

图 2.158　　　　　　　　　　　图 2.159　　　　　　　　　　　图 2.160

提示：【涂抹笔刷工具】和【粗糙笔刷工具】应用于形状规则的矢量图形时，会弹出【转换为曲线】提示框，提示用户："涂抹笔刷和粗糙笔刷只能应用于曲线对象，是否让 CorelDRAW 自动创建可编辑形状以使用此工具？"，单击 确定 按钮即可，如果先按 Ctrl+Q 键，将其转换成曲线后再应用这两个变形工具，就不会出现【转换为曲线】提示框。【转换为曲线】提示框如图 2.161 所示。

图 2.161

2.7.3 使用 变换工具编辑图形

使用 变换工具可以自由地放置、镜像、调节和扭曲对象。它不仅可以对图形和文字对象进行编辑操作，而且在变换的过程中还可以自由地复制对象。选择【自由变换工具】命令，此时，显示 变换工具的属性栏如图 2.162 所示。

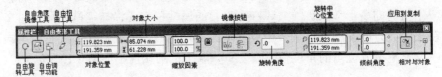

图 2.162

【自由变换工具】属性栏中各个按钮的功能如下。

(1)【自由旋转工具】：用来自由旋转图形对象。

(2)【自由角度镜像工具】：用来自由镜像图形对象。

(3)【自由扭曲工具】：用来自由调节图形对象的形状。

(4)【对象位置】：显示被选中的对象中心在页面中的位置。

(5)【对象大小】：显示被选中的对象的长和宽。

(6)【缩放因素】：用来确定缩放对象的比例。

(7)【镜像按钮】：用来在水平或垂直方向上镜像。

(8)【旋转角度】：在右边的文本框中输入数值来确定被选对象的旋转角度。

(9)【旋转中心位置】：确定被选对象以哪一点为中心点进行旋转。

(10)【倾斜角度】：确定被选对象的倾斜角度。

(11)【应用到复制】：在自由变换对象时可以复制一个对象，但不同于复制。复制的图形会改变原图形的方向。

(12)【相对于对象】：将被选对象的设置应用于相对的对象。

1. 自由旋转对象

可以对选中的对象进行各种旋转操作，具体操作方法如下。

(1) 打开一个图形文件，选中其中的兔子对象，如图 2.163 所示。

(2) 在工具箱中单击 变换工具按钮，在 变换工具的属性栏中单击【自由旋转工具】按钮 和【应用到再复制】按钮 。

(3) 将鼠标移到需要旋转的兔子对象中，按住鼠标不放进行拖动，如图 2.164 所示。

(4) 旋转到需要的位置松开鼠标左键即可，如图 2.165 所示。

图 2.163

图 2.164

图 2.165

2. 自由角度镜像对象

使用【自由角度镜像工具】可以将对象进行上下，左右方向的翻转，并且在操作的过程中会显示一条对称线，通过它可以很方便地控制、调整镜像对象与原对象图形的位置。具体操作方法如下。

(1) 打开一个图形文件，选中需要进行旋转的对象，如图 2.166 所示。

(2) 在工具箱中单击 变换 工具按钮，在 变换 工具的属性栏中单击【自由角度镜像工具】按钮 和【应用到再复制】按钮 。

(3) 将鼠标移到需要旋转的兔子对象的镜像基点处，按住鼠标不放进行拖动，如图 2.167 所示。

(4) 到达需要的位置后，松开鼠标左键即可，如图 2.168 所示。

图 2.166

图 2.167

图 2.168

3. 自由调节对象

使用【自由调节功能工具】可以自由地缩放对象，具体的操作方法如下。

(1) 打开一个图形文件，选中需要进行自由调节的对象，如图 2.169 所示。

(2) 在工具箱中单击 变换 工具按钮，并在 变换 工具的属性栏中单击【自由调节功能】按钮 。

(3) 将鼠标移到需要自由调节的图形对象上，按住鼠标左键进行拖动，如图 2.170 所示。

(4) 使图像变形到需要的效果之后，松开鼠标左键即可，如图 2.171 所示。

图 2.169　　　　　　图 2.170　　　　　　图 2.171

4．自由扭曲对象

使用【自由扭曲工具】可以使图形对象产生扭曲、错位变形的倾斜效果，具体的操作方法如下。

(1) 打开一个图形文件，选中需要进行自由扭曲的对象，如图 2.172 所示。

(2) 在工具箱中单击 变换 工具按钮，并在 变换 工具的属性栏中单击【自由扭曲功能】按钮。

(3) 将鼠标移到需要自由扭曲的图形对象上，按住鼠标左键进行拖动，如图 2.173 所示。

(4) 使图像变形到需要的效果之后，松开鼠标左键即可，如图 2.174 所示。

图 2.172　　　　　　图 2.173　　　　　　图 2.174

2.8　查看对象

在设计一幅作品时，有时候需要查看绘图中的细节或者更大范围地查看绘图，这就需要一个单独的查看工具来放大、缩小或移动画面，便于用户预览。CoreIDRAW X4 提供了两种查看工具，即 缩放 工具和 手形 工具。

2.8.1　缩放工具

在工具箱中单击 缩放 工具按钮，显示 缩放 工具的属性栏，如图 2.175 所示。

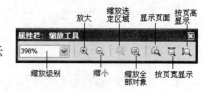

图 2.175

【缩放工具】的具体操作方法如下。

(1) 打开一个图形文件，如图 2.176 所示。

(2) 单击工具箱中的 缩放 工具，显示 缩放 工具的属性栏，在 缩放 工具属性栏中单击 按钮，即可放大图像，如图 2.177 所示。

(3) 单击  工具属性栏中的  按钮，即可缩小图像，如图 2.178 所示。

图 2.176　　　　　　　　图 2.177　　　　　　　　图 2.178

提示：如果按住 Shift 键单击图形时，整个图形和工作页面同时成比例缩小，双击 🔍 按钮，可查看整幅作品。

2.8.2　手抓工具

可以使用【手抓工具】来移动整个页面。

【手抓工具】的操作很简单，在工具箱中单击 🖑 手形 工具按钮，将鼠标移到页面中，按住鼠标不放的同时进行上下左右的移动，即可看到不能完全显示的图形。

2.9　智能工具组

智能工具是 CorelDRAW X3 才新增的功能。它主要包括了 🗒 智能填充工具 和 ⚠ 智能绘图(S)　Shift+S 两个工具。下面分别进行详细介绍。

2.9.1　智能绘图工具

当在进行各种规划，就需要绘制流程图、原理图等草图时，一般要求准确而快速。【智能绘图工具】能自动识别许多形状的图形，如圆、矩形、箭头、菱形和完美图像。

【智能绘图工具】还有另一个重要的优点就是节约时间，它能对自由手绘的线条重新组织优化，使用户更容易建立完美的形状、感觉自由且流畅。

【智能绘图工具】绘制的图有点像不借助尺规进行徒手绘制的草图，只不过"笔"变成鼠标等输入设备，可以自由地草绘线条，【智能绘图工具】自动对涂鸦的线条进行识别，判断并组织成最接近的几何形状。

【智能绘图工具】的属性栏如图 2.179 所示。

图 2.179

在【智能绘图工具】属性栏中有【形状识别等级】和【智能平滑等级】两个选项供用户设置，它们都有无、最低、低、中、高、最高 6 个级别。

相对于原始的草绘，从无到最高，【智能绘图工具】将涂鸦的线条转换为规则形状的能力依次增强，线条光滑化的程度较高。

如果要迅速得到很规则的几何图形时，不妨将两个选项设置成高或者最高，若只是尽量保持草绘原貌，只求线条平滑流畅，就将【形状识别等级】设成低或最低，【智能平滑等级】设成高或最高。

这两个选项一同工作，可以将大部分随手的涂鸦转换为想要得到的几何图形，而这一切就如同魔术般的简单和神奇。

具体操作方法如下。

(1) 新建立一个空白文件。

(2) 在工具箱中单击 ⚠ 智能绘图(S)　Shift+S 工具按钮，⚠ 智能绘图(S)　Shift+S 工具的属性栏中的【形状识别等级】和【智能平滑等级】都设置为最高。

(3) 在页面中进行绘图，效果如图 2.180 所示。

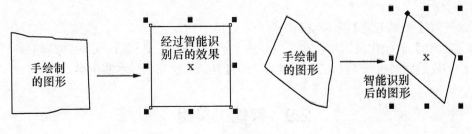

图 2.180

提示： 草绘图被转换成规则几何图形之后，如梯形、平行四边形，菱形、箭头等都会带有一个节点，用【造型工具】可调整此节点并变形图形。

2.9.2 智能填充工具

智能填充工具是 CorelDRAW X3 才新增的一项功能，使用该工具，除了可以为对象应用普通的标准填充外，还能自动识别重叠对象的多个交叉区域，并对这些区域应用色彩和轮廓的填充，在填充的同时，还能将填充色的区域生成新的对象。🗄 智能填充工具 的属性栏如图 2.181 所示。

图 2.181

🗄 智能填充工具 的使用操作方法如下。

(1) 新建一个空白文件，在新建的空白文件页面中绘制如图 2.182 所示的图形。

(2) 在工具箱中单击🗄 智能填充工具 按钮，并设置🗄 智能填充工具 的属性栏，如图 2.183 所示。

(3) 将鼠标移到需要填充的区域单击即可填充图形。填充好的效果如图 2.184 所示。

图 2.182

图 2.183

图 2.184

(4) 方法同第(3)步，根据需要设置 智能填充工具 的属性栏，对图形进行填充，最终效果如图 2.185 所示。

(5) 此时，使用【挑选工具】移动被填充的区域时，可以发现【智能填充工具】在填充该区域的同时，将该区域复制成了一个新的封闭图形，如图 2.186 所示。

图 2.185

图 2.186

2.10　文　字　工　具

CorelDRAW X4 不仅具有强大的图形图像处理能力，对文字也有很强的编排处理能力，可以对文字进行各种特殊的处理。例如：文本格式化、文本适合路径、首字下沉、制表符、项目符号、文本适合文本框和分栏等都是新增的功能和改进。

在平面广告设计中，图形、色彩、构图和文字是最基本的构成要素，其中文字是任何元素替代不了基本元素，文字能一目了然地反映出所需求的信息。在本节中将详细地介绍文字的相关操作。

2.10.1　文字的基本输入

在 CorelDRAW X4 中主要包括了两种文字类型，即【美术文本】和【段落文本】。

【美术文本】是一种特殊的图形对象，既可以对它进行图形对象方面的操作，也可以进行文本对象方面的处理操作。例如进行渐变、立体化、阴影、封套及透镜等特殊效果的处理。

【段落文本】主要用于添加较大篇幅的文本，它的文字编排功能可与 Word 文本编辑软件相媲美。

【文本工具】的属性栏如图 2.187 所示。

图 2.187

1. 美术文本的输入

美术文本的输入方法很简单，具体操作步骤如下。

(1) 新建一个空白文档或打开一个已有的文档。

(2) 在工具箱中单击【文本工具】按钮字，在【任务栏】中选择合适的输入法，在页面中单击，出现闪烁的光标。

(3) 根据需要输入相应的文本，如图 2.188 所示。要输入换行文字时，按键盘上的 Enter 键，即可输入换行文本。

(4) 确保刚输入的文本被选中，设置【文本工具】的属性栏如图 2.189 所示。最终的字体效果如图 2.190 所示。

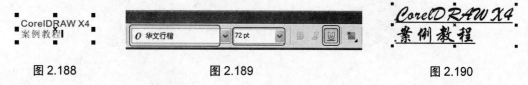

图 2.188　　　　　　　　　图 2.189　　　　　　　　　图 2.190

2. 将横排文本转换为竖排文本

在 CorelDRAW X4 中，默认情况下，输入的文本为横排文本，但是，在很多的设计中都要用到竖排文本的效果。我们可以通过以下两种方式将横排文本改为竖排文本。

(1) 选择需要改变的横排文本，单击【文本工具】属性栏中的按钮Ⅲ，即可将横排文本改为竖排文本，如图 2.191 所示。

(2) 在菜单栏中单击文本(T) → 段落格式化(P)按钮，弹出【段落格式化】泊坞窗，具体设置如图 2.192 所示，最终的文本效果如图 2.193 所示。

图 2.191　　　　　　　　　图 2.192　　　　　　　　　图 2.193

3. 段落文本的输入

有时需要在设计的图形中输入几段文字，可以使用输入段落文本的方法输入。具体操作方法如下。

(1) 在工具箱中单选字【文本工具】按钮，在【任务栏】中选择合适的输入法。

(2) 将鼠标移到页面中，按住鼠标左键不放的同时拖动鼠标，拖出一个大小合适的【段落文本输入框】，如图 2.194 所示。

(3) 设置【文本工具】的属性栏，如图 2.195 所示。在【段落文本输入框】中输入文本，如图 2.196 所示。

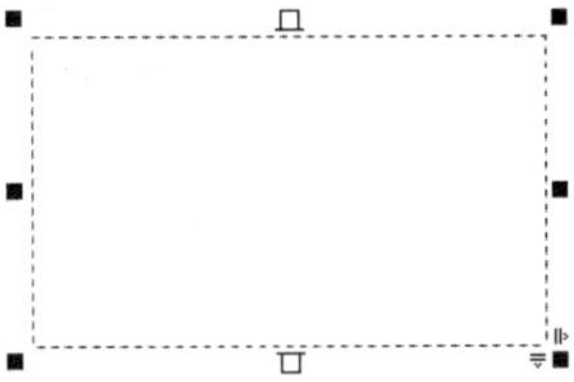

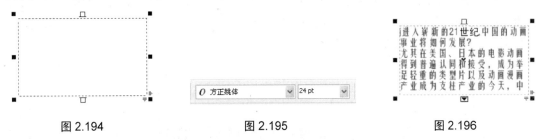

图 2.194

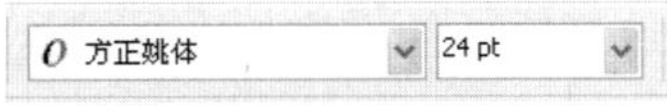

图 2.195

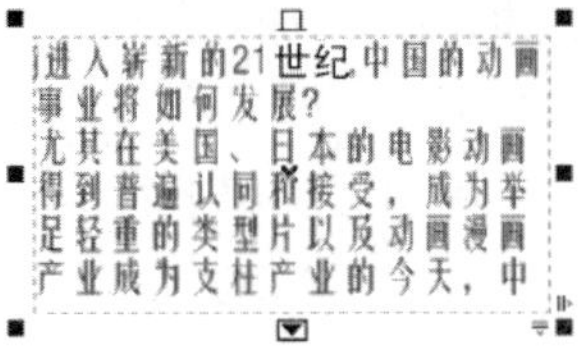

图 2.196

(4) 在默认情况下，无论输入多少文字，文本框的大小都会保持不变，而超出文本框范围的文字都将被自动隐藏，此时文本框下方居中的控制点变为▼形状。要想将隐藏的文本全部显示出来，将鼠标放到▼图标上，按住鼠标左键不放的同时往下拖动即可将隐藏的文本显示出来，如图 2.197 所示。

(5) 也可以直接单击菜单栏中的 文本(T)→段落文本框(X)→ 按文本框显示文本(I) 命令，即可将所有文本显示出来，不过，这时文字的大小将会变小，而文本框的大小不变，如图 2.198 所示。

(6)也可以将鼠标放到文本左下角的⊪或≑图标上按住左键不放的同时进行向左或向下拖动，即可改变文字的字间距和行间距，如图 2.199 所示。

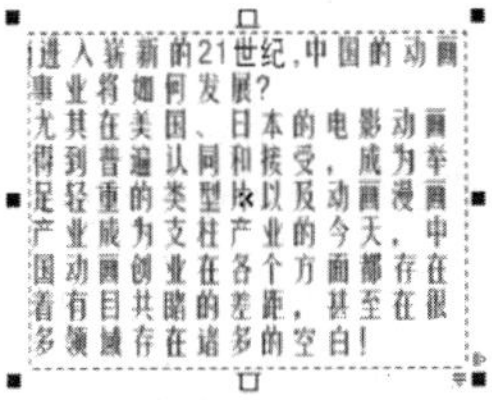

图 2.197

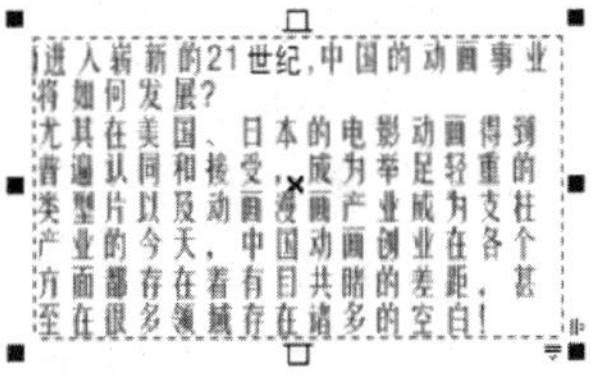

图 2.198

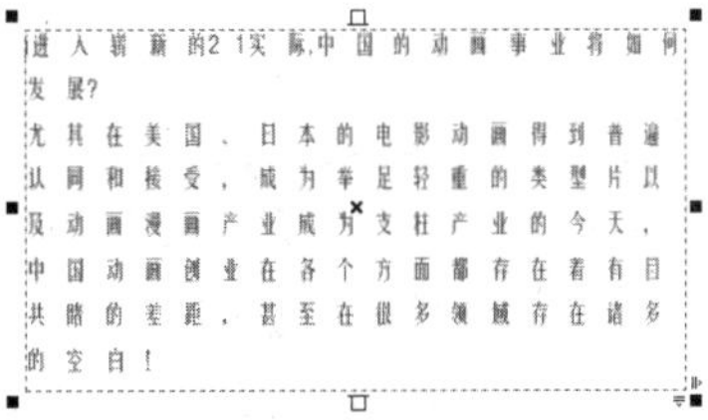

图 2.199

4. 美术文本与段落文本的转换

在 CorelDRAW X4 中，美术文本与段落文本之间可以进行相互转换，下面介绍它们之间的转换操作方法。

(1) 选择美术文本，如图 2.200 所示。

(2) 单击菜单栏中 文本(T) → 转换到段落文本(V) Ctrl+F8 命令，即可将美术文本转换为段落文本，如图 2.201 所示。

(3) 选择段落文本，如图 2.201 所示。

(4) 单击菜单栏中 文本(T) → 转换到美术字(V) Ctrl+F8 命令，即可将段落文本转换为美术文本，如图 2.202 所示。

影视动画专业的发展.
影视动画专业的开设课程.
影视动画专业的具体学习内容.

图 2.200

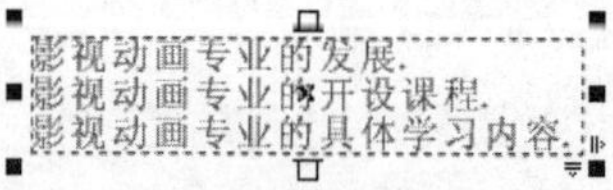

影视动画专业的发展.
影视动画专业的开设课程.
影视动画专业的具体学习内容.

图 2.201

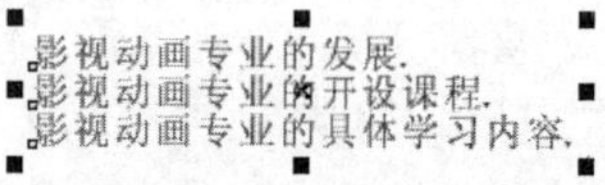

影视动画专业的发展.
影视动画专业的开设课程.
影视动画专业的具体学习内容.

图 2.202

5. 贴入与导入外部文本

在 CorelDRAW X4 中，允许加入其他文字处理软件或程序中的文字(如 Word 、写字板、记事本等)，加入其他文字处理软件或程序的文字有两种方式，即粘贴和导入。具体操作方法如下。

粘贴文字如下。

(1) 在其他文字处理程序中选择需要的文字后，按键盘上的 Ctrl+C 组合键，将其文字复制，如图 2.203 所示。

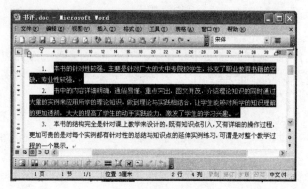

图 2.203

(2) 切换到 CorelDRAW X4 中，单选工具箱中的**字**工具按钮。

(3) 将鼠标移到页面中按住鼠标左键不放的同时进行拖动，创建一个段落文本框，再按 Ctrl+V 键，弹出【导入/粘贴文本】设置对话框，根据实际情况进行设置，如图 2.204 所示，设置完后单击 确定(O) 按钮即可，如图 2.205 所示。

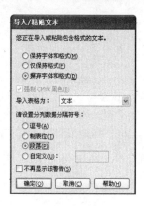

图 2.204

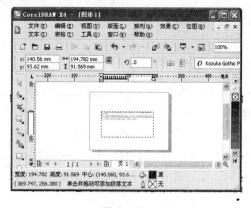

图 2.205

【保持字体和格式】：选中该项后导入或粘贴的文字将保留原来的字体类型、项目符号、栏、粗体与斜体等格式信息。

【仅保持格式】：选中该项后导入或粘贴的文字只保留项目符号、栏、粗体与斜体等格式信息。

【抛弃字体和格式】：选中该项的导入或粘贴的文字将采用选定的文本对象的属性，如果未选中对象，则采用默认的字体与格式属性。

【不再显示该警告】：如果前面打上了"√"之后，在进行导入/粘贴文本时，不再出现此对话框，软件将以默认设置对文本进行导入或粘贴。

导入文本的操作方法。

(1) 单击工具箱中的 字 工具按钮，将鼠标移到页面中，在按住鼠标左键不放的同时进行拖动，创建一个段落文本框。

(2) 单击菜单栏中的 文件(F) → ⬚ 导入(I)… 命令，弹出【导入】设置对话框，根据实际情况需要进行设置，如图 2.206 所示，单击 ⬚导入⬚ 按钮，弹出【导入/粘贴文本】设置对话框，根据实际情况需要设置，如图 2.207 所示，设置完毕后单击 确定(O) 按钮，即可将文本导入到指定的文本框中，如图 2.208 所示。

图 2.206

图 2.207

图 2.208

6. 在图形对象中输入文本

在 CorelDRAW X4 中，不仅可以输入美术文本或段落文本，还可以在图形对象中输入文本，具体操作方法如下。

(1) 利用【星形工具】在页面中创建一个星形，如图 2.209 所示。

(2) 在工具箱中单击 字 工具按钮，将鼠标移动到星形的边缘上，当鼠标变成 形状时，单击即可输入文字，如图 2.210 所示。

(3) 输入文字之后的效果，如图 2.211 所示。

图 2.209   图 2.210   图 2.211

2.10.2 选择文本

在 CorelDRAW X4 中，文本对象的操作与图形的编辑处理一样，在操作之前必须首先进行选择，才能进行操作。可以对整个文本进行操作，也可以对几个文字进行操作。下面对文本选择的方法进行详细讲解。

1. 选择全部文本

选择全部文本的方法很简单，在工具箱中单击【挑选工具】按钮 ，将鼠标移到文本对象上单击即可选中文本，如图 2.212 所示。如果还需要继续选择其他文本，在按住键盘上的 Shift 键不放的同时单击其他文本即可。若要取消其中一个被选中的文本对象，则在按住 Shift 键不放的同时，再单击该文本即可取消选择。

2. 选择部分文本

在设计过程中用户经常需要选择文本对象中的部分文本进行编辑，具体操作方法如下。

(1) 在工具箱中单击【文本工具】按钮 字。

(2) 将鼠标移到需要选择的文字前面，按住鼠标左键不放的同时，向右或向下拖动鼠标到需要选择的文字后面，松开鼠标即可，如图 2.213 所示。

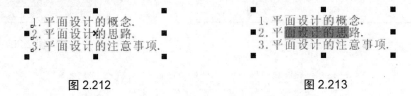

图 2.212   图 2.213

2.10.3 设置文本的基本属性

在设计过程中，经常需要对输入的文本进行进一步的操作。在 CorelDRAW X4 中对文本的基本属性设置主要包括字体、字体的大小、颜色、间距以及字符效果等，下面详细介绍各种设置。

1. 设置字体、字体大小和颜色

(1) 在工具箱中单击 【挑选工具】按钮，单击需要设置的文本，此时，文本被选中。

(2) 在文本属性栏中选择字体和字体大小，如图 2.214 所示。

(3) 设置字体的颜色很简单，确保文本被选中的，在右边的【色板】中单击需要的颜色，如单击红色色块，被选中的字体则变成红色，如图 2.215 所示。

图 2.214　　　　　　　　　　　　图 2.215

提示：也可以单击文本属性中的 【字符格式化】按钮，显示【字符格式化】的泊坞窗，
　　　如图 2.216 所示，用户可以设置字体、字体大小、间间距、字符效果、字符位移等。
　　　具体设置如图 2.217 所示，字体效果如图 2.218 所示。

图 2.216　　　　　　　　　图 2.217　　　　　　　　图 2.218

2. 将字体的颜色填充为渐变

文本不仅可以填充为纯色，还可以填充为渐变色，具体操作方法如下。

(1) 选择需要改变颜色的文本。

(2) 在工具箱中单击 渐变 工具按钮，此时，弹出【渐变填充】设置对话框，具体设置如图 2.219 所示。被填充后的文本效果如图 2.220 所示。

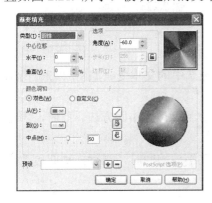

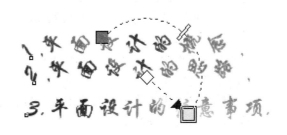

图 2.219　　　　　　　　　　　　图 2.220

3. 文本字间距的设置

在平面设计中，经常需要对文本间距进行调整，具体调整方法用 3 种。下面分别进行详细介绍。

1）利用【形状工具】调整文本间距

(1) 利用 ▸【挑选工具】，在页面中选择文本，如图 2.221 所示。

(2) 在工具箱中单击【形状工具】按钮 ◂，此时被选中的字体的左下角和右下角分别会出现 ▤ 和 ⇥ 的符号，如图 2.222 所示。

(3) 将鼠标放到 ▤ 和 ⇥ 符号上，进行向下和向右拖动即可，最终效果如图 2.223 所示。

| 图 2.221 | 图 2.222 | 图 2.223 |

2）精确调整文本间距

(1) 选择需要调整的文本。

(2) 在菜单中单击 文本(T) → 段落格式化(P) 命令，即可弹出【段落格式化】的泊坞窗，具体设置如图 2.224 所示，最终文本效果如图 2.225 所示。

图 2.224   图 2.225

3）调整个别文字的位置

(1) 选择需要调整的文本。

(2) 在工具箱中单击 ◂【形状工具】按钮，此时，被选中的文本变成如图 2.226 所示的效果。

(3) 利用 ◂【形状工具】，选择需要改变位置的字体下面白色小四方块，此时，黑色显示，如图 2.227 所示。

(4) 将鼠标移到黑色的小四方块上面，按住鼠标左键不放的同时，进行拖动即可改变文字的位置，如图 2.228 所示。

图 2.226　　　　　　　图 2.227　　　　　　　图 2.228

4. 字符效果设置

在平面设计过程中，有时候需要设置字符的效果来突出重要的内容，从而来达到信息的传递。字符效果的设置具体方法如下。

(1) 选择需要设置效果的字符，如图 2.229 所示。

(2) 在菜单栏中单击 文本(T)→字符格式化(F) 命令，弹出【字符格式】的泊坞窗，具体设置如图 2.230 所示，最终文字效果如图 2.231 所示。

图 2.229　　　　　　　图 2.230　　　　　　　图 2.231

2.10.4　段落文本的编排

在 CorelDRAW X4 中，对段落文本的编排主要包括首字下沉、项目符号、段落缩进、对齐方式、文本分栏以及链接文本等操作。下面分别详细介绍各种具体的设置方法。

1. 设置首字下沉

(1) 在工具箱中单击 字 工具按钮，在需要设置首字下沉的文本段落的任意位置处单击，如图 2.232 所示。

(2) 在菜单栏中单击 文本(T)→ ≣　首字下沉(D)... 命令，弹出【首字下沉】设置对话框，具体设置如图 2.233 所示，单击 确定 按钮，最终效果如图 2.234 所示。

图 2.232　　　　　　　图 2.233　　　　　　　图 2.234

(3) 如果在 首字下沉使用悬挂式缩进(E) 前面打上"√"，文字效果将采用悬挂式缩进，效果如图 2.235 所示。

提示：如果对文本对象中所有段落都要设置首字下沉，只要利用 ▷【挑选工具】，选择文本，在菜单栏中单击 文本(T)→ ≣　首字下沉(D)... 命令，弹出【首字下沉】设置对话框，具体设置如图 2.236 所示，最终效果如图 2.237 所示。

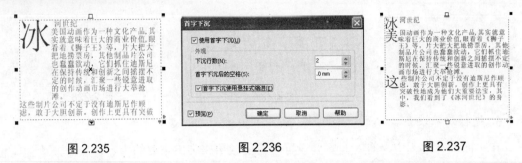

图 2.235　　　　　　　　图 2.236　　　　　　　　图 2.237

2. 设置项目符号

在 CorelDRAW X4 中，系统提供了丰富的项目符号样式，可以根据需要选择所需要的项目符号，具体操作方法如下。

(1) 利用 ▷【挑选工具】选择文本，如图 2.238 所示。

(2) 在菜单栏中单击 文本(T)→ ≔ 项目符号(U)… 命令，弹出【项目符号】设置对话框，具体设置如图 2.239 所示，单击 确定 按钮，最终效果如图 2.240 所示。

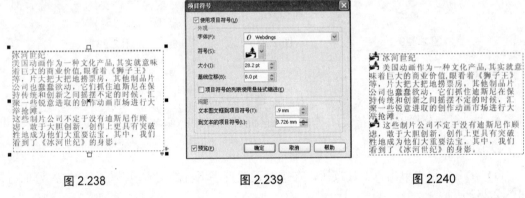

图 2.238　　　　　　　　图 2.239　　　　　　　　图 2.240

3. 文本的段落缩进设置

文本的段落缩进，可以改变段落文本框与框内文本的距离，可以缩进整个段落或从文本框的右侧或左侧缩进，还可以移除缩进格式，而不需要删除文本或重新键入文本，具体操作方如下。

(1) 利用 ▷【挑选工具】选择文本，如图 2.241 所示。

(2) 在菜单中单击 文本(T)→ 段落格式化(P) 命令，即可弹出【段落格式化】的泊坞窗，具体设置如图 2.242 所示，单击 确定 按钮，最终文本效果如图 2.243 所示。

图 2.241　　　　　　　　图 2.242　　　　　　　　图 2.243

4. 文本对齐方式的设置

文本的对齐方式主要有两种设置,水平和垂直方向的对齐,具体操作方法如下。

(1) 利用 【挑选工具】选择文本,如图 2.244 所示。

(2) 在菜单中单击 文本(T) → 段落格式化(P) 命令,即可弹出【段落格式化】的泊坞窗,具体设置如图 2.245 所示,单击 确定 按钮,最终文本效果如图 2.246 所示。

5. 文本分栏的设置

文本分栏是指将选中的文本分为两个或两个以上的文本栏,具体操作方法如下。

(1) 利用 【挑选工具】选择文本,如图 2.247 所示。

图 2.244　　　　　　图 2.245　　　　　　图 2.246

(2) 在菜单中单击 文本(T) → 栏(O)... 命令,即可弹出【栏设置】对话框,具体设置如图 2.248 所示,单击 确定 按钮,最终文本效果如图 2.249 所示。

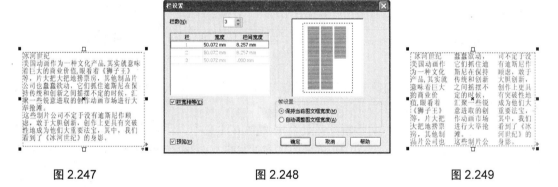

图 2.247　　　　　　图 2.248　　　　　　图 2.249

6. 文本链接的设置

在 CorelDRAW X4 中,可以通过链接文本的方式,将一个文本分离成多个文本,文本的链接可以在一个页面中链接也可以在不同的页面中链接,但它们之间始终存在相互关联。下面对文本链接的方法进行详细介绍。

1) 多个对象之间的链接

(1) 利用 【挑选工具】选择文本,如图 2.250 所示。

(2) 将鼠标移到被选中文本下面的 图标上单击,此时,鼠标将变成 样式。

(3) 在页面中单击,按住鼠标左键不放的同时进行拖动,拖出一个需要的文本框,没有显示完的文字将被显示到另一个文本框中,如图 2.251 所示。

图 2.250   图 2.251

2) 文本与图形之间的链接

接着上面往下做。

(1) 先在页面中绘制两个图形，选中需要链接的文本，如图 2.252 所示。

(2) 在工具箱中选择 字 工具，将鼠标移到被选中的文本下面的 ▽ 图标上单击，此时，鼠标变成 ▦ 样式。

(3) 将鼠标移到图形上面，此时，鼠标变成 ➡ 样式，单击即可将文本链接到图形当中，如图 2.253 所示。

(4) 方法同上，继续链接到另外一个图形文件中，效果如图 2.254 所示。

图 2.252   图 2.253   图 2.254

3) 解除文本链接

解除文本链接的方法很简单，只要选中需要解除的链接文本，再按键盘上的 Delete 键即可将链接删除。

另外，可以将所链接的文本断开，使其成为独立的文本，具体操作很简单，选中需要断开的文本，如图 2.255 所示，单击 文本(T) → 段落文本框(X) → ▦ 断开链接(U) 命令，即可断开文本的链接，如图 2.256 所示。

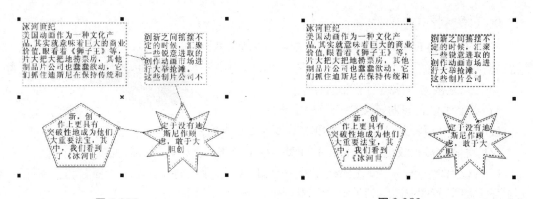

图 2.255   图 2.256

提示：删除文本链接后，链接文本框中的文字会自动转移到剩下的链接段落文本框中，用户可以调整文本框大小来显示文本，也可以将解除链接的文本再重新进行链接。方法很简单，选中需要重新链接的文本，单击 文本(T) → 段落文本框(X) → ▦ 链接(L) 命令，即可将解除了链接的文本重新链接好。

2.10.5　文本的高级编辑

在 CorelDRAW X4 中，不仅可以对文本进行基本属性、段落格式的设置，还可以使文字绕着特定的路径排列、给文本添加封套效果以及将文本转换为曲线，进行单个字体的编辑等。下面详细讲解各个功能的具体操作方法。

1．文本绕特定路径排列

用户在广告设计中，经常会遇到将文本排列成弧形、流线形、圆形等形式，如图 2.257 所示的效果。如果要制作这样的文字效果，具体操作方法如下。

(1) 利用 ○【椭圆工具】、🔁【箭头形状工具】、📐【贝塞尔工具】绘制如图 2.258 所示的图形。

(2) 在工具箱中单击【文本工具】按钮 字，将鼠标移到椭圆左侧的边缘，当鼠标变为 ↙ 形状时单击，即可输入文字，

(3) 输入需要的文字并调整 字【文本工具】的属性栏，在右边的【色板】中为文字选择"青色"，最终效果如图 2.259 所示。

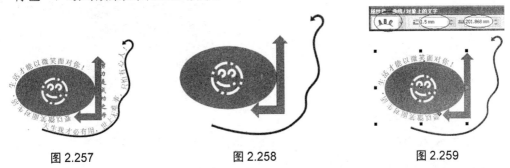

图 2.257　　　　　　　图 2.258　　　　　　　图 2.259

(4) 使用第 3 步的方法，在曲线上输入需要的文字，并在右边的【色板】中选择"红色"，最终效果如图 2.260 所示。

(5) 输入如图 2.261 所示的文字。

(6) 在文字被选中的情况下，在菜单栏中单击 文本(T) → ➤ 使文本适合路径(T) 命令，此时，鼠标变为 ➤ 形状，将其移到箭头标志的右边缘上单击即可，最终效果如图 2.262 所示。

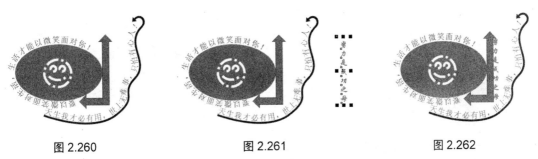

图 2.260　　　　　　　图 2.261　　　　　　　图 2.262

提示：绕特定路径排列的文本可以根据实际情况，对文本进行文字方向、与路径的位置水平偏移的设置，沿路径排列的文本仍具有文本的基本属性，可添加或删除文字，也可更改文字的字体和字体大小等属性，属性栏如图 2.263 所示，同时还可以隐藏路径，方法很简单，选中需要隐藏的路径，在工具箱中单击 ⬙ → ✕ 无命令即可，如图 2.264 所示。

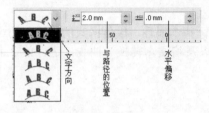

图 2.263 　　　　　　　　　　　　　　　图 2.264

2. 文本绕图排列

文本绕图排列是指文本排列在图形外框的形式，设计文本绕图排列的方法很简单，具体操作方法如下。

(1) 输入或打开有文本段落的文件，如图 2.265 所示。

(2) 利用前面所学知识导入一张图片，如图 2.266 所示。

图 2.265 　　　　　　　　　　　　　　　图 2.266

(3) 在工具箱中单击 ⬚【挑选工具】按钮，将鼠标放到图片上右击，在弹出的快捷菜单中单击 ⬚ 　段落文本换行(W)命令，如图 2.267 所示。

(4) 将图片移到文本中的适当位置，如图 2.268 所示。

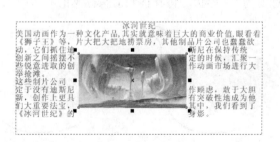

图 2.267 　　　　　　　　　　　　　　　图 2.268

(5) 在工具属性栏中单击  按钮，弹出如图 2.269 所示的下拉菜单。

(6) 在弹出的下拉菜单中选择需要的【轮廓】方式，如图 2.270 所示。其他【轮廓】和【方角】的选择，希望多加练习。

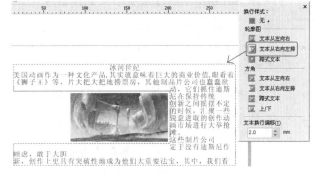

图 2.269   图 2.270

3. 文本应用封套

在 CorelDRAW X4 中，将文本应用封套之后，可以对文本进行各种变形处理，但变形后的文字仍然保持原有的文本属性。当取消封套之后，文本将恢复为原来的状态，下面具体介绍应用封套的操作方法。

(1) 在页面中输入如图 2.271 所示的文本。

(2) 在菜单栏中单击 窗口(W) → 泊坞窗(D) → 封套(E) 命令，弹出如图 2.272 所示的【封套】设置对话框。

(3) 在【封套】设置对话框中选择样式，单击 应用 按钮，效果如图 2.273 所示。

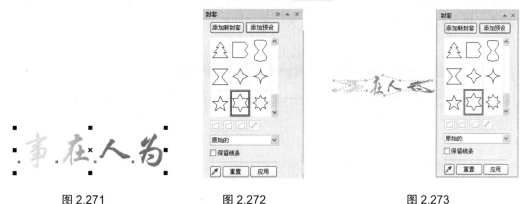

图 2.271   图 2.272   图 2.273

提示：其他样式的【封套】效果，应多去练习。如果对使用了【封套】效果的文字不满意的话，可以取消【封套】，方法是单击菜单栏中的 效果(C) → 清除封套 命令。或者直接单击工具属性栏中的 【清除封套】按钮即可。【封套】效果还可以嵌套使用。

4. 将文本转换为曲线

在实际设计中，经常想设计出自己特有的字体效果，而且这些字体效果在字库中也无法找到，这才算是自己的独特风格。在 CorelDRAW X4 中，提供了这种功能，具体操作方法如下。

(1) 在页面中输入所需要的文本，并利用前面所学的知识进行填充，如图 2.274 所示。

(2) 在文本被选中的情况下，在菜单栏中单击 效果(C) → ⬧ 转换为曲线(V) 命令，即可将文本转换为曲线，如图 2.275 所示。

(3) 在工具箱中单击【形状工具】按钮 ⬧，此时，文字变成如图 2.276 所示的效果。

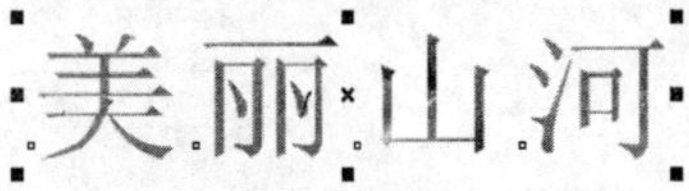

图 2.274	图 2.275	图 2.276

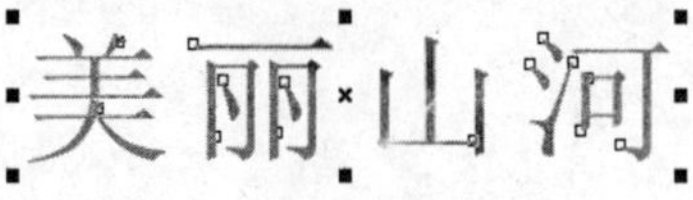

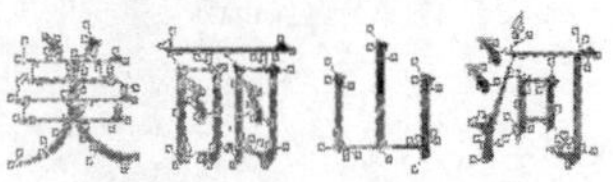

(4) 使用 ⬧【形状工具】对文字进行操作，最终效果如图 2.277 所示。

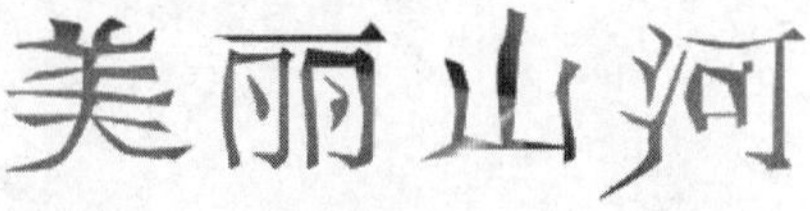

图 2.277

提示：文本被转换为曲线之后，就不能再恢复成文本格式，所以，在转换之前一定要考虑清楚或备份一个文本。

2.11 表格工具的使用

在 CorelDRAW X4 中，表格的创建和编辑与 Word 中表格的创建和编辑差不多，也可以拆分单元、合并单元、插入行/列、对表格进行颜色填充、表格边框设置等。在工具箱中单击【表格工具】按钮 ▦，此时，显示表格的属性栏，如图 2.278 所示。

图 2.278

通过一个实例来详细讲解表格工具的使用方法，最终效果如图 2.279 所示。

图 2.279

(1) 启动 CorelDRAW X4 应用软件，新建一个空白文件，命名为"表格.cdr"。

(2) 利用工具箱中的 字【文本工具】在页面中输入文本，根据需要修改文本的字体、字体大小和样式等，最终效果如图 2.280 所示。

2007---2008年度第二学期教师课程表

教师姓名:李小梅

图 2.280

(3) 单击工具箱中的【表格工具】按钮▦，设置▦【表格工具】的属性栏，如图 2.281 所示。

(4) 将鼠标移到页面中，按住鼠标左键不放的同时拖动鼠标到适当的位置即可绘制出如图 2.282 所示的表格。

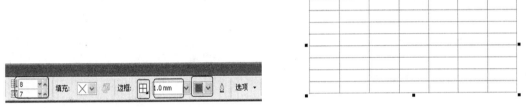

图 2.281

图 2.282

(5) 在工具箱中单击 选项 ·按钮，弹出设置对话框，具体设置如图 2.283 所示。表格效果如图 2.284 所示。

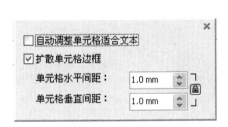

图 2.283

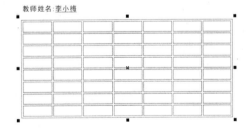

图 2.284

(6) 在工具箱中单击【形状工具】按钮，选中需要合并的单元格，如图 2.285 所示，单击属性栏中的【合并选定单元格】按钮 呂 即可将单元格合并，如图 2.286 所示。

(7) 方法同第(6)步，将其他需要合并的单元格合并，最终效果如图 2.287 所示。

(8) 利用工具箱中的 字【文本工具】在表格单元格中输入文本，并设置字体、字体大小、对齐方式等，如图 2.288 所示。

(9) 在工具箱中单击【形状工具】按钮，选中需要填充背景色的单元格，如图 2.289 所示。单击右边【色板】中的 10% 的灰色色块即可将选定单元格填充为 10% 的灰色，如图 2.290 所示。

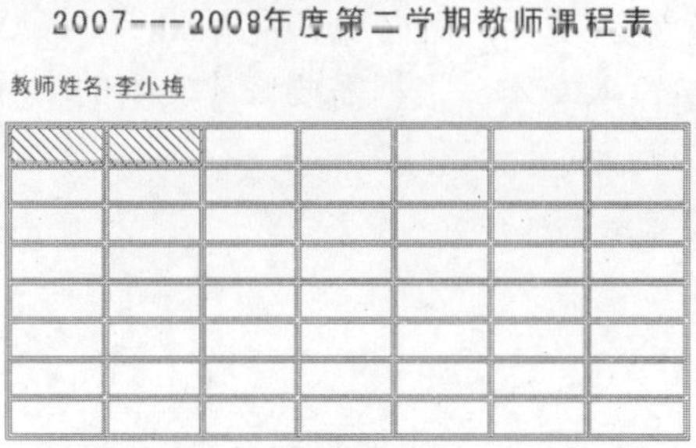

2007---2008年度第二学期教师课程表
教师姓名:李小梅

图 2.285

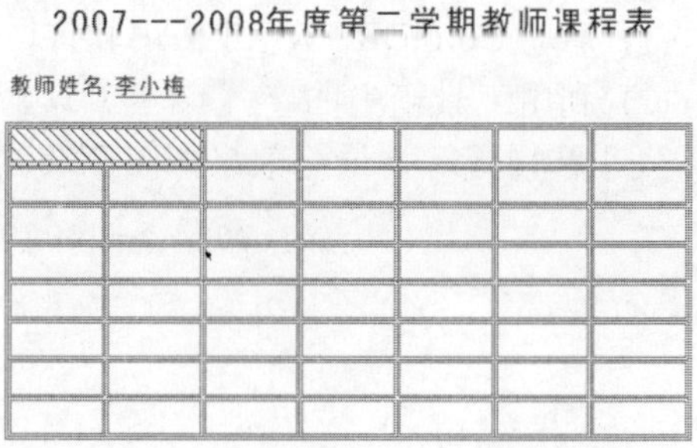

2007---2008年度第二学期教师课程表
教师姓名:李小梅

图 2.286

2007---2008年度第二学期教师课程表
教师姓名:李小梅

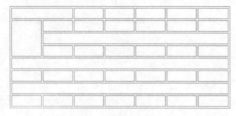

图 2.287

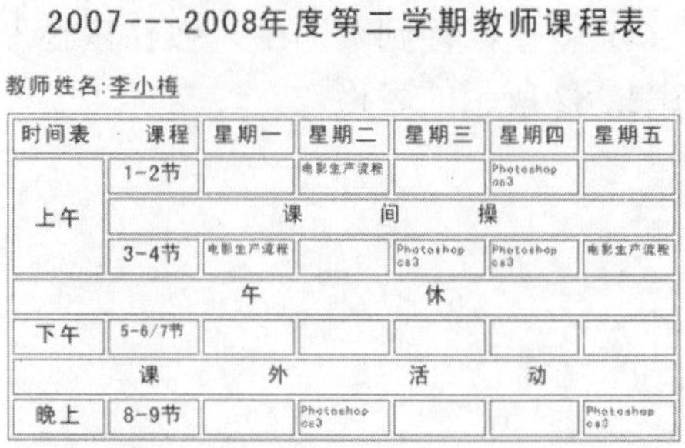

2007---2008年度第二学期教师课程表
教师姓名:李小梅
时间表
课程
星期一
星期二
星期三
星期四
星期五
1-2节
上午
课 间 操
3-4节
午 休
下午
5-6/7节
课 外 活 动
晚上
8-9节

图 2.288

2007---2008年度第二学期教师课程表
教师姓名:李小梅
时间表
课程
星期一
星期二
星期三
星期四
星期五
1-2节
上午
课 间 操
3-4节
午 休
下午
5-6/7节
课 外 活 动
晚上
8-9节

图 2.289

2007---2008年度第二学期教师课程表
教师姓名:李小梅
时间表
课程
星期一
星期二
星期三
星期四
星期五
1-2节
上午
课 间 操
3-4节
午 休
下午
5-6/7节
课 外 活 动
晚上
8-9节

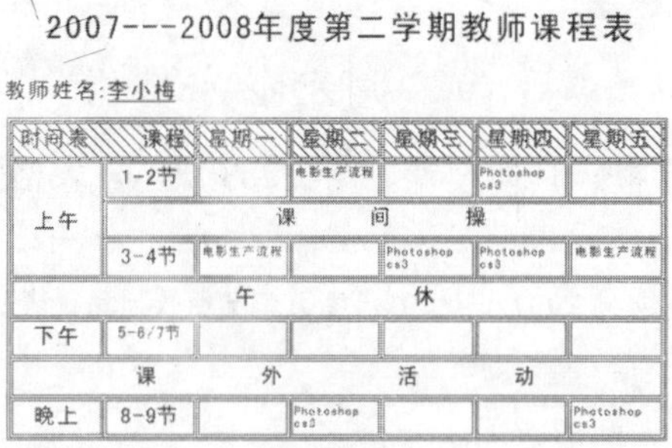

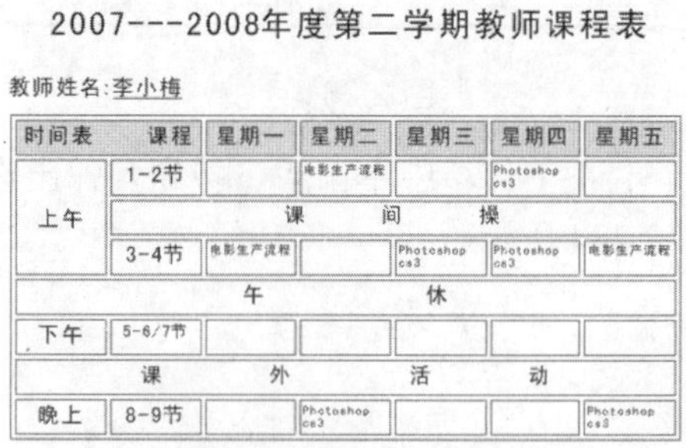

图 2.290

(10) 方法同第(9)步，对其他需要填充颜色的单元格进行填充，最终效果如图 2291 所示。

(11) 在工具箱中单击【形状工具】按钮，选中所有单元格，如图 2.292 所示。

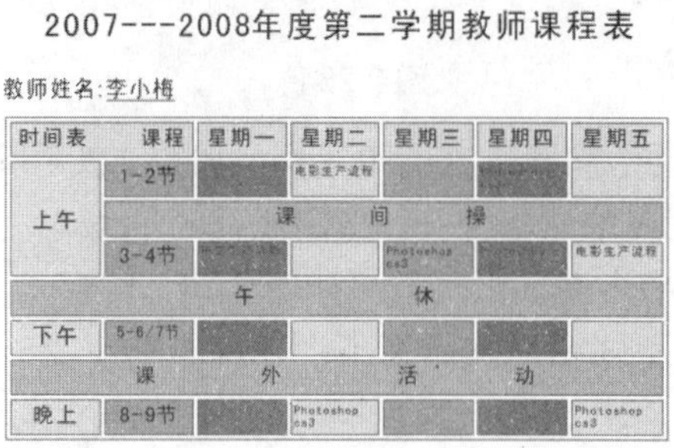

2007---2008年度第二学期教师课程表
教师姓名:李小梅
时间表
课程
星期一
星期二
星期三
星期四
星期五
1-2节
上午
课 间 操
3-4节
午 休
下午
5-6/7节
课 外 活 动
晚上
8-9节

图 2.291

2007---2008年度第二学期教师课程表
教师姓名:李小梅

图 2.292

(12) 根据需要设置【表格工具】属性栏，如图 2.293 所示，表格的最终效果如图 2.294

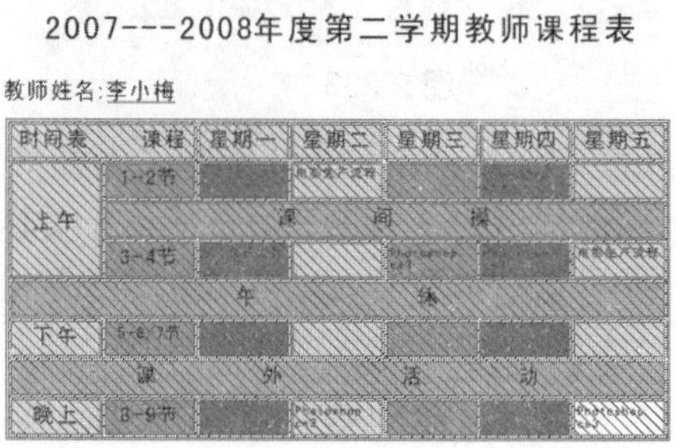

所示。

(13) 利用 【挑选工具】选中表格式，单击属性栏中的【轮廓画笔对话框】按钮，弹出【轮廓笔】设置对话框，具体设置如图 2.295 所示，单击　确定　按钮，表格最终效果如图 2.296 所示。

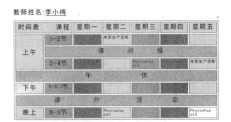

图 2.293

图 2.294

图 2.295

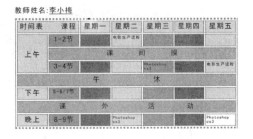

图 2.296

2.12　上　机　实　训

1. 利用基本工具制作出如图 2.297 所示的效果。

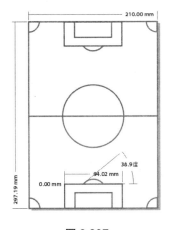

图 2.297

提示：本案例主要操作步骤如下。

(1) 使用【矩形工具】和【椭圆工具】绘制相关的矩形和圆。

(2) 将绘制的矩形和椭圆进行相应的【对齐和分布】操作，将对象对齐。

(3) 将需要【焊接】的对象选中，单击工具属性栏中的【焊接】命令进行焊接，将不需要的部分删除。

(4) 使用【度量工具】标注尺寸。

2. 利用基本工具制作出如图 2.298 所示的效果。

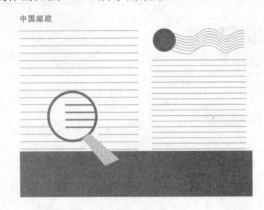

图 2.298

提示：本案例主要操作步骤如下。

(1) 使用【贝塞尔工具】绘制直线。

(2) 在【变换】面板中设置好相关参数后，连续单击 应用到再制 按钮即可得到间隔相等的若干条直线。

(3) 使用【椭圆工具】、【贝塞尔工具】和【矩形工具】绘制放大镜、矩形和曲线。

(4) 设置颜色、输入文字。

3. 利用基本工具制作出如图 2.299 所示的效果。

中国职业教育

图 2.299

提示：本案例主要操作步骤如下。

(1) 输入需要的文字。

(2) 将输入的文字复制两个。

(3) 使用【矩形工具】绘制两个填充了颜色的矩形。

(4) 将复制的文字分别与绘制的矩形进行修剪操作。

(5) 设置修剪后的文字颜色。

(6) 调整好文字的位置即可。

小结

本章主要介绍了 CorelDRAW X4 中的各个工具的作用、工具属性栏的设置、工具设置对话框中各项参数的设置和参数功能介绍、具体操作方法等知识。重点要求掌握各个工具的作用、各项参数的设置和具体操作方法。

练习

一、填空题

1. 在使用 CorelDRAW X4 进行各种图形编辑操作时，工具箱发挥着重要的作用，工具箱主要包括了常用的绘图工具和编辑工具。在默认情况下，工具箱位于_____的左侧。

2. 在 CorelDRAW X4 中基本几何图形绘制工具主要包括矩形工具、椭圆工具、多边形工具、_____四大类型。

3. CorelDRAW X4 为用户提供了一个专门用于连接图形的工具，即_____工具。

4. 在 CorelDRAW X4 中，曲线工具绘制的图形是曲线，非曲线工具绘制的图形是直线，用户可以根据节点的_____来判断。

5. 对图形应用了_____操作后，封闭图形将变为开放图形，此时，在默认状态下，将不能对图形应用色彩填充等效果。

二、简答题

1. 填充工具与智能填充工具之间有什么区别？

2. 泊坞窗的主要作用是什么？

第**3**章

交互式调和工具与填充工具的应用

知识点：

1. 交互式调和工具组的使用
2. 吸管工具与颜料桶工具
3. 轮廓工具
4. 填充工具
5. 交互式填充工具与网状填充工具

说明：

本章在讲解各个工具的时候，会先将最终效果(对所设计图形的最终效果)展示给学生看，再详细地讲解每一步的操作方法和工具的作用以及使用方法。

在 CorelDRAW X4 中，学会灵活地使用交互式调和工具和填充工具是进行高级图形设计和艺术创作的重要知识点，在第 2 章中已经详细地介绍了 CorelDRAW X4 工具箱中基本工具的作用和使用方法，本章将结合实际例子来讲解 CorelDRAW X4 中各种交互式调和工具和填充工具的作用和使用方法。

3.1　交互式调和工具组的使用

在 CorelDRAW X4 中，充分利用交互式调和工具组，可以为用户创建丰富的效果，制作出精美而生动的作品。交互式调和工具组主要包括调和、轮廓图、变形、阴影、封套、立体化、透明度 7 个工具。下面通过实际例子来详细讲解各个工具的作用和使用方法。

3.1.1　交互式调和工具的使用

交互式调和工具主要用于在两个对象之间产生过渡的效果，它主要包括直线调和、路径调和和复合调和 3 种形式。

1. 直线调和

在 CorelDRAW X4 中，直线调和是最简单的调和方式，.它是指两个物体间的过渡，具体操作方法如下。

(1) 利用前面所学的知识绘制基本图形，或者直接打开一个图形文件，如图 3.1 所示。

(2) 在工具箱中单击 调和 工具按钮，将鼠标移到页面中，在选中一个对象并按住鼠标左键不放的同时拖到另一个对象上松开鼠标，如图 3.2 所示。

直线调和之前

图 3.1

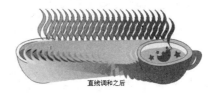

直线调和之后

图 3.2

2. 调和对象的编辑

调和对象的编辑是指将多个对象调和成不同的效果，它主要包括了调和旋转角度、增删调和中的过渡对象、改变过渡对象的颜色和改变调和对象的形状等。

1) 调整调和旋转角度

(1) 选中前面的直线调和效果，如图 3.3 所示。

(2) 在属性栏 中直接输入旋转的角度，然后按 Enter 键即可。在这里输入“60”，按 Enter 键，效果如图 3.4 所示。

2) 增删调和中的过渡对象

在 CorelDRAW X4 中，可以通过调整属性栏中的 22 【步长和调和形状之间的偏移量】来改变它们之间的对象数值。分别在 22 中输入“15”和“6”，效果如图 3.5 所示。

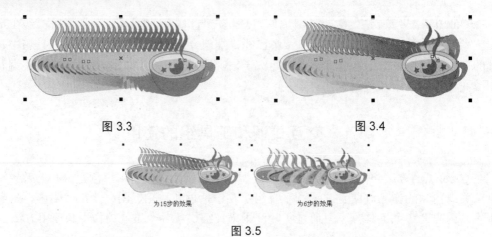

图 3.3 图 3.4

为15步的效果 为6步的效果

图 3.5

3) 改变过渡对象的颜色

在 CorelDRAW X4 中,调和对象中间的过渡颜色由原始的两个对象的填充颜色所决定。用户如果想要改变它们之间的调和颜色,可以在属性栏中选择相应的旋转按钮进行改变,如图 3.6 所示。

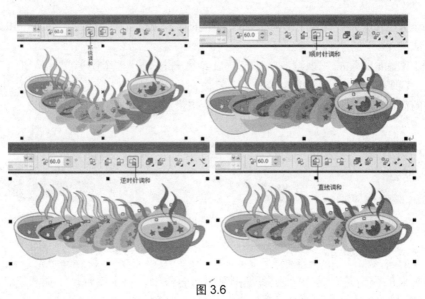

图 3.6

4) 改变调和对象的形状

用户可以通过设置【对象和颜色加速】和【杂项调和选项】对话框来改变调和的效果。具体操作方法如下。

(1) 选中调和之后的对象,如图 3.7 所示。

(2) 在属性栏中单击【对象和颜色加速】按钮 🔲,弹出设置对话框,具体设置如图 3.8 所示。然后调和效果如图 3.9 所示。

(3) 单击属性栏中的【杂项调和选项】按钮 🔲,在弹出的快捷菜单中单击 🔲 拆分命令,此时,光标变成 🖋 形状,将 🖋 移到调和对象的中间,在最后一个对象上单击,如图 3.10 所示，即可将调和对象拆分出来，并按住鼠标左键不放的同时进行移动，效果如图 3.11 所示。

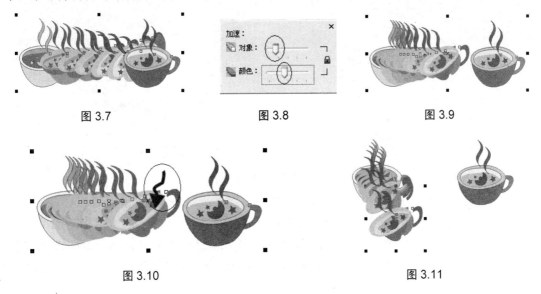

图 3.7　　　　　　　　　　　图 3.8　　　　　　　　　　　图 3.9

图 3.10　　　　　　　　　　　　　　　　图 3.11

3. 路径调和

路径调和是指调和对象沿路径产生的过渡效果。具体的操作方法如下。

(1) 绘制路径，如图 3.12 所示。

(2) 利用 调和 工具创建调和对象，如图 3.13 所示。

(3) 单击 调和 工具属性栏中的【路径属性】按钮 ，在弹出的下拉菜单中单击 新路径 命令，此时，光标变成 形状，然后将其移到第一步创建的路径上的任意地方单击，最终效果如图 3.14 所示。

图 3.12　　　　　　　　　　　图 3.13　　　　　　　　　　　图 3.14

(4) 将 调和 工具属性栏中的 22 【步长和调和形状之间的偏移量】改为 "8" 步，效果如图 3.15 所示。

(5) 将鼠标移到工具箱中的 工具按钮上按住左键不放，此时弹出隐藏的工具箱，在隐藏的工具箱中单击 无按钮，此时，路径被隐藏，如图 3.16 所示。

4. 复合调和

复合调和是指对两个以上的对象进行直线调和，下面以对 3 个对象进行调和为例来进行介绍，具体操作方法如下。

图 3.15　　　　　　　　　　　　　　　　图 3.16

(1) 打开一个绘有图形对象的文件，如图 3.17 所示。

(2) 在工具箱中单击 [调和] 工具按钮，将鼠标移到第一个对象上，在按住鼠标左键不放的同时，将鼠标移动到第二个对象上松开鼠标，即可创建调和效果，如图 3.18 所示。

(3) 在页面的空白处单击，再将鼠标放到第二个对象上，在按住鼠标左键不放的同时，拖到第三个对象上松开鼠标左键，即可创建复合调和效果，如图 3.19 所示。

图 3.17　　　　　　　　　　图 3.18　　　　　　　　　　图 3.19

3.1.2　交互式轮廓图工具的使用

在 CoreIDRAW X4 中，轮廓图的效果与调和相似，它主要用于单个图形的中心轮廓线，形成以图形为中心渐变产生朦胧的边缘效果。轮廓图的方式主要包括到中心、向内、向外 3 种形式。在工具箱中单击【轮廓图工具】按钮 回，此时，显示【轮廓图工具】属性栏，如图 3.20 所示。【轮廓图工具】的具体的操作方法如下。

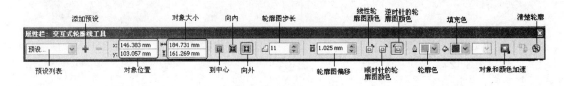

图 3.20

(1) 预设列表：可以在此下拉列表中选择系统提供的预设效果。

(2) 到中心：如果单击该按钮，轮廓图将会形成由图形边缘向中心放射的轮廓图效果。在此方式下，轮廓图的步数将不能被调整，轮廓图步数将根据所设置的轮廓偏移量自动地进行调整。

(3) 向内：如果单击该按钮，将调整为向对象内部放射的轮廓图效果。在此方式下，可以调整轮廓图的步数。

(4) 向外：如果单击该按钮，将调整为向对象外部放射的轮廓效果图。在此方式下，可以调整轮廓图步数。

(5) 轮廓图步数：可以在此文本框中输入需要的步数值来决定各步数之间的距离。

(6) 线性轮廓图颜色：如果单击此按钮，将以直线颜色渐变的方式填充轮廓图的颜色。

(7) 顺时针的轮廓图颜色：如果单击此按钮，将使用色轮盘中的顺时针方向填充轮廓图的颜色。

(8) 逆时针的轮廓图颜色：如果单击此按钮，将使用色轮盘中的逆时针方向填充轮廓图的颜色。

(9) 轮廓色：用来改变轮廓图中最后一轮的轮廓图的轮廓颜色，同时过渡色也将随之改变。

(10) 填充色：用来改变轮廓图中最后一轮的轮廓图的填充颜色，同时过渡的填充色也将随之改变。

1. 创建交互式轮廓图效果

(1) 在页面中绘制如图 3.21 所示的图形效果。

(2) 在工具箱中单击【轮廓图工具】按钮圖，将鼠标移到图形的中行为位置上，在按住鼠标左键不放的同时向外拖动鼠标，即可得到如图 3.22 所示的效果。此效果为【到中心】方式，其他两种方向的效果如图 3.23 所示。

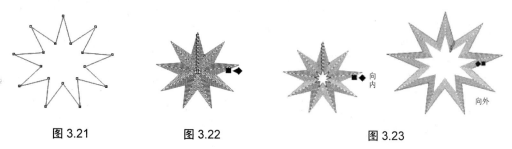

图 3.21　　　　　图 3.22　　　　　图 3.23

2. 设置轮廓图颜色

用户可以通过改变轮廓色和填充色来改变交互式轮廓图的渐变效果。通过不同的颜色设置，可以得到很多意想不到的效果。轮廓图颜色的设置的具体操作方法如下。

(1) 选中轮廓图效果，如图 3.24 所示。

(2) 单击属性栏中的圖中的图按钮，弹出【颜色】列表框，在【颜色】列表框中选择需要的颜色，如图 3.25 所示。轮廓图的效果如图 3.26 所示。

(3) 在右边的【调色板】中选择"淡黄色"色块，此时轮廓图以淡黄色填充。

(4) 单击属性栏中的图中的图按钮，弹出【颜色】列表框，在【颜色】列表框中选择"黄色"色块，最终轮廓图的效果如图 3.27 所示。

(5) 单击工具箱中的【轮廓工具】按钮◊，弹出隐藏的工具箱，在隐藏的工具箱中单击✗　无按钮，则可以去掉轮廓图的轮廓边，最终的效果如图 3.28 所示。

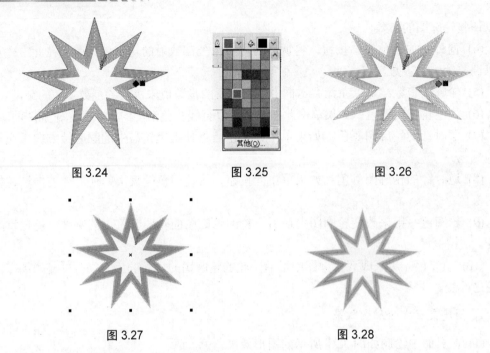

图 3.24   图 3.25   图 3.26

图 3.27   图 3.28

3. 分离与清除轮廓图

分离轮廓图的方法很简单，具体操作方法如下。

选择需要分离的轮廓图形，在菜单栏中单击 排列(A) → 折分 轮廓图群组 于 图层 1(B)   Ctrl+K 命令，即可将轮廓图分离，对于分离之后的轮廓图，用户可以使用【挑选工具】来移动分离的对象，如图 3.29 所示。

清除轮廓图的方法也很简单，具体操作方法如下。

选择需要清除轮廓的轮廓图形，单击工具属性栏中的【清除轮廓】按钮 即可，如图 3.30 所示。

图 3.29

图 3.30

3.1.3   交互式变形效果的使用

在 CorelDRAW X4 中，使用【交互式变形工具】可以对被选中的对象进行各种变形效果处理，【交互式变形工具】主要有推拉变形、拉链变形和扭曲变形 3 种变形效果。在工具箱中单击【交互式变形工具】按钮 变形，此时，将显示【交互式变形工具】属性栏，如图 3.31 所示。

图 3.31

(1) 推拉变形：通过此方式变形的对象，可以产生不同的变形效果。

(2) 拉链变形：通过此方式变形的对象，能使对象的内侧和外侧产生一系列的节点，从而使对象的轮廓变成锯齿状的效果。

(3) 扭曲变形：通过此方式变形的对象，能使对象围绕自身旋转，形成螺旋的效果。

各种变形效果的具体操作方法如下。

1. 推拉变形

(1) 新建一个空白文件，利用工具箱中的【星形工具】，在页面中绘制一个星形图形。并在右边的调色板中选择"红色"色块，将其星形图形填充为红色，如图 3.32 所示。

(2) 单击工具箱中的【轮廓工具】按钮 ，此时将会弹出快捷菜单，在快捷菜单中单击 ╳ 无 按钮，将星形的轮廓去掉，如图 3.33 所示。

(3) 单击工具箱中的【交互式变形工具】按钮 变形，再单击工具属性栏中的【推拉变形】按钮 。

(4) 将鼠标移到"星形"图形上，在按住鼠标左键不放的同时往右拖动，得到需要的效果后松开鼠标即可，如图 3.34 所示。如果在按住鼠标左键不放的同时往左拖动，即可得到如图 3.35 所示的图形效果。

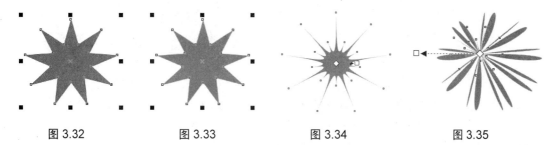

图 3.32　　　　　　图 3.33　　　　　　图 3.34　　　　　　图 3.35

提示：拖动变形控制线上的□控制点，可任意调整变形的失真振幅。拖动◇控制点，可调整对象的变形角度，如图 3.36 所示。

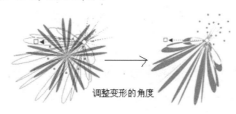

调整变形的角度

图 3.36

2. 拉链变形

(1) 利用前面所学的知识，新建一个空白文件，并绘制一个如图 3.37 所示的星形图形。

(2) 单击工具箱中的【交互式变形工具】按钮 变形，再单击工具属性栏中的【拉链变形】按钮。

(3) 将鼠标移到"星形"图形上，在按住鼠标左键不放的同时向外拖动鼠标，得到需要的效果后松开鼠标即可，如图 3.38 所示。

(4) 也可以通过改变工具属性栏中的【拉链失真振幅】和【拉链失真频率】选项来精确地控制变形的效果。图 3.38 所示的图形中的【拉链失真振幅】和【拉链失真频率】选项的数值为 81 5 ，如果改变这两个数值为 82 38 ，图形的效果如图 3.39 所示。

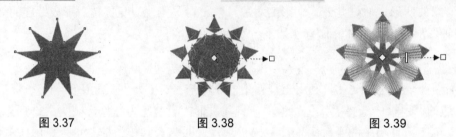

图 3.37   图 3.38   图 3.39

提示：也可以单击工具属性栏中的【随机变形】 、【平滑变形】 和【局部变形】 3
      个按钮得到不同的变形效果，如图 3.40 所示，它是在(图 3.39)的基础上分别单击 3
      个按钮所得到的效果。

单击[随机变形]   单击[平滑变形]   单击[局部变形]
按钮的效果   按钮的效果   按钮的效果

图 3.40

3. 扭曲变形

(1) 利用前面所学的知识，新建一个空白文件，并绘制一个如图 3.41 所示的星形图形。

(2) 单击工具箱中的【交互式变形工具】按钮 变形，再单击工具属性栏中的【扭曲变形】按钮，此时工具属性栏如图 3.42 所示。

(3) 将鼠标移到"星形"图形上，在按住鼠标左键不放的同时进行逆时针旋转，即可得到如图 3.43 所示的效果。

(4) 如果单击工具属性栏中的【顺时针旋转】按钮，即可得到如图 3.44 所示的效果。

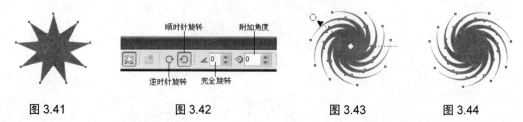

图 3.41   图 3.42   图 3.43   图 3.44

提示：可以通过改变工具属性栏中的【完全旋转】和【附加角度】选项来改变图形的扭曲程度。如果将【完全旋转】的数值设置为"5"，即可得到如图 3.45 所示的效果。

4. 清除变形效果

清除变形效果的方法很简单,用鼠标单击工具属性栏中的 ⊛ 按钮即可,如图 3.46 所示。

图 3.45　　　　　　　　　　　　　图 3.46

3.1.4　交互式阴影效果的使用

在 CorelDRAW X4 中，可以使用交互式阴影工具，使对象产生阴影的效果，从而使对象产生较强的立体感。下面来详细介绍创建阴影、编辑阴影以及分离和清除阴影效果的具体操作方法。

1. 创建阴影效果

(1) 打开一个图形文件，如图 3.47 所示。

(2) 在工具箱中单击【交互式阴影工具】按钮 ▢，将鼠标移到图形的底部，在按住鼠标左键不放的同时，拖动鼠标到适当的位置松开鼠标即可，如图 3.48 所示。

提示：阴影效果线上的 ▢ 控制点是用来控制产生阴影的起始位置的，▣ 控制点是用来控制产生的阴影的方向的。通过改变这两个控制点可以得到不同的阴影效果，如图 3.49 所示。

图 3.47　　　　　　　　　　图 3.48　　　　　　　　　　图 3.49

2. 编辑阴影效果

有时候用户在创建阴影效果之后，对创建的阴影效果并不满意。此时可以通过改变工具属性栏中的各项设置来调整阴影的效果。【交互式阴影工具】属性栏如图 3.50 所示。

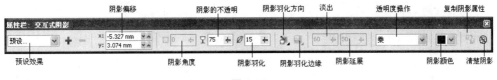

图 3.50

(1) 阴影偏移：用来设置阴影与图形之间偏移的距离。【正值】表示向上或向右偏移，【负值】表示向下或向左偏移。注意：要先在对象上创建与对象相同形状的阴影效果后，该选项才能使用。在 X 和 Y 的文本框中输入"10"的偏移值后，阴影效果如图 3.51 所示。

(2) 阴影角度：主要用来设置对象与阴影之间的透明角度。注意：要在对象上创建了透明的阴影效果之后，该选项才起作用。将阴影的角度设置为"45"度时，效果如图 3.52 所示。

(3) 阴影的不透明：主要用来设置阴影的不透明程度。数值越大，透明度越小，阴影的颜色越深；数值越小，透明度越大，阴影的颜色越浅。如图 3.53 所示是两个不同阴影值的效果图。

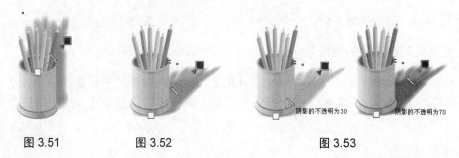

图 3.51   图 3.52   图 3.53

(4) 阴影羽化：主要用来设置阴影的羽化程度，使阴影产生不同程度的边缘柔和效果，如图 3.54 所示。

(5) 阴影羽化方向：主要用来控制阴影羽化的方向。阴影的羽化方向主要有 4 种，如图 3.55 所示。

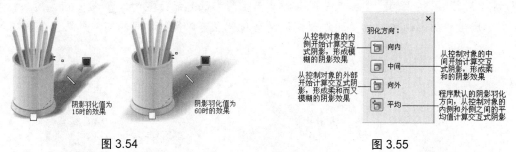

图 3.54   图 3.55

如图 3.56 所示是应用不同的阴影羽化方向的阴影效果。

向内   中间   向外   平均

图 3.56

(6) 阴影颜色：主要用来控制阴影的颜色。在工具属性栏中单击■▼右边的 ▼ 图标，弹出如图 3.57 所示的下拉颜色列表，在颜色列表中选择需要的颜色，即可改变阴影的颜色，如图 3.58 所示。

3. 分离和清除阴影效果

在 CorelDRAW X4 中，用户可以将对象和阴影分离成两个相互独立的对象，分离后的对象仍保持原有的颜色和状态不变。分离的方法很简单，选择阴影对象，单击菜单栏中的 排列(A) → 折分 阴影群组 于 315274262343 1(B)　Ctrl+K 命令，即可将对象与阴影分离成两个相互独立的对象，此时，用户就可以使用工具箱中的工具对它们进行独立的操作了，如图 3.59 所示。

如果用户对创建的交互式阴影效果不满意，可以清除。方法也很简单，只要单击工具属性栏中的 按钮即可，如图 3.60 所示。

图 3.57　　　　　图 3.58　　　　　图 3.59　　　　　　　图 3.60

3.1.5　封套效果的使用

对对象进行封套功能之后，可以对对象进行各种各样的变形处理，变形后的文本仍然保持其对象的属性。当用户取消封套效果之后，对象又将恢复为原来的状态。创建封套的详细操作方法如下。

1. 创建封套效果

(1) 打开一个图形文件，使用【挑选工具】将图形选中，如图 3.61 所示。

(2) 在工具箱中单击【交互式封套工具】按钮 封套，此时，被选中的图形对象周围会出现蓝色的封套编辑框，如图 3.62 所示。

(3) 将鼠标移到蓝色封套编辑框中的【蓝色小四方块】图标 上面，在按住鼠标左键不放的同时进行拖动即可改变图形的形状，也可以通过拖动控制点的手柄来改变图形的形状，如图 3.63 所示。

图 3.61　　　　　　　图 3.62　　　　　　　图 3.63

提示：在选中图形对象之后，单击菜单栏中的 窗口(W) → 泊坞窗(D) → 封套(E) 命令，弹出【封套】设置对话框，在对话框中单击 添加预设 按钮，选择需要的封套效果，如图 3.64 所示，单击 应用 按钮，即可将封套效果应用于被选定的对象上，如图 3.65 所示。

图 3.64　　　　　　　　　　　　　　图 3.65

2. 封套效果的编辑

在工具箱中单击【交互式封套工具】按钮 封套，再单击图形对象，则图形对象的周围会出现封套编辑框。此时，可以结合【交互式封套工具】属性栏来编辑封套的形状。属性栏如图 3.66 所示。

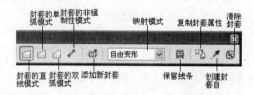

图 3.66

(1) 封套的直线模式：单击该模式按钮，在移动封套控制点的时候，可以保持封套的边线为直线段，如图 3.67 所示。

(2) 封套的单弧模式：单击该模式按钮，在移动封套控制点的时候，封套的边线将变为单弧线，如图 3.68 所示。

(3) 封套的双弧模式：单击该模式按钮，在移动封套的控制点的时候，封套的边线将变为 S 形弧线，如图 3.69 所示。

(4) 添加新封套：单击该按钮，蓝色的封套编辑框将恢复为未进行任何编辑时的状态，而应用了封套效果的图形对象仍会保持封套效果，此时，用户就可以再进行新的封套编辑，如图 3.70 所示。

图 3.67　　　　　　图 3.68　　　　　　图 3.69　　　　　　图 3.70

在 CorelDRAW X4 中，用户可以像编辑曲线一样编辑封套，也可以在封套线上添加或者删除控制点，只要用户单击【交互式封套工具】属性栏中的【封套的非强制性模式】按钮，就可以对封套形状进行任意的编辑。

给封套添加控制节点的方法有 3 种，具体操作方法如下。

(1) 直接在封套线上需要添加控制节点的地方双击。

(2) 在封套线上需要添加控制节点的地方单击，然后单击小键盘上的+键，即可添加控制节点。

(3) 在封套线上需要添加控制节点的地方单击，然后单击工具属性栏中的 ⊞ 按钮，也可添加控制节点。

给封套添加控制节点的方法有 3 种，同样的删除封套线上的控制节点也有 3 种方法，具体操作方法如下。

(1) 直接双击需要删除的控制节点。

(2) 选择需要删除的控制节点，按 Delete 键或小键盘上的-键。

(3) 选择需要删除的控制节点，单击工具属性栏中的 ⊟ 按钮，也可删除该控制节点。

提示：在 CorelDRAW X4 中，封套效果不仅应用于单个图形对象、文本，也可以应用于多个群组后的图形和文本对象。这样有利于用户在实际设计中控制和处理变形的效果。

3.1.6　交互式立体化效果的使用

在 CorelDRAW X4 中，利用交互式立体化工具可以轻易地将任何一个封闭曲线或是艺术文字转化为立体的具有透视效果的三维对象，还可以像专业三维软件那样，让用户任意调整观察者的视觉以及灯光设置、色彩、倒角等。

1. 创建交互式立体化的效果

下面来详细地讲解创建交互式立体化效果的方法。

(1) 利用工具箱中的 ☆ 星形(S) 工具在页面中绘制一个星形图形，并将其填充为蓝色，如图 3.71 所示。

(2) 使用工具箱中的 ⬡ 多边形(P) 工具在页面中绘制一个多边形图形，大小、位置、填充颜色如图 3.72 所示。

(3) 利用工具箱中的【挑选工具】 ▷ 将两个图形全部选中，单击工具属性栏中的【修剪】按钮 ⬒，如图 3.73 所示，再单击多边形，然后按 Delete 键，即可得到如图 3.74 所示的图形效果。

(4) 将绘制好的图形进行保存，并命名为"交互式立体效果创建.cdr"。

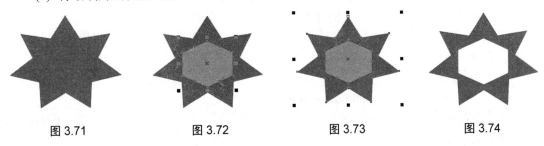

图 3.71　　　　　图 3.72　　　　　图 3.73　　　　　图 3.74

(5) 在工具箱中单击 ⬚ 立体化工具按钮，在绘制好的图形上单击，然后在按住鼠标左键不放的同时拖动鼠标，拖出需要的效果时松开鼠标左键即可，最终效果如图 3.75 所示。

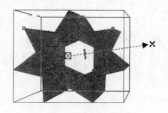

图 3.75

2. 设置交互式立体化效果的属性栏

用户通过【交互式立体化工具】属性栏的设置，可以设计出很多漂亮的图形效果。单击工具箱中的 立体化工具按钮，为图形创建立体化的效果，此时，显示 立体化工具属性栏如图 3.76 所示。

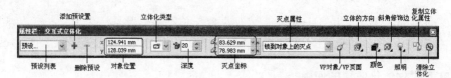

图 3.76

(1) 预设列表：通过此选项，用户可以选择系统提供的预设样式。

(2) 立体化类型：单击 【立体化类型】右边的 按钮，弹出【立体化类型】下拉列表，在下拉列表中选择需要的样式，如图 3.77 所示，图形效果如图 3.78 所示。

(3) 深度：主要用来控制立体化效果的纵深度。用户在【深度】右边的文本框中输入数值即可，数值越大，深度越深。如果在文本框中输入 "25"，图形效果如图 3.79 所示。

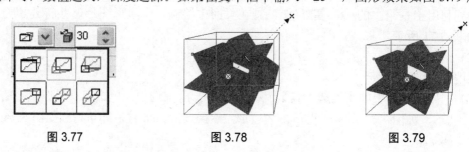

图 3.77   图 3.78   图 3.79

(4) 灭点坐标：是指立体化效果之后，在对象上出现的箭头指示的✕点的坐标。用户可以在工具属性栏中的 和 右边的文本框中输入数值来决定灭点坐标。

(5) 灭点属性：单击工具属性栏中的 锁到对象上的灭点 右边的 按钮，弹出如图 3.80 所示的列表框。在此列表框中主要包括 4 个选项，其中各个选项的作用分别如下。

① 锁到对象上的灭点：该项是立体化效果中灭点的默认属性，是指将灭点锁定在对象上，当用户移动对象时，灭点和立体效果也随之移动。

② 锁到页上的灭点：选择该选项后，当移动对象时，灭点的位置保持不变，而对象的立体化效果随之改变。

③ 复制灭点，自...：选择该选项后，鼠标的状态发生改变，此时，用户可以将立体化对象的灭点复制到另一个立体化对象上。

④ 共享灭点：选择该项后，单击其他立体化对象，可以使多个对象共同使用一个灭点。

(6) 立体的方向：该项主要用来改变立体化效果的角度。单击【立体的方向】按钮，弹出如图 3.81 所示的下拉面板，可以在下拉面板中的圆形范围内在按下鼠标左键不放的同时拖动鼠标，如图 3.82 所示，即可改变立体化效果。如图 3.83 所示的效果，可以单击下拉面板中的 按钮，就可以看到刚才改变旋转的三维坐标值。也可以直接在右边的文本框中输入坐标值来改变旋转的效果，如图 3.84 所示。

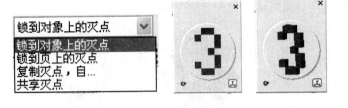 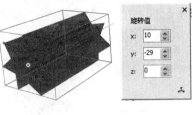

图 3.80　　　　图 3.81　　　　图 3.82　　　　图 3.83　　　　图 3.84

(7) 颜色：主要用来设置立体化效果的颜色。单击【颜色】按钮，弹出【颜色】设置面板，在该面板中有 3 个功能按钮，各按钮对应的设置面板如图 3.85 所示。使用【纯色】和【使用递减的颜色】两个按钮的面板设置所对应的图形效果如图 3.86、图 3.87 所示。

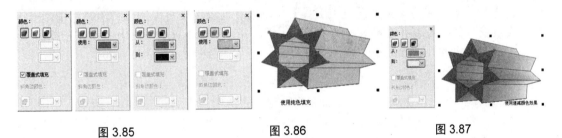

图 3.85　　　　　　　　图 3.86　　　　　　　　图 3.87

(8) 斜角修饰边：在工具属性栏中单击 按钮，弹出其下拉面板，如图 3.88 所示，下拉面板的设置与对应图形的效果如图 3.89 所示。

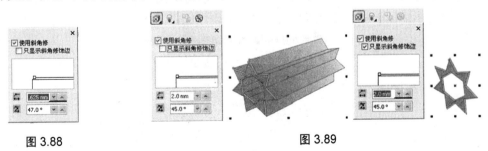

图 3.88　　　　　　　　　　图 3.89

(9) 照明：主要用于调整立体化的灯光效果。单击工具属性栏中的【照明】按钮，将会弹出如图 3.90 所示的下拉面板。在此面板中有 3 个光源，并且不同的光源所对应的照明效果分别如图 3.91、图 3.92、图 3.93 所示。

提示：可以将鼠标移到【光线强度预览】圆球的数字上按住鼠标左键不放的同时移动鼠标，此时，圆球上的数值的位置也会发生改变，立体化效果的灯光照明效果也会随之发生改变，如图 3.94 所示。

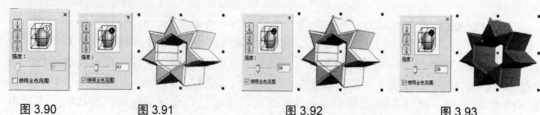

图 3.90　　　　　　图 3.91　　　　　　图 3.92　　　　　　图 3.93

(10) 清除立体化：此按钮的主要作用是清除立体化效果。只要用户单击工具属性栏中的【清除立体化】按钮，即可将立体效果删除，如图 3.95 所示。

图 3.94　　　　　　　　　　　　　　　　图 3.95

3.1.7　交互式透明效果的使用

在 CorelDRAW X4 中，【交互式透明工具】主要用来给对象添加均匀、渐变、图案和材质等透明效果。应用【交互式透明工具】可以很好地表现出对象的光滑质感，增强对象的真实效果。交互式透明效果不仅仅可以应用于矢量图形，还可以应用于文本和位图图像。交互式透明效果的操作很简单，下面来详细介绍交互式透明效果的相关知识。

1. 创建透明效果

(1) 新建一个空白文档保存，并命名为"交互式透明效果.cdr"。

(2) 在菜单栏中单击 文件(F) → 导入(I)… 命令，会弹出【导入】设置对话框，对话框的设置如图 3.96 所示，选定所需图片后单击 导入 按钮，再在页面中单击，即可导入如图 3.97 所示的图片。

(3) 在工具箱中单击 透明度 工具按钮，然后将鼠标移到页面中的图片底边的中央位置，在按住鼠标左键不放的同时，往上拖动即可创建交互式透明效果，如图 3.98 所示。

图 3.96

图 3.97

图 3.98

提示：交互式透明效果中的□控制点用来确定交互式透明的起点，■控制点用来确定交互式透明的终点，交互式透明效果线上的控制线用来确定从起点到终点之间的渐变程度。用户可以通过它们来调节透明效果。

2．编辑透明效果

在 CorelDRAW X4 中，可以通过设置【交互式透明工具】属性栏和手动调节两种方法来调整对象的透明效果。创建交互式透明效果之后，工具属性栏如图 3.99 所示。

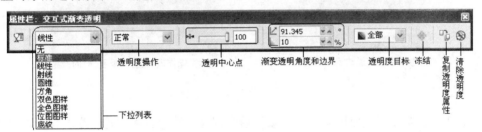

图 3.99

(1) 无：选择该项后，交互式透明效果将被取消。

(2) 标准：选择该透明类型后，对象的整个部分将应用相同设置的交互式透明效果。

(3) 线性：选择该透明类型后，在对象上产生沿交互直线方向渐变的透明效果。

(4) 射线：选择该透明类型后，将产生一系列的同心圆的渐变交互透明效果。

(5) 圆锥：选择该透明类型后，将产生按圆锥渐变的交互透明效果。

(6) 方角：选择该透明类型后，将产生按方角渐变的交互透明效果。

(7) 双色图样：选择该透明类型后，将产生按双色图样渐变的交互透明效果。

(8) 全色图样：选择该透明类型后，将产生按全色图样渐变的交互透明效果。

(9) 位图图样：选择该透明类型后，将产生按位图图样渐变的交互透明效果。

(10) 底纹：选择该透明类型后，将产生以自然外观的随机底纹的交互透明效果。

1) 标准透明度模式的创建

(1) 利用前面所学的知识导入一张图片，如图 3.100 所示。

(2) 在工具箱中单击 ☞ 透明度 工具按钮，对图片创建交互式透明效果，工具属性栏如图 3.101 所示。

① 透明度操作：主要用来设置透明对象与下层对象进行叠加的模式。用户在【透明度操作】下拉列表中分别选择【乘】和【反显】两项，对象的透明效果如图 3.102 所示。

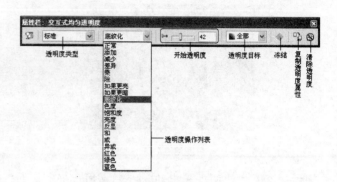

图 3.100　　　　　　　　　　　　　　　　图 3.101

透明度操作模式选择 [乘] 时的效果

透明度操作模式选择 [反显] 时的效果

图 3.102

② 开始透明度：主要用来设置对象的透明程度。数值越大，透明度越强，数值越小，透明度越小。将【开始透明度】选项分别设置为 "40" 和 "75" 的透明度，所得到的效果如图 3.103 所示。

[开始透明度] 的数值为 "40" 的透明效果

[开始透明度] 的数值为 "75" 的效果

图 3.103

③ 透明目标：主要用来设置对象透明效果的范围。【透明目标】选项主要包括：【填充】、【轮廓】和【全部】3 种，一般情况下系统默认为【全部】选项，如图 3.104 所示。

提示：从图 3.104 可以看出，选择【填充】选项时，只能对对象的内部填充范围应用透明度效果。选择【轮廓】选项时，只能对对象的轮廓范围应用透明度效果。选择【全部】选项时，可以对整个对象应用透明度效果。

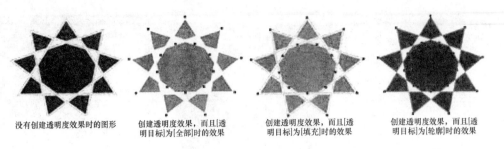

没有创建透明度效果时的图形　　创建透明度效果，而且[透　　创建透明度效果，而且[透　　创建透明度效果，而且[透
　　　　　　　　　　　　　　明目标]为[全部]时的效果　　明目标]为[填充]时的效果　　明目标]为[轮廓]时的效果

图 3.104

2) 线性透明度模式的创建

(1) 导入一张图片，如图 3.105 所示。

(2) 在工具箱中单击 透明度 工具按钮， 透明度 工具属性栏如图 3.106 所示。

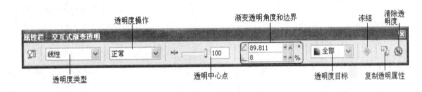

图 3.105　　　　　　　　　　　　　　　图 3.106

(3) 将鼠标移到页面中的图片底边中心点处在按住鼠标左键不放的同时，往上拖动到需要的位置松开鼠标，即可得到所需要的效果，如图 3.107 所示。

(4) 在 透明度 工具属性栏中的【透明中心】右侧的文本框中分别输入"30"和"65"后，透明效果如图 3.108 所示。

　　　　　　　　　　　　　　　　　在[透明中心]右侧文本框中输入　　在[透明中心]右侧的文本框中
　　　　　　　　　　　　　　　　　数值为"30"时的效果　　　　　输入数值为"65"时的效果

图 3.107　　　　　　　　　　　　　　图 3.108

(5) 单击 透明度 工具属性栏中的 按钮，弹出【渐变透明度】设置对话框，具体设置如图 3.109 所示，单击 确定 按钮，所得效果如图 3.110 所示。

提示：编辑透明属性之后，再单击 按钮，打开【渐变透明度】设置对话框时，用户就会发现设置的渐变颜色自动转换为灰度模式，如图 3.111 所示。用户要明白使用黑色填充时，该位置上的透明度为完全透明；使用白色填充时，该位置上的透明度为完全不透明。

121

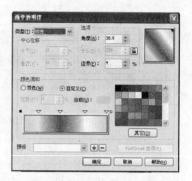

图 3.109 　　　　　　　　　　图 3.110 　　　　　　　　　　图 3.111

在 CorelDRAW X4 中，不仅可以通过 透明度工具属性栏的设置来调节透明效果，还可以直接手动地调节透明效果。手动调节透明效果的方法如下。

(1) 将鼠标移动到透明控制线上的【起点】□或【终点】■控制点上，在按住鼠标左键不放的同时进行拖动，到用户需要的位置松开鼠标即可调节透明效果。

(2) 拖动除【起点】和【终点】控制点之外的点，可调整控制点在控制线上的位置。在除【起点】和【终点】控制点之外的点上右击，即可删除该控制点。

(3) 如果用户直接将【调色板】中所需要的颜色拖动到对应的控制点上，当鼠标变成形状时松开鼠标，即可改变该控制点的透明参数。如果直接将【调色板】中的色块拖到控制线上，当鼠标变成形状时松开鼠标，即可在控制线上添加一个控制点，并且将相应的透明参数赋予该控制点。

3) 射线透明模式的创建

在透明度工具属性栏中的透明度【类型】下拉列表中选择【射线】选项，此时，对象的透明效果如图 3.112 所示。射线透明模式下的工具属性栏的设置与线性透明模式下的工具属性栏的设置相同，在此不再详细介绍。

单击工具属性栏中的按钮，弹出【渐变透明度】设置对话框，具体设置如图 3.113 所示，单击 确定 按钮，即可得到如图 3.114 所示的交互式透明效果。

图 3.112 　　　　　　　　　　图 3.113 　　　　　　　　　　图 3.114

提示：射线透明效果也可以使用手动的方式来调节，调节方法与线性透明方式的调节相同，在此不再详细介绍。

4) 圆锥透明模式的创建

在  透明度工具属性栏中的透明度【类型】下拉列表中选择【圆锥】选项，此时，对象的透明效果如图 3.115 所示。圆锥透明模式下的工具属性栏的设置与线性透明模式和射线透明模式下的工具属性栏的设置相同，在此不再详细介绍。

单击工具属性栏中的 按钮，弹出【渐变透明度】设置对话框，具体设置如图 3.116 所示，单击 确定 按钮，即可得到如图 3.117 所示的交互式透明效果。

图 3.115

图 3.116

图 3.117

5) 方角透明模式的创建

在 透明度工具属性栏中的透明度【类型】下拉列表中选择【方角】选项，此时，对象的透明效果如图 3.118 所示。方角透明模式下的工具属性栏的设置与线性透明模式和射线透明模式下的工具属性栏的设置相同，在此不再详细介绍。

单击工具属性栏中的 按钮，弹出【渐变透明度】设置对话框，具体设置如图 3.119 所示，单击 确定 按钮，即可得到如图 3.120 所示的交互式透明效果。

图 3.118

图 3.119

图 3.120

6) 双色图案、全色图样、位图图样和底纹图样透明模式的创建

它们的创建方法同前面的创建方法相同，这里不再详细介绍。在这里分别选择相应的模式以及工具属性栏的设置如图 3.121 所示，所对应的透明效果模式如图 3.122 所示。

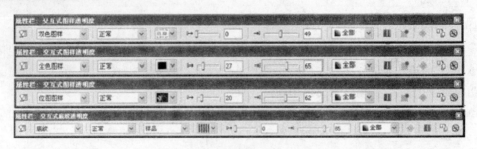

图 3.121

双色图样　　　　全色图样　　　　位图图样　　　　底纹图样

图 3.122

提示：单击工具属性栏中的 按钮，即可弹出相应的【渐变透明度】设置对话框，设置的方法跟前面介绍的方法一样，这里不再重复介绍。

3.2　吸管工具与颜料桶工具

在 CorelDRAW X4 中，系统为用户提供了【滴管工具】和【颜料桶工具】两种填充取色的辅助工具。【滴管工具】不仅可以吸取对象的颜色，还可以吸取对象的大小、位置以及各种效果属性。用户使用【滴管工具】吸取各种信息之后，就可以使用【颜料桶工具】将吸取的信息应用到其他对象上。

单击工具箱中的　滴管工具按钮，此时显示　滴管工具属性栏，如图 3.123 所示。分别单击属性栏中的【属性】、【变换】和【效果】按钮，就会弹出相应的下拉列表，如图 3.124 所示。

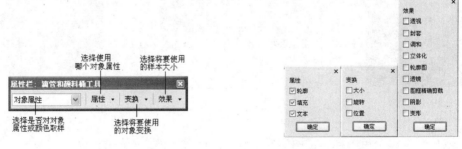

图 3.123　　　　　　　　　　　　　　　　　　图 3.124

提示：弹出的下拉列表中，被选中的复选框，表示【滴管】工具所能吸取的信息范围。

【滴管工具】和【颜料桶工具】的使用方法如下。

(1) 在工具箱中单击 🖋 滴管 工具按钮，然后在 🖋 滴管 工具属性栏中根据需要来设置【属性】、【变换】和【效果】中的选项。

(2) 将鼠标移到如图 3.125 所示的图形轮廓上单击。

(3) 然后在工具箱中单击 ♦ 颜料桶 工具按钮，再将鼠标移到如图 3.126 所示的图形轮廓上单击，即可得到如图 3.127 所示的图形效果。

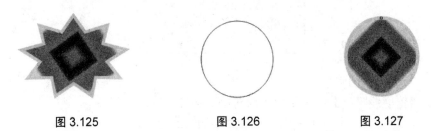

图 3.125　　　　　　图 3.126　　　　　　图 3.127

提示：使用 ♦ 颜料桶 工具将所吸取的各种信息应用到目标对象之前，也可以通过 ♦ 颜料桶 工具属性栏对所要应用的信息进行相应的设置，设置方法与 🖋 滴管 工具属性栏的设置方法相似。

3.3　轮 廓 工 具

轮廓工具主要用来对图形对象的轮廓进行相关的操作。在工具箱中单击 ◊ 画笔 工具按钮时，会弹出如图 3.128 所示的隐藏工具栏。

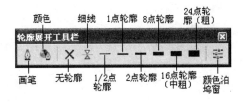

图 3.128

轮廓工具组中各个工具的功能介绍如下。

(1)【画笔工具】：主要用来创建和编辑图形对象的轮廓。首先选择需要编辑的轮廓线或曲线，如图 3.129 所示，在工具箱中单击 ◊ 画笔 工具按钮，此时会弹出【轮廓笔】设置对话框，用户可以根据需要进行设置，如图 3.130 所示，单击 确定 按钮，即可得到如图 3.131 所示的效果。

(2)【轮廓颜色工具】：主要用来设置轮廓的颜色。在工具箱中单击 ◊ 颜色 工具按钮，就会弹出如图 3.132 所示的【轮廓色】设置对话框，用户根据实际的需要选择颜色，单击 确定 按钮，即可将选定的颜色应用到选定的对象轮廓线上。

(3)【无轮廓工具】：主要用来去掉已有的轮廓线。

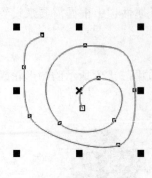

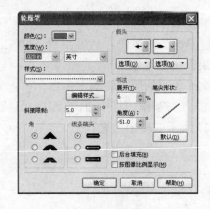

图 3.129　　　　　　　　图 3.130　　　　　　　　图 3.131

(4)【细线轮廓线工具】：主要用来为对象添加细轮廓。

(5)【1/2 点轮廓工具】：主要用来为对象添加 1/2 点轮廓。

(6)【1 点轮廓工具】：主要用来为对象添加 1 点轮廓。

(7)【2 点轮廓工具】：主要用来为对象添加 2 点轮廓。

(8)【8 点轮廓工具】：主要用来为对象添加 8 点轮廓。

(9)【16 点轮廓工具】：主要用来为对象添加 16 点轮廓。

(10)【24 点轮廓工具】：主要用来为对象添加 24 点轮廓。

(11)【颜色工具】：主要用来打开【颜色】泊坞窗，以改变轮廓的颜色。在工具箱中单击　颜色(C)工具，就会在页面右侧显示出【颜色】泊坞窗，如图 3.133 所示。选择需要的颜色，再单击填充(F)或轮廓(O)按钮，可以将用户选定的颜色填充对象或改变对象的轮廓色。

图 3.132　　　　　　　　　　　图 3.133

3.4　填　充　工　具

在 CorelDRAW X4 中创建的图形对象，系统将提供默认的填充属性。填充是对象包含的颜色属性，也是图形对象的内容。进行合理的填充能使图形产生美丽和谐的效果。下面将详细介绍填充工具的相关知识。

在 CorelDRAW X4 中，为用户提供了许多种填充工具和可设置的对话框，能够满足用户的不同填充要求。单击工具箱中的【填充工具】按钮，弹出如图 3.134 所示的快捷菜单，在快捷菜单中单击相应的按钮，即可弹出相应的填充设置对话框。

图 3.134

3.4.1　标准填充

标准填充又称单色填充或均匀填充，是最简单的一种填充方式，具体操作方法如下。

(1) 利用【挑选工具】按钮选择需要填充的图形，如图 3.135 所示。

(2) 在工具箱中单击【填充工具】按钮，弹出快捷菜单，在快捷菜单中单击 ▓ 颜色命令，弹出如图 3.136 所示的【均匀填充】设置对话框。

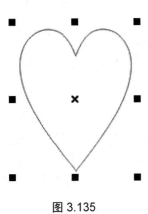

图 3.135

图 3.136

(3) 在【均匀填充】设置对话框中为用户提供了模型、混合器和调色板 3 种调色模式，用户可以根据自己的习惯选择其中一种调色模式。

①【模型】调色方式：在【均匀填充】设置对话框中单击 模型(E)：右边的 按钮，弹出如图 3.137 所示的下拉列表，用户可以在下拉列表中选择需要的颜色模式。例如选择 RGB 颜色模式，它的调色数字编辑形式就会出现在【均匀填充】的右下方，如图 3.138 所示。当用户设置好一种颜色之后，当前设置好的颜色就会出现在【选择颜色】预览框中，其中上半部分是上一次选择的颜色，下半部分是刚刚设置的颜色，如图 3.139 所示。在 名称(N)：选择框中单击 按钮，就会弹出颜色【名称】下拉列表，用户直接选择所需要的颜色名称，即可完成颜色的设置。

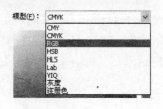

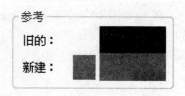

图 3.137　　　　　　　　　　图 3.138　　　　　　　　　图 3.139

②【混合器】调色方式：单击  混和器 按钮，此时，调色模式将切换到【混合器】调色方式，如图 3.140 所示。【混合器】调色方式与【模型】调色方式相比，不同之处只在于【混合器】调色方式的右边部分。单击【色度】栏下的 ∨ 按钮，就会弹出【色度】方式的下拉列表，如图 3.141 所示。用户可以根据需要选择。单击【变化】栏下的 ∨ 按钮，就会弹出【变化】方式的下拉列表，如图 3.142 所示。同样用户可以根据需要选择。【色度】和【变化】两项设置好后，在颜色列表中会产生相应的变化。用户可以根据需要选择相应的颜色块，即可完成颜色设置。

图 3.140　　　　　　　　　图 3.141　　　　　　　　　图 3.142

③【调色板】调色方式：单击 调色板 按钮，此时，调色模式将切换到【调色板】调色方式，如图 3.143 所示。单击 调色板 右边的 ∨ 按钮，此时，会弹出系统预先设置好的【调色板】下拉列表，如图 3.144 所示。在列表中根据需要选择列表项，【调色框】就会发生相应的变化。用户也可以通过单击 ▭ 按钮，将自己设置好的调色板调入【均匀填充】设置对话框中。在调色板中单击需要的颜色块，即可完成颜色的设置。

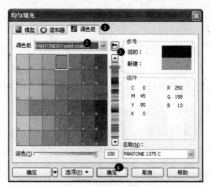

图 3.143

（4）当用户完成色彩的设置之后，单击 确定 按钮，即可将设置的颜色填充到选中的图形上，如图 3.145 所示。

图 3.144

图 3.145

3.4.2　渐变填充

渐变填充的主要作用是实现不同颜色之间的过渡变化效果，从而使被填充的对象符合日常的光照产生的色调变化，呈现出图形对象的立体感。在 CorelDRAW X4 中为用户提供了线性、射线、圆锥和方角 4 种渐变填充方式。用户在绘图过程中根据实际需要来选择渐变填充方式。下面来详细介绍这 4 种渐变填充方式。

1. 线性渐变

线性渐变是从一种颜色到另一种颜色的直线变化，具体的操作方法如下。

（1）打开一个图形文件，利用【挑选工具】 选择如图 3.146 所示的图片。

（2）在工具箱中单击【填充工具】按钮 ，在弹出的快捷菜单中单击 渐变 命令，弹出如图 3.147 所示的【渐变填充】设置对话框。

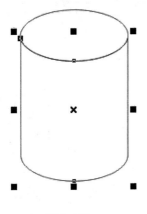

图 3.146

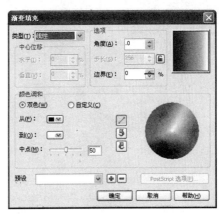

图 3.147

① 类型(T)：用户可以通过单击 类型(T) 右边的 按钮，在弹出的下拉列表中选择渐变的类型。

② 角度(A)：用户可以在 角度(A) 右边的文本框中输入渐变的角度。

129

③ **步长(S)**：用户可以在**步长(S)**右边的文本框中输入数值来确定渐变的层次，但是必须先单击右边的█按钮，才能输入数值。

④ **边界(E)**：用户可以在**边界(E)**右边的文本框中输入数值来控制渐变色两边颜色的宽度。

⑤ **⦿双色(W)**：用户可以通过设置从(F)：■▼、到(O)：■▼的颜色和╱、⑤、⦿3个按钮来设置渐变的颜色方式。将从(F)：的颜色和到(O)的颜色分别设置为■▼【青色】和■▼【黄色】，分别单击╱、⑤和⦿按钮，此时的渐变效果分别如图 3.148、图 3.149和图 3.150 所示。

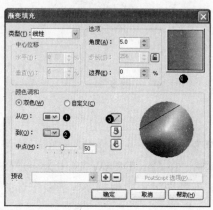

图 3.148   图 3.149

⑥ **⦿自定义(C)**：在此【颜色调和】方式下，用户可以根据需要来设置渐变的颜色，如图 3.151 所示。用户在渐变颜色设置条的两条虚线之间的任何位置双击，就能添加一个色标▽，再在色块调板中单击需要的颜色色块，即可添加一种渐变色。如果不需要某种颜色的渐变，只要双击该颜色的色标▽即可。

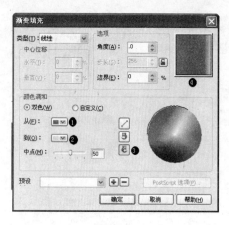

图 3.150   图 3.151

(3). 根据自己的需要来设置渐变的效果，如图 3.152 所示，单击 [确定] 按钮，即可得到如图 3.153 所示的效果。

图 3.152   图 3.153

2．射线渐变

射线渐变是以点为中心向某一个方向放射的渐变方式，这种渐变方式很适合一些特殊的填充效果，具体操作方式如下。

(1) 利用【挑选工具】 选择如图 3.154 所示的图形。

(2) 在工具箱中单击【填充工具】按钮 ，在弹出的快捷菜单中单击 渐变 命令后，弹出【渐变填充】设置对话框，并在 类型(T) 下拉列表中选择【射线】，如图 3.155 所示。

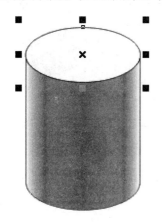

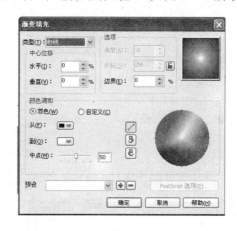

图 3.154   图 3.155

中心位移：用来控制渐变的中心位置，用户可以通过在【水平】和【垂直】右边的文本框中输入数值来确定中心位移。

其他设置同线性渐变相似，这里不再叙述，用户可以参考前面的介绍。

(3) 具体设置如图 3.156 所示，单击 确定 按钮即可得到如图 3.157 所示的效果。

3．圆锥渐变

用户使用圆锥渐变来填充时，可以创造出金属光泽的效果，具体操作方法如下。

(1) 利用【挑选工具】 选择如图 3.158 所示的图形。

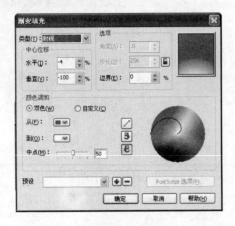

图 3.156

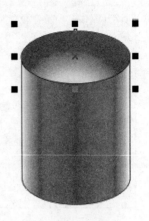

图 3.157

(2) 在工具箱中单击【填充工具】按钮，在弹出的快捷菜单中单击 渐变 命令后，弹出【渐变填充】设置对话框，并在 类型(T) 下拉列表中选择【圆锥】选项，如图 3.159 所示。

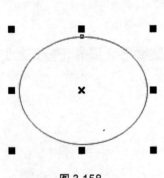

图 3.158

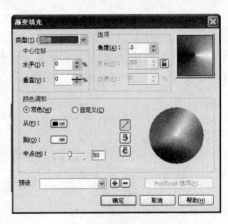

图 3.159

(3) 具体设置如图 3.160 所示，单击 确定 按钮即可得到如图 3.161 所示的效果。

图 3.160

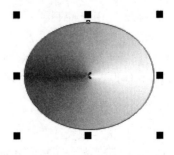

图 3.161

4. 方角填充

使用方角填充可以创建出类似发光的效果，具体操作方法如下。

(1) 利用【挑选工具】 选择如图 3.162 所示的图形。

(2) 在工具箱中单击【填充工具】按钮 ，弹出快捷菜单，在快捷菜单中单击 渐变
命令后，弹出【渐变填充】设置对话框，并在 类型(T) 下拉列表中选择【方角】选项，如
图 3.163 所示。

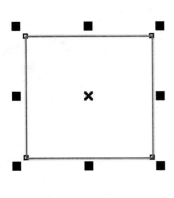

图 3.162

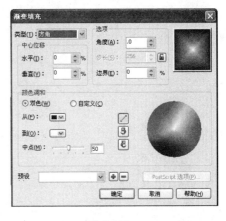

图 3.163

(3) 具体设置如图 3.164 所示，单击 确定 按钮即可得到如图 3.165 所示的效果。

图 3.164

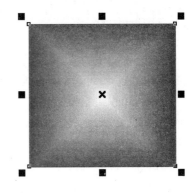

图 3.165

3.4.3　图样填充

在 CorelDRAW X4 中，图样填充主要包括双色、全色和位图 3 种填充方式，下面分别
进行详细介绍。

1. 双色图样填充

双色图样填充仅包含两种指定颜色的位图图案，用户可以用它来作为背景填充，以显
示出一种独特的魅力，具体操作方法如下。

(1) 利用【挑选工具】 选择如图 3.166 所示的图形。

(2) 在工具箱中单击【填充工具】 中的 图样 按钮，弹出【图样填充】设置对话框，如图 3.167 所示。单击 确定 按钮，即可得到所需要的填充图形效果，如图 3.168 所示。

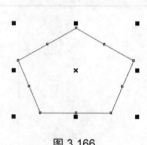

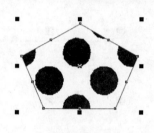

图 3.166   图 3.167   图 3.168

① 选中【双色】单选按钮，弹出 CorelDRAW X4 提供的【双色】图案样式列表框，如图 3.169 所示。用户可以根据需要选择所需要的图样样式。

② 前部(F) 和 后部(K)：主要用来设置图案的前部和后部颜色，设置的颜色如图 3.170 所示。单击 确定 按钮，图像效果如图 3.171 所示。

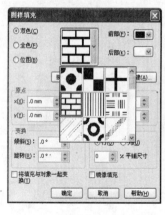

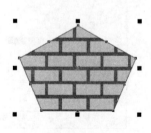

图 3.169   图 3.170   图 3.171

③ 原点：用户在 x(X): 和 y(Y): 右边的文本框中输入数值，来控制图案进行填充后相对于图形的位置关系。

④ 大小：用户在 宽度(W) 和 高度(I) 右边的文本框中输入数值，来控制填充图案的单元图案大小。

⑤ 变换：用户在 倾斜(S): 和 旋转(R): 右边的文本框中输入角度值，来控制单元图案的倾斜或旋转角度。

⑥ 行或列位移：用户在 ⊙行(O) 或 ⊙列(U) 下边的 % 平铺尺寸 文本框中输入"行"或"列"的百分比值，可使图案产生错位的效果。

⑦ ：如果 前面的复选框被打上"√"，用户在对图形进行缩放、倾斜、选择等变换操作时，用于填充的图案也会随之发生变换；否则，填充的图案不随着发生变换。

⑧ 镜像填充：如果 镜像填充前面的复选框被打上"√"，将产生图案镜像的填充效果。

⑨ 装入(D)...：单击 装入(D)... 按钮，弹出【导入】设置对话框，在其中选择一张图片或其他图形文件，如图 3.172 所示。单击 导入 按钮，即可将图片或图形文件自动转换为双色样式添加到样式列表中，如图 3.173 所示。单击 确定 按钮，即可得到填充效果，如图 3.174 所示。

图 3.172

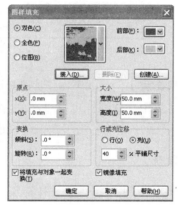

图 3.173

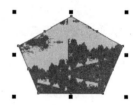

图 3.174

2. 全色图样填充

全色图样填充可以由矢量图案或线描样式的图形生成，也可以通过【装入】图像的方式将图像装入到全色图样填充列表中。全色图样填充的操作方法与双色图案填充的操作方法类似，这里不再详述。

3. 位图图样填充

使用位图图样填充可将用户平时保存的精美位图图片装入【位图图样】填充列表中。位图图样填充的操作方与前面两种的操作方法类似，这里也不再详述了。

3.4.4　底纹填充

在 CorelDRAW X4 中，底纹填充是一种随机生成的填充，该填充方式可以赋予对象自然的外观，而且每种底纹均有一组可更改的选项，这样就可以使用任意一种颜色模式或调色板中的颜色来自定义底纹的颜色。

用户要注意：底纹填充只能包含 RGB 颜色，但是可以使用其他颜色模式和调色板作为参考来选择颜色，底纹填充的具体操作方法如下。

(1) 利用【挑选工具】 选择如图 3.175 所示的图形。

(2) 在工具箱中单击【填充工具】◇中的 ▓ 底纹 按钮，弹出【底纹填充】设置对话框。如图 3.176 所示，单击 确定 按钮，即可得到所需要的填充图形效果，如图 3.177 所示。

图 3.175　　　　　　　　　图 3.176　　　　　　　　　图 3.177

用户可以通过单击 底纹库(L) 下边的 ▾ 按钮，选择底纹库样本，此时，底纹列表(T) 中就会显示出相应的底纹样式，供用户选择。可以通过单击 ➕ 和 ➖ 按钮来添加和删除底纹库，还可以通过改变 样式名称：纸面 下边的各项参数来编辑选择的底纹样式。

3.4.5　PostScript 底纹填充

在 CorelDRAW X4 中，为用户提供了一种特殊的填充方式，即 PostScript 底纹填充。PostScript 底纹填充是使用 PostScript 语言设计的特殊纹理来填充，因此，在底纹非常复杂的情况下，打印或屏幕显示中包含 PostScript 底纹填充的对象时，可能需要等待较长时间，甚至有一些填充可能不能显示，这主要取决于填充对象所应用的视图方式。使用 PostScript 底纹填充的详细操作方法如下。

(1) 利用【挑选工具】▷选择如图 3.178 所示的图形。

(2) 在工具箱中单击【填充工具】◇中的 ▓ PostScript 按钮，弹出【PostScript 底纹】设置对话框，如图 3.179 所示。单击 确定 按钮，即可得到所需要的填充图形效果，如图 3.180 所示。

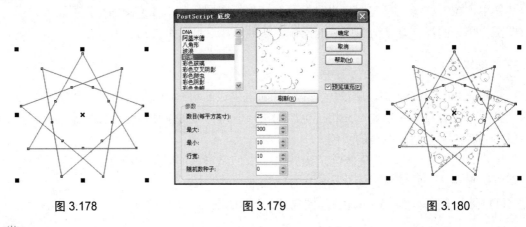

图 3.178　　　　　　　　　图 3.179　　　　　　　　　图 3.180

3.4.6　颜色泊坞窗

【颜色】泊坞窗主要用来设置填充色和轮廓色，具体的操作方法如下。

(1) 利用【挑选工具】 选择如图 3.181 所示的图形。

(2) 在工具箱中单击【填充工具】 中的 颜色(C) 按钮，在页面右边将会显示【颜色】泊坞窗如图 3.182 所示。在泊坞窗中选择需要的颜色之后，如果单击 填充(F) 按钮，将对选中的对象进行填充；如果单击 轮廓(O) 按钮，将对选中的对象的轮廓进行填充。

(3) 在【颜色】泊坞窗中选择红色，如图 3.183 所示。单击 填充(F) 按钮，再在【颜色】泊坞窗选择黄色，如图 3.184 所示。单击 轮廓(O) 按钮，最终得到的图形效果如图 3.185 所示。

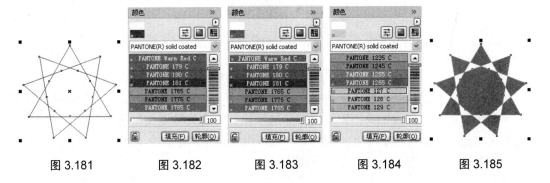

图 3.181　　　　图 3.182　　　　图 3.183　　　　图 3.184　　　　图 3.185

3.5　交互式填充工具与网状填充工具

3.5.1　交互式填充工具的使用

在 CorelDRAW X4 中，为用户提供了一种最方便的填充方式。用户可以很方便地在工具属性栏中选择各种填充方式和各种填充参数的设置。交互式填充方式主要包括了无填充、均匀填充、线性、射线、圆锥、方角、双色图样、全色图样、位图图样、底纹图样和 Postscript 填充 11 种填充方式。交互式填充方式的具体操作方法如下。

(1) 打开一个图形文件，并选择需要填充的图形，如图 3.186 所示。

(2) 在工具箱中单击 交互式填充 工具按钮，此时，弹出如图 3.187 所示的工具属性栏。

图 3.186

图 3.187

(3) 在这里以【圆锥】填充类型为例，介绍工具属性栏的具体设置和图形的填充效果，如图 3.188 所示。

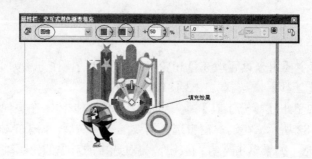

图 3.188

提示：其他交互式填充类型的工具属性栏的设置和操作方法，与前面的【填充】对话框的渐变填充类似，在这里不再叙述。

3.5.2　网状填充工具的使用

在 CorelDRAW X4 应用软件中为用户提供了一种特殊的填充方式，即网状填充方式。

使用交互式网状填充工具可以为对象填充出复杂多变的网状效果，还可以在不同的网点上填充出不同的颜色效果。用户要注意：网状填充方式只能填充封闭对象和单条路径。使用网状填充，还可以指定网格的列数和行数，以及指定网格的交叉点等。

交互式网状填充方式的具体操作方法如下。

(1) 打开一个图形文件或自己在空白文档中新建一个图形文件，如图 3.189 所示。

(2) 在工具箱中单击 <kbd>网状填充</kbd> 工具按钮，则图形被添加上了网格，如图 3.190 所示。

(3) 可以根据实际需要来添加或删除网点。添加网格点的方法是在红色的网格线上需要添加网点的地方单击，此时出现一个 ✳ 符号，在工具属性栏单击 按钮，即可添加一个网格点。删除网点的方法是选中需要删除的网格点，在工具属性栏中单击 按钮，即可删除选中的网点。

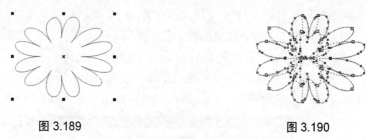

图 3.189　　　　　　　　　　　　　　　　图 3.190

(4) 选择网格中的网点，此时工具属性栏如图 3.191 所示。

选取范围模式

网格大小

图 3.191

(5) 用鼠标在网格中拖出一个框，将需要选择的点框住，如图 3.192 所示的蓝色线框框住的点。松开鼠标被框住的点则被选中，如图 3.193 所示。

(6) 用鼠标在页面右边的调色板中选择需要填充的颜色，在这里单击"红色"颜色块。此时，图形的填充效果如图 3.194 所示。

图 3.192

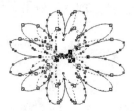
图 3.193

图 3.194

(7) 使用第(5)步和第(6)步的方法，选择需要的颜色进行填充，最终效果如图 3.195 所示。

(8) 单击工具箱中的【轮廓工具】下的 ✕ 无 按钮，可以去掉图形的轮廓。再在工具箱中单击【挑选工具】按钮，即可得到如图 3.196 所示的图形效果。

图 3.195

图 3.196

3.6　上 机 实 训

1. 利用基本工具制作如图 3.197 所示的图形效果。

图 3.197

提示：本案例的主要操作步骤如下。

(1) 使用工具箱中的【基本形状工具】绘制"心形"的形状。

(2) 使用【填充工具】给"心形"填充颜色。

(3) 复制若干个"心形"效果，并排列成图 3.197 的形状。

(4) 使用【艺术笔工具】绘制其他的对象。

2. 利用基本工具制作如图 3.198 所示的图形效果。

图 3.198

提示：本案例的主要操作步骤如下。

(1) 使用【椭圆工具】绘制头、眼睛、嘴巴和鼻子。

(2) 根据需要填充相应的颜色。

(3) 使用【手绘工具】绘制胡须、身体和围巾，填充相应的颜色。

(4) 使用【艺术笔工具】绘制草和其他对象。

(5) 创建路径文字。

3. 利用基本工具制作如图 3.199 所示的图形效果。

图 3.199

提示：本案例的主要操作步骤如下。

(1) 创建"矩形"并填充图案背景。

(2) 使用【文本工具】输入相应的文字并创建路径文字。

(3) 使用【交互式立体化工具】将"北京奥运"设置为立体效果。

(4) 使用【艺术笔工具】来创建其他对象。

小结

本章主要介绍了 CorelDRAW X4 中各个工具的作用、工具属性栏的设置、工具设置对话框中各项参数的设置和参数功能介绍、具体操作方法等知识。重点要求掌握各个工具的作用、各项参数的设置和具体的操作方法。

练习

一、填空题

1. 对图形应用了_____操作后，封闭图形将变为开放图形。此时，在默认状态下，将不能对图形应用色彩填充等效果。

2. 智能工具是在_____才新增的功能，它主要包括了 和 两个工具。

3.在 CorelDRAW X4 中，将文本应用封套之后，可以对文本进行各种变形处理，但变形后的文字仍然保持原有的_____属性。

4. 在 CorelDRAW X4 中，表格的创建和编辑与 Word 中表格的创建和编辑差不多，可以拆分单元、_____、插入行/列、对表格进行颜色填充、表格边框设置等。

5. 交互式调和工具组主要包括调和、_____、变形、阴影、_____、立体化、透明度 7 个工具。

6. 在 CorelDRAW X4 中，封套效果不仅可应用于单个图形对象和文本，也可以应用于_____的图形和文本对象。

二、简答题

1. 交互式填充工具的主要作用是什么？
2. 在调色板窗口中看不到所需要的颜色时应该如何处理？
3. 符号形状工具中包含哪些工具？
4. 设置页面大小主要有哪些方法？

第4章

对象的操作管理与形状编辑

知识点：

1. 调整对象的顺序和排列方式
2. 复制对象
3. 群组与结合对象
4. 锁定和解除对象
5. 使用造型功能改变图形形状
6. 综合案例设计

说明：

本章主要介绍调整对象的顺序、排列方式、复制对象、群组与结合对象、锁定和解除对象、使用造型功能改变图形形状以及综合案例设计等知识。在讲解的过程中，建议多举几个例子来巩固所讲的知识点。

4.1　调整对象的顺序和排列方式

在 CorelDRAW X4 中，当在同一个页面里绘制了多个对象或导入了多张图片时，它们叠放的顺序是最先绘制的对象或导入的图片在最底层，最后绘制的对象或导入的图片在最顶层，在设计的过程中经常需要改变对象的叠放顺序和分布情况。下面详细地介绍调整对象的顺序和排列方式。

4.1.1　调整对象的顺序

在 CorelDRAW X4 中，一个独立的对象或者群组对象被放置在一个层中。在设计复杂的广告作品过程中经常需要导入大量的图片和绘制大量的图形。只有对图片和图形合理地排列顺序后，才能表现出需要的层次关系，以满足客户的需求。调整对象的上下排列顺序主要有 3 种方式。下面对这 3 种方法进行详细介绍。

1. 方法 1

(1) 打开一个图形文件或绘制图形，图形效果如图 4.1 所示。
(2) 在工具箱中单击【挑选工具】按钮，然后单击需要调整顺序的图形，如图 4.2 所示。
(3) 在工具菜单栏中单击 排列(A) → 顺序(O) 命令，弹出下一级子菜单，如图 4.3 所示。

图 4.1　　　　　图 4.2　　　　　　　　　　图 4.3

① 到页面前面(F)：选择该命令后，将会使所选的对象调整到当前页面的最前面。
② 到页面后面(B)：选择该命令后，将会使所选的对象调整到当前页面的最后面。
③ 到图层前面(L)：选择该命令后，将会使所选的对象调整到当前页面中所有对象的最前面。
④ 到图层后面(A)：选择该命令后，将会使所选的对象调整到当前页面中所有对象的最后面。
⑤ 向前一层(O)：选择该命令后，将会使所选的对象调整到当前所在层的上一层。

⑥ 向后 层(N)：选择该命令后，将会使所选的对象调整到当前所在层的下一层。

⑦ 置于此对象前(I)…：当选择该命令后，鼠标变为 ➡ 形状，单击目标对象，即可将所选对象调整到目标对象的上一层。

⑧ 置于此对象后(E)…：当选择该命令后，鼠标变为 ➡ 形状，单击目标对象，即可将所选对象调整到目标对象的下一层。

(4) 在弹出的下一级子菜单中，单击 到图层前面(L)命令，即可将所选对象调整到所有对象的前面，如图 4.4 所示。

2. 方法 2

(1) 在工具箱中单击【挑选工具】按钮 ，然后单击需要调整顺序的图形，如图 4.5 所示。

(2) 将鼠标移到选定的对象上，右击，在弹出的快捷菜单中单击 顺序(O)命令，弹出下一级子菜单，如图 4.6 所示。

(3) 在弹出的下一级子菜单中，单击 到图层前面(L)命令，即可将所选对象调整到所有对象的前面，如图 4.7 所示。

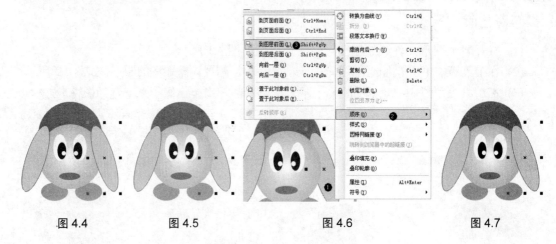

图 4.4 　　　　　　 图 4.5 　　　　　　　　 图 4.6 　　　　　　　　 图 4.7

3. 方法 3

方法 3 是最简单也是最快捷的方法，具体操作方法如下。

(1) 在工具箱中单击【挑选工具】按钮 ，然后单击需要调整顺序的图形。

(2) 直接单击快捷菜单，即可改变对象的叠放顺序。

① Ctrl+Home 组合键：将所选对象调整到当前页面的最前面。

② Ctrl+End 组合键：将所选对象调整到当前页面的最后面。

③ Shift+PgUp 组合键：将所选对象调整到当前页面中所有对象的最前面。

④ Shift+PgDn 组合键：将所选对象调整到当前页面中所有对象的最后面。

⑤ Ctrl+PgUp 组合键：将所选对象调整到当前所在层的上一层。

⑥ Ctrl+PgDn 组合键：将所选对象调整到当前所在层的下一层。

提示：在 CorelDRAW X4 中，可以将对象按叠放顺序精确定位，还可以反转多个对象的叠放顺序。方法是：单击菜单栏中的 排列(A) → 顺序(O) → 反转顺序(R)命令，即可将多个对象的排列顺序按照与原来相反的顺序进行排列。

4.1.2　对齐和分布对象

在 CorelDRAW X4 中，可以准确地排列、对齐对象，使各个对象按一定的方式进行分布。下面详细介绍对齐和分布对象的操作方法。

选择需要进行对齐的对象，单击菜单栏中的 排列(A) → 对齐和分布(A) 命令，弹出下一级子菜单，如图 4.8 所示，此时，可以根据需要选择所需要的对齐方式，即可使所选的对象按一定的方式对齐和分布。

图 4.8

1. 对齐对象

对齐对象的操作方法比较简单，具体操作方法如下。

(1) 打开一个图形文件，并将所有对象全部选中，如图 4.9 所示。

(2) 在工具属性栏中单击【对齐和分布】按钮 ，弹出【对齐与分布】设置对话框，如图 4.10 所示。

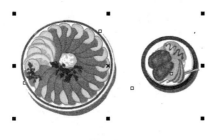

图 4.9　　　　　　　图 4.10

(3) 在需要的对齐方式样式□中单击，再单击 应用 按钮即可生效。如图 4.11 所示，是 6 种对齐方式的效果。

① □上(T)：顶部对齐，使所选对象的顶端对齐在同一水平线上。

② □中(E)：中心对齐，使所选对象的中心对齐在同一水平线上。

③ □下(B)：底部对齐，使所选对象的底端对齐在同一水平线上。

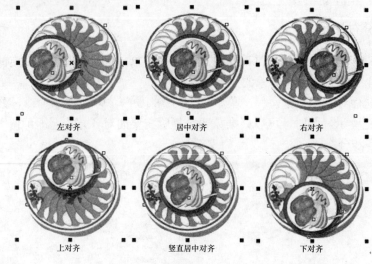

图 4.11

④ ⊟ 左对齐：使所选对象左边对齐在同一垂直线上。

⑤ ⊟ 右对齐：使所选对象右边对齐在同一垂直线上。

⑥ ⊟ 垂直居中对齐：使所选对象的中心对齐在同一垂直线上。

提示：谁作为对齐左、右、顶端或底端边缘的参照对象，由对象创建的顺序或选择顺序所决定。如果在对齐前已经选中对象，则最后创建的对象成为对齐其他对象的参考点；如果每次选择一个对象，则最后选定的对象将成为对齐其他对象的参考点。

2. 分布对象

在 CorelDRAW X4 中提供了分布对象的多种方式，可使对象在水平方向和垂直方向按不同方式分布，即可以在任一选定的范围或整个页面中分布对象，具体操作方法如下。

(1) 利用工具箱中的 ▷【挑选工具】将页面中需要进行分布处理的图形对象选中，如图 4.12 所示。

(2) 单击工具箱中的【对齐和分布】按钮 ⊟，弹出【对齐与分布】设置对话框，然后在【对齐与分布】设置对话框中单击 分布 按钮，此时，【对齐与分布】设置对话框如图 4.13 所示。

图 4.12

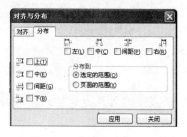

图 4.13

① ⊟ □上(T)：以对象的顶端为基准的等间隔分布。

② ⊟ □中(E)：以对象的水平中心为基准的等间隔分布。

③ 　□间距(G)：以对象之间的水平间隔为基准的等间隔分布。

④ 　□下(B)：以对象的底端为基准的等间隔分布。

⑤ 　□左(L)：以对象的左边缘为基准的等间隔分布。

⑥ 　□中(C)：以对象的垂直中心点为基准的等间隔分布。

⑦ 　□间距(P)：以对象的垂直间隔为基准的等间隔分布。

⑧ 　□右(R)：以对象的右边缘为基准的等间隔分布。

(3) 选择【对齐与分布】设置对话框中需要的分布方式中的复选框，再单击 应用 按钮即可。在这里选择 □中(E) 和 □中(C) 中的复选框，再单击 应用 按钮，此时，分布效果如图 4.14 所示。

图 4.14

4.2　对象的复制

4.2.1　对象的复制与粘贴

在 CorelDRAW X4 中，复制与粘贴对象就是将对象先复制到剪贴板上，再将剪贴板上的对象复制到 CorelDRAW X4 页面中的过程。下面对复制与粘贴的操作方法进行详细的介绍。

(1) 利用工具箱中的 【挑选工具】来选择对象，如图 4.15 所示。

(2) 复制对象的方法有如下几种，用户可以根据自己的习惯选择其中任意的一种。

① 快捷键的方法：直接按 Ctrl+C 组合键。

② 单击菜单中的 编辑(E) → 复制(C) 命令。

③ 单击菜单中的 编辑(E) → 剪切(T) 命令。

④ 直接单击工具属性栏中的【复制】按钮 。

(3) 粘贴对象到页面中有如下几种方法，用户根据自己的习惯选择其中任意的一种，并用 【挑选工具】将粘贴的图形移到适当的位置，如图 4.16 所示。

图 4.15

图 4.16

① 快捷键的方法：直接按 Ctrl+V 组合键。

② 单击菜单中的 编辑(E) → 粘贴(P) 命令。

③ 单击菜单中的 编辑(E) → 选择性粘贴(S)… 命令。

④ 直接单击工具属性栏中的【粘贴】按钮 。

4.2.2　对象的再制与仿制

在 CorelDRAW X4 中对象的再制与仿制相当于复制与粘贴的结合操作，是一种创建图形的快捷方法，而且再制和仿制都不需要经过剪贴板，这样可以节省计算机的内存空间，提高计算机的运行速度。

再制对象与仿制对象之间的区别在于：再制对象独立于原对象，原对象的改变不会影响到再制对象；仿制对象与原对象之间存在链接，对于原对象的编辑会直接影响到仿制对象，但是仿制对象变化后的属性将不再受原对象的控制。对象的再制与仿制的具体操作方法如下。

1. 再制对象

(1) 利用工具箱中的 ▷ 【挑选工具】选择对象，如图 4.17 所示。

(2) 再制对象有以下 3 种方法，用户可以根据自己的需要选择其中任意的一种方法。

① 快捷键的方法：直接按 Ctrl+D 组合键。

② 单击菜单中的 编辑(E) → ▯ 再制(D) 命令。

③ 直接按小键盘上的+键。

(3) 利用第 2 步中的前两种方法，会弹出如图 4.18 所示的【再制偏移】对话框。根据需要设置【再制偏移】对话框，设置好后，单击 确定 按钮，即可得到如图 4.19 所示的效果。

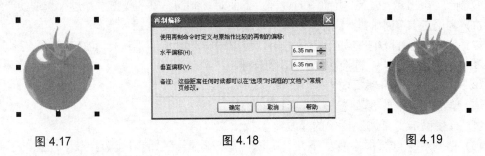

图 4.17　　　　　　　　　图 4.18　　　　　　　　　图 4.19

提示：再制对象与原对象之间有一定的距离，这个距离称为偏移量。可以通过对【再制偏移】对话框的设置来改变偏移量，也可以通过在属性栏中的 ┌21.85 mm┐┌12.85 mm┘ 文本框中输入数值来改变其偏移量。如果使用小键盘上的+键来再制的话，再制对象与原对象是重合的。

2. 仿制对象

(1) 利用工具箱中的 ▷ 【挑选工具】选择对象，如图 4.20 所示。

(2) 单击菜单中的 编辑(E) → ▯▯ 仿制(N) 命令即可得到如图 4.21 所示的效果。

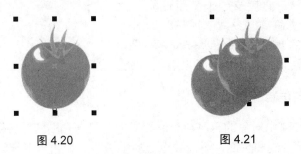

图 4.20　　　　　　　　图 4.21

3..恢复仿制对象与原对象的联系

在 CorelDRAW X4 中，当仿制对象的某些属性有了改变以后，仿制对象的此项属性将与原对象脱离关系，要想恢复仿制对象与原对象之间的关联时，具体操作方法如下。

(1) 将仿制的对象，填充为青色，如图 4.22 所示。

(2) 将鼠标移到仿制的对象上右击，在弹出的快捷菜单中单击 还原为主对象(V)按钮，如图 4.23 所示，弹出【还原为主对象】设置对话框，具体设置如图 4.24 所示，单击 确定 按钮即可得到如图 4.25 所示的效果。

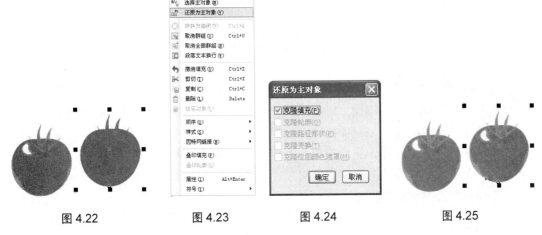

图 4.22　　　　　图 4.23　　　　　图 4.24　　　　　图 4.25

4. 复制对象的属性

在 CorelDRAW X4 中制作对象时，如果需要重复使用调好的某种颜色时，就不必再去重复设置，可通过复制对象属性的方法来实现，具体操作方法如下。

(1) 利用工具箱中的 【挑选工具】选择目标对象，如图 4.26 所示。

(2) 在菜单栏中单击 编辑(E)→ 复制属性自(M)… 命令，弹出【复制属性】设置对话框，具体设置如图 4.27 所示，单击 确定 按钮，此时，鼠标变成 形状，再将其移动到原对象上单击，即可得到如图 4.28 所示的效果。

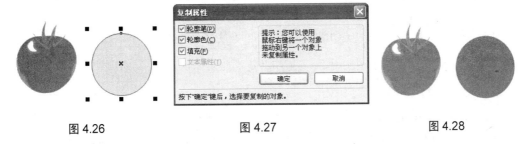

图 4.26　　　　　　图 4.27　　　　　　图 4.28

提示： 也可以选取所有需要复制属性的对象，在按住鼠标右键不放的同时拖到原对象上，然后在弹出的快捷菜单中选择相应的命令，单击 确定 按钮，即可复制对象的属性。

5. 复制或仿制特殊效果

在 CorelDRAW X4 中，不仅可以复制或仿制对象和对象的属性，还可以复制或仿制它们的立体化、轮廓图、透镜、阴影、图框精确裁剪和变形等特殊效果，特殊效果复制的具体操作方法如下。

(1) 选中目标对象。

(2) 单击菜单栏中的 编辑(E) → 复制效果(Y) 命令，弹出下一级子菜单。

(3) 在下一级子菜单中选择需要复制或仿制的特殊效果命令，此时鼠标将变成 ➡ 形状。

(4) 将鼠标移到原对象的效果上单击，即可完成复制或仿制特殊效果的操作。

提示： 如果文件中不存在特殊效果的对象，则【复制效果】或【克隆效果】这两项下的子菜单呈灰色显示，也就是处于不可用的状态。

4.3 对象的群组与结合

在 CorelDRAW X4 中，对象的群组是指把所有对象连接在一起，成为一个整体。对象群组后，其自身的属性保持不变。对群组进行操作时群组中的每一个对象都会起作用。例如，对群组中一个对象进行填充操作时，则群组中的每一个对象都被填充。对象的合并是指所有被选中的对象重叠在一起，成为一个整体，所有的属性将与最后一个被选取的对象属性一致。如果是用【框选】方式选取对象，则所有对象的属性与最先创建的对象的属性一致。也可以将合并的对象拆分。

4.3.1 群组对象

群组对象和取消群组对象的操作方法很简单，具体操作方法如下。

1. 群组对象

群组对象的方法有 4 种，可以通过以下任意一种来群组对象。

(1) 选择多个对象，在菜单栏中单击 排列(A) → 群组(G) 命令即可。

(2) 选择多个对象，直接在工具属性栏中单击 【群组】按钮即可。

(3) 选择多个对象，在选择的对象上右击，在弹出的快捷菜单中单击 群组(G) 命令即可。

(4) 选择多个对象，直接按 Ctrl+G 组合键，即可群组对象。

提示： 群组对象可以是单个图形对象，也可以是群组对象(群组的嵌套)。

2. 取消群组对象

取消群组对象的方法也有 4 种，可以通过以下任意一种来取消群组对象。

(1) 利用 【挑选工具】选取对象，在菜单栏中单击 排列(A) → 取消群组(U) 命令，即可取消群组。

(2) 利用 【挑选工具】选取对象，直接在工具属性栏中单击 【取消群组】按钮即可。

(3) 利用 【挑选工具】选取对象，在选择的对象上右击，在弹出的快捷菜单中单击 撤消群组(U) 命令即可。

(4) 利用 ▷【挑选工具】选取对象，直接按 Ctrl+U 组合键，即可取消群组对象。

提示：▣【取消群组】按钮必须在选择了群组对象之后才能被激活，用户可以按原来群组构成的顺序方向取消群组关系，也可以一次性解散所有【群组对象】。

4.3.2　结合对象

1. 结合对象

如果结合前的对象有些部分是重叠的，那么结合之后，重叠的部分会被移除而产生空洞，结合对象的具体操作方法如下。

(1) 打开一个图形文件，选择需要结合的图形对象，如图 4.29 所示。

(2) 结合对象：用户可以通过下面 4 种中任意一种方法来结合对象，结合后的效果如图 4.30 所示。

① 在菜单栏中单击 排列(A) → 结合(C) 命令即可。

② 在被选中的对象上右击，在弹出的快捷菜单中单击 结合(C) 命令即可。

③ 直接在工具属性栏中单击 【结合】按钮即可。

④ 直接按 Ctrl+L 组合键。

提示：结合对象操作与群组对象操作类似。矩形、椭圆、文本等基本对象的结合会转化为曲线对象；如果文本与文本对象结合，则转化为文本块，而不是曲线对象。

2. 拆分对象

用户可以将结合后的对象拆分，具体操作方法如下。

(1) 选择需要拆分的对象，如图 4.31 所示。

(2) 拆分对象：可以通过下面 4 种方法拆分对象，拆分后的效果如图 4.32 所示。

① 在菜单栏中单击 排列(A) → 拆分 曲线 于 图层 1(B) 命令即可。

② 在被选中的对象上右击，在弹出的快捷菜单中单击 拆分 曲线 于 图层 1(B) 命令即可。

③ 直接在工具属性栏中单击【拆分】按钮 即可。

④ 直接按 Ctrl+K 组合键。

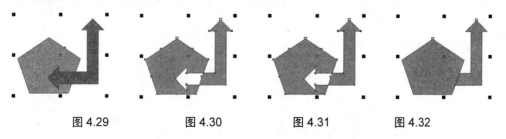

图 4.29　　　　　　图 4.30　　　　　　图 4.31　　　　　　图 4.32

4.4　对象的锁定与解除

在 CorelDRAW X4 中，锁定对象是指把一个对象固定在页面中，使用户无法对其操作。它的目的是在编辑复杂的图形时，避免已经编辑好的对象在操作其他对象时不小心而受到操作的影响。解除对象与锁定对象的功能恰好相反，在页面中有了锁定对象后，解除对象的命令才被激活。

4.4.1 锁定对象

锁定对象的方法很简单主要有以下两种方法。

(1) 选择需要锁定的对象，再在菜单栏中单击 排列(A) → 🔒 锁定对象(L) 命令即可。

(2) 在被选中的对象上右击，在弹出的快捷菜单中单击 🔒 锁定对象(L) 命令即可。

对象被锁定前后的对比如图 4.33 所示。

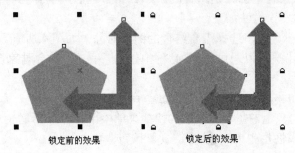

锁定前的效果　　　　　锁定后的效果

图 4.33

提示：在 CorelDRAW X4 中，控制对象不能被锁定。常见的控制对象有：3D 模型对象、阴影效果对象、调和对象和适应路径文本等。

4.4.2 解除对象

解除对象的方法也很简单，可以通过以下 3 种方法中的任意一种方法来解除锁定对象。

(1) 选择锁定的对象，在菜单栏中单击 排列(A) → 🔓 解除锁定对象(K) 命令，即可解除锁定对象。

(2) 选择锁定的对象，在菜单栏中单击 排列(A) → 🔓 解除锁定全部对象(J) 命令，即可解除全部的锁定对象。

(3) 选择锁定的对象，在被选中的对象上右击，在弹出的快捷菜单中单击 🔓 解除锁定对象(K) 命令即可。

解除对象前后的对比如图 4.34 所示。

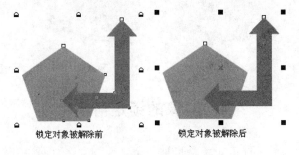

锁定对象被解除前　　　　　锁定对象被解除后

图 4.34

4.5 使用造型功能改变图形的形状

在 CorelDRAW X4 中，造型功能主要包括【焊接】、【修剪】、【相交】、【简化】、【前减后】、【后减前】、【创建围绕选定对象的新对象】7 个功能。

在页面中选择多个对象，单击菜单栏中 排列(A) → 造型(P) 命令，弹出下一级子菜单，在下一级子菜单中单击所需要的【造型】命令，如图 4.35 所示，即可改变图形的形状。用户也可以直接单击工具属性栏中的【造型功能】按钮，来改变图形对象的形状，工具属性栏如图 4.36 所示。

图 4.35

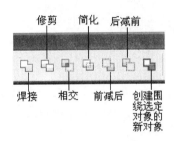

图 4.36

4.5.1 焊接

在 CorelDRAW X4 中，【焊接】的功能不仅可以焊接多个单一的对象，还可以焊接组合的多个对象和单独的线条。【焊接】还可以将多个对象结合在一起，创建出具有单一轮廓的独立对象。焊接后的对象的填充和轮廓属性与目标对象一致，所有对象之间的重叠线都将被消失。用户要注意，段落文本和位图图像不能焊接。焊接的具体操作方法如下。

(1) 选择需要焊接的对象，如图 4.37 所示。

(2) 在工具属性栏中单击【焊接】按钮，即可得到如图 4.38 所示。

图 4.37

图 4.38

提示：如果使用框选方法选择对象进行焊接时，焊接后的对象属性与原来下层的对象属性保持一致；如果使用【挑选工具】并且结合 Shift 键框选对象时，焊接后的对象属性与最后选取的对象属性一致。

在 CorelDRAW X4 中，还提供另外一种焊接的方法，即通过【泊坞窗】来进行焊接，具体操作方法如下。

(1) 选择用于焊接的来源对象，如图 4.39 所示。

(2) 在菜单栏中单击 窗口(W) → 泊坞窗(D) → 造型(P) 命令，弹出如图 4.40 所示的【造型泊坞窗】。

① ☑来源对象：选择该项后，焊接后的对象将保留来源对象的属性。

② ☑目标对象：选择该项后，焊接后的对象将保留目标对象的属性。

(3) 选中【造型泊坞窗】中的【来源对象】和【目标对象】复选框，单击 焊接到 按钮，此时鼠标变成 形状，再单击需要焊接的对象，即可得到如图 4.41 所示的效果。

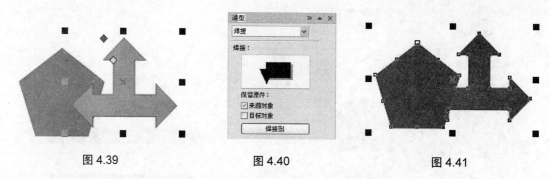

图 4.39   图 4.40   图 4.41

提示：如果在【泊坞窗】中同时选中【来源对象】和【目标对象】复选框，在焊接对象的同时，将保留用于焊接的所有原对象。

4.5.2 修剪

在 CorelDRAW X4 中，对象的【修剪】是指从目标对象上剪掉与其他对象之间重叠的部分，新对象的属性与目标对象一致。如果没有重叠部分，则不能执行修剪操作。

可以使用任意一个【图层】中的对象作为目标对象，也就是说可以使用上面的【图层】中的对象作为来源对象，修剪下面【图层】中的对象，也可以使用下面【图层】中的对象修剪上面【图层】中的对象。修剪的具体操作方法如下。

(1) 打开一个图形文件，并将其选中，如图 4.42 所示。

(2) 修剪图形可以使用以下两种方法来完成，修剪后的效果如图 4.43 所示。

① 在工具箱中单击 排列(A) → 造型(P) → 修剪(T) 命令。

② 直接在工具属性栏中单击【修剪】按钮。

(3) 使用【挑选工具】将杯子移动一点距离，如图 4.44 所示。

图 4.42   图 4.43   图 4.44

提示：在【修整泊坞窗】中，还可以进行【相交】、【简化】、【前减后】、【后减前】、
　　　【创建围绕选定对象的新对象】的操作，其操作方法与【焊接】的操作方法相似，
　　　在这里就不再详细介绍。

4.5.3　相交

在 CorelDRAW X4 中，【相交】是指通过两个或多个彼此重叠对象的公共部分的取舍
来创建新对象。新对象的尺寸和形状与重叠区域的完全相同，其属性取决于目标对象。如
果没有重叠就不能使用【相交】命令，具体操作方法如下。

(1) 选择需要进行相交的图形对象，如图 4.45 所示。

(2) 在进行相交对象时，可以通过以下两种方法进行操作，相交后的效果如图 4.46 所示。

① 在工具箱中单击 排列(A) → 造型(P) → 相交(I) 命令。

② 直接在工具属性栏中单击【相交】按钮 。

(3) 使用【挑选工具】将相交的新对象移动一点距离，如图 4.47 所示。

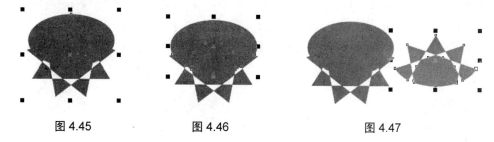

图 4.45　　　　　　　图 4.46　　　　　　　图 4.47

4.5.4　简化

在 CorelDRAW X4 中，【简化】是指减去两个或多个重叠对象的交集部分，并保留原
始对象，具体操作方法如下。

(1) 选择需要进行相交的图形对象，如图 4.48 所示。

(2) 在进行相交对象时，通过以下两种方法进行操作，相交后的效果如图 4.49 所示。

① 在工具箱中单击 排列(A) → 造型(P) → 简化(S) 命令。

② 直接在工具属性栏中单击【简化】按钮 。

(3) 使用【挑选工具】将相交的新对象移动一点距离，如图 4.50 所示。

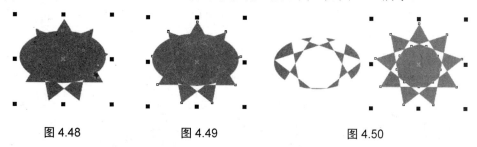

图 4.48　　　　　　　图 4.49　　　　　　　图 4.50

4.5.5　前减后

在 CorelDRAW X4 中，【前减后】是指在所有选中的对象图层中，减去最上层对象下

的所有图形对象(包括重叠和不重叠的图形对象)以及和下层对象和上层对象的重叠部分，而只保留最上层对象中剩余的部分，具体操作方法如下。

(1) 打开一个图形文件并将其选中，如图 4.51 所示。

(2)【前减后】，可通过以下两种方法进行操作，【前减后】的效果如图 4.52 所示。

① 在工具箱中单击 排列(A) → 造型(P) → 前减后(F) 命令。

② 直接在工具属性栏中单击【前减后】按钮。

4.5.6 后减前

在 CorelDRAW X4 中，【后减前】是指在所有选中对象图层中，减去最下层对象上的所有图形对象(包括重叠和不重叠的图形对象)以及上层对象和下层对象的重叠部分，而只保留最下层对象中剩余的部分，具体操作方法如下。

(1) 打开一个图形文件并将其选中，如图 4.53 所示。

(2)【后减前】，可通过以下两种方法进行操作，【后减前】的效果如图 4.54 所示。

① 在工具箱中单击 排列(A) → 造型(P) → 后减前(R) 命令。

② 直接在工具属性栏中单击【后减前】按钮。

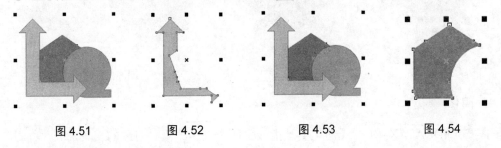

图 4.51   图 4.52   图 4.53   图 4.54

4.5.7 创建围绕选定对象的新对象

在 CorelDRAW X4 中，【创建围绕选定对象的新对象】是指在选择两个或两个以上的对象时，可按所选对象的边界创建一个新的封闭图形对象，创建的新对象不具有原对象的任何属性，具体操作方法如下。

(1) 打开一个图形文件并将其选中，如图 4.55 所示。

(2) 直接在工具属性栏中单击【创建围绕选定对象的新对象】按钮，创建围绕选定对象的新对象，效果如图 4.56 所示。

(3) 利用【挑选工具】将创建的新的封闭图形对象移动一段距离如图 4.57 所示。

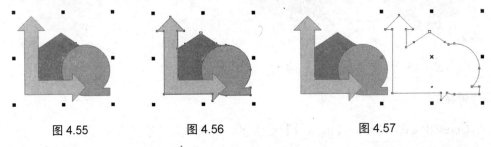

图 4.55   图 4.56   图 4.57

4.6　综合案例设计

在这一节中通过一个综合案例来巩固本章所学的内容，具体制作步骤如下。

(1) 启动 CorelDRAW X4，新建一个空白文件，并保存为"瑞虎 3 广告设计.cdr"。

(2) 在菜单栏中单击 版面(L) → 页面设置(P)… 命令，弹出【选项】设置对话，具体设置如图 4.58 所示，单击 确定 按钮即可完成页面大小的设置。

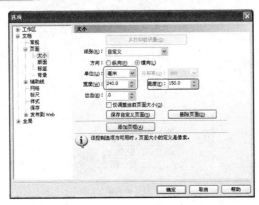

图 4.58

(3) 在工具箱中双击【矩形工具】□，创建一个与页面大小一样的矩形，在页面右侧的【调色板】中单击"20%灰色"的色块，即可将其填充为 20%的灰色，如图 4.59 所示。

(4) 在菜单栏中单击 排列(A) → 变换(F) → 大小(I) 命令，显示【变换泊坞窗】，具体设置如图 4.60 所示，单击 应用到再制 按钮，即可创建一个缩小了的矩形；如图 4.61 所示，在页面右侧的【调色板】中单击"白色"色块，即可将其填充为白色，如图 4.62 所示。

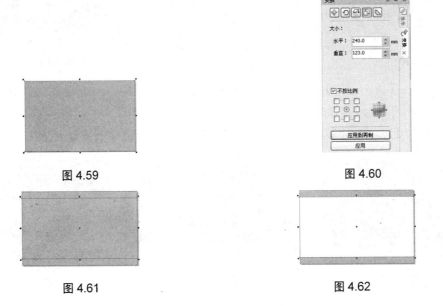

图 4.59

图 4.60

图 4.61

图 4.62

(5) 按键盘上的↓键，调整白色矩形的位置如图 4.63 所示。

(6) 设置【变换泊坞窗】，如图 4.64 所示，单击 [应用] 按钮，即可得到如图 4.65 所示的效果。

(7) 确保刚旋转的矩形被选中，设置【变换泊坞窗】如图 4.66 所示，单击 [应用到再制] 按钮，即可得到如图 4.67 所示的效果。在页面右侧的【调色板】中单击"洋红色"的色块，即可将其填充为洋红色，如图 4.68 所示。

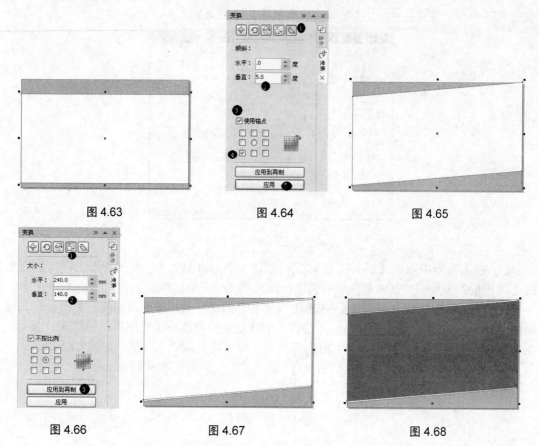

图 4.63　　　　　　　图 4.64　　　　　　　图 4.65

图 4.66　　　　　　　图 4.67　　　　　　　图 4.68

(8) 利用 【挑选工具】选中矩形如图 4.69 所示。在工具箱中单击【轮廓工具】中的 ╳ 无命令，取消所有矩形的轮廓，如图 4.70 所示。

(9) 利用【矩形工具】在页面中绘制一个矩形，大小位置如图 4.71 所示。

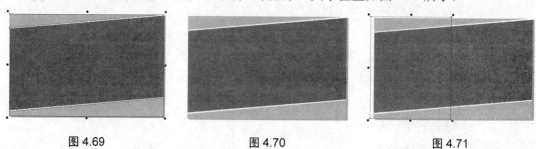

图 4.69　　　　　　　图 4.70　　　　　　　图 4.71

(10) 在按住 Shift 键不放的同时单击颜色为洋红色的矩形，此时，洋红色矩形被选中，再在工具属性栏中单击【相交】按钮，即可为两个重叠区域创建一个新的对象，如图 4.72 所示。

(11) 利用 ↖【挑选工具】选择如图 4.73 所示的矩形，并将选中的矩形宽度适当拉宽，如图 4.74 所示。

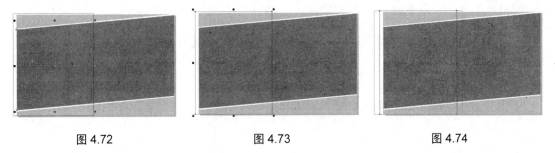

图 4.72　　　　　　　　　　图 4.73　　　　　　　　　　图 4.74

(12) 在按住 Shift 键不放的同时单击颜色为洋红色的矩形，如图 4.75 所示，再在工具属性栏中单击【后减前】按钮 ，即可得到如图 4.76 所示的效果。

(13) 使用 【智能填充工具】，将下半部分灰色的地方也填充为洋红色，效果如图 4.77 所示。

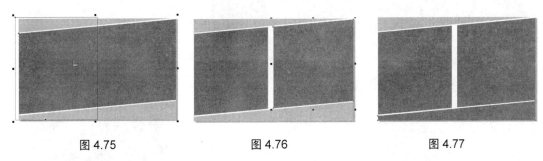

图 4.75　　　　　　　　　　图 4.76　　　　　　　　　　图 4.77

(14) 使用 【钢笔工具】，绘制图形并选中所绘制的图形，如图 4.78 所示。

(15) 在页面右侧的【调色板】中单击"白色"的色块，即可将其填充为白色，如图 4.79 所示。在工具箱中单击【轮廓工具】中的 ✕ 无命令，取消所有矩形的轮廓，如图 4.80 所示。

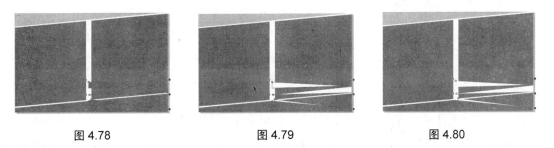

图 4.78　　　　　　　　　　图 4.79　　　　　　　　　　图 4.80

(16) 绘制一个无轮廓的白色矩形，如图 4.81 所示。

(17) 使用 【钢笔工具】，绘制图形并选中所绘制的图形，填充为 20%的黑色，如图 4.82 所示的图形。

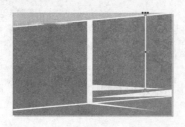

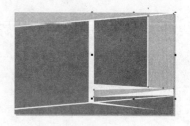

图 4.81   图 4.82

(18) 在菜单栏中单击 文件(F) → 📂 导入(I)··· 命令，弹出【导入】设置对话框，具体设置如图 4.83 所示，单击 导入 按钮，即可导入图片。

(19) 调整导入的图片大小，如图 4.84 所示。

图 4.83   图 4.84

(20) 在菜单栏中单击 排列(A) → 变换(F) → 倾斜(K) 命令，显示【变换泊坞窗】，具体设置如图 4.85 所示，单击 应用 按钮，即可将图片进行倾斜操作，如图 4.86 所示。

(21) 在菜单栏中单击 效果(C) → 图框精确剪裁(W) → 🖼 放置在容器中(P)··· 命令，此时鼠标变成 ➡ 形状，单击洋红色矩形框，即可得到如图 4.87 所示的效果。

(22) 在工具箱中单击 字【文本工具】按钮，在页面中输入文字，并且将文字颜色设置为黄色。字体为【华文行楷】，并进行适当的倾斜。如图 4.88 所示。

(23) 利用 字【文本工具】在页面中输入文字，字体为【黑体】，颜色为白色。调整字体的大小和倾斜度，最终效果如图 4.89 所示。

(24) 再利用 字【文本工具】在页面中输入文字，字体为【黑体】，颜色为黑色，排列方式为竖排，调整大小和位置，如图 4.90 所示。

图 4.85　　　　　　　　　图 4.86　　　　　　　　　图 4.87

图 4.88　　　　　　　　　图 4.89　　　　　　　　　图 4.90

(25) 利用 🔲【矩形工具】绘制矩形，并填充为青色，复制 5 个。在利用 字【文本工具】中输入 "Tiggo" 英文字母并调整好位置。

(26) 将绘制的矩形和英文字母选中，进行倾斜。利用工具箱中的 🔲【交互式阴影工具】添加阴影效果，最终效果如图 4.91 所示。

图 4.91

4.7　上 机 实 训

1. 根据前面所学知识制作如图 4.92 所示的效果图形。

提示：具体操作方法与 "4.6 综合案例设计" 的操作步骤差不多，读者可参考 "4.6 综合案例设计" 的具体操作步骤。

图 4.92

2. 根据前面所学知识制作如图 4.93 所示的效果图形。

图 4.93

提示： 本案例主要操作步骤如下。

(1) 使用【文字工具】和【椭圆工具】创建 "CorelDRAW X4" 路径文字。

(2) 将路径文字填充成渐变颜色。

(3) 创建阴影的文字效果。

(4) 使用【艺术笔工具】来创建其他对象。

小结

本章主要介绍了调整对象的顺序和排列方式、复制对象、群组与结合对象、锁定和解除对象、使用造型功能改变图形形状、综合案例设计等知识点，重点要求掌握图形形状的编辑、调整对象的顺序和排列方式和群组与结合对象，其他知识点只做了解。

练习

一、填空题

1. 在 CorelDRAW X4 中，一个_____的对象或者_____对象被放置在一个层中。

2. 用来对齐左、右、顶端或底端边缘的参照对象，由对象创建的_____决定。

3. 在 CorelDRAW X4 中，复制与粘贴对象就是将对象复制到_____，再将剪贴板上的对象复制到 CorelDRAW X4 的页面中的过程。

4. 复制对象与原对象之间有一定的距离，这个距离称为＿＿＿＿＿＿＿。

5. 在 CorelDRAW X4 中，对象的群组是指把＿＿＿＿＿＿连接在一起，成为一个整体。对象群组后，其＿＿＿＿＿＿不变，对群组进行操作时群组中的每一个对象都会起作用。

6. 如果结合前的对象有部分是重叠的，结合之后，＿＿＿＿＿＿会被移除而产生空洞。

7. 在 CorelDRAW X4 中，＿＿＿＿＿＿＿是指在所有选中的对象图层中，减去最上层对象下的所有图形对象(包括重叠和不重叠的图形对象)和下层对象与上层对象的重叠部分，而只保留最上层对象中剩余的部分。

8. 在 CorelDRAW X4 中，对象的＿＿＿＿＿＿是指从目标对象上剪掉与其他对象之间重叠的部分，新对象的属性与目标对象一致。

9. 在 CorelDRAW X4 中，＿＿＿＿＿＿是指通过两个或多个彼此重叠的公共部分的取舍来创建新对象。新对象的尺寸和形状与重叠区域的完全相同。

10. 在 CorelDRAW X4 中，＿＿＿＿＿＿是指在选择两个或两个以上的对象时，可按所选对象的边界创建一个新的封闭图形对象，创建的新对象不会具有原对象的任何属性。

二、简答题

1. 对象的再制与仿制之间有什么区别？

2. 造型功能主要包括哪些？

3. 复制对象的方法主要有哪几种？

第 **5** 章　位图的编辑

知识点：

1. 位图的编辑
2. 位图的色彩调节
3. 位图的变换
4. 位图的校正

说明：

　　本章主要介绍了位图的编辑、色彩调节、变换和校正等知识点。要求重点掌握位图的编辑和色彩调节，要求学生能灵活运用各个知识点，为后面的创作打好扎实的基础知识。

5.1　位图的编辑

用户在使用位图的时候，经常需要对位图的细节部分进行处理操作。CorelDRAW X4已经提供了各种位图编辑的功能，为用户得到理想的位图效果提供了保障。位图的导入已经在第 1 章详细介绍过，在这里不再详述。下面来详细介绍有关位图的编辑。

5.1.1　将矢量图形转换为位图图形

在 CorelDRAW X4 中，将矢量图形转换为位图图形，可以获得不同的效果，以便应用特殊的效果。将矢量图形转换为位图图形的具体操作方法如下。

(1) 打开一个需要转换的矢量图形文件，使用【挑选工具】 ▷ 将需要转换的矢量图形文件选中，如图 5.1 所示。

(2) 在菜单栏中单击 位图(B) → 转换为位图(C)… 命令，弹出【转换为位图】设置对话框，具体设置如图 5.2 所示。单击 确定 按钮，即可得到如图 5.3 所示的位图图像效果。

图 5.1　　　　　　　　　　图 5.2　　　　　　　　　　图 5.3

① 分辨率(E)：用于设置转换为位图后的分辨率，单位为 dpi。为了保证转换后的位图效果，分辨率最好选择在 200dpi 以上。

② 颜色模式(C)：用于设置所生成位图的颜色模式。这里共有 CMYK(32 位)、RGB(24 位)、黑白(1 位)、16 色(16 位)、灰度(8 位)和调色板调色(8 位)6 种模式，用户可以根据需要进行选择。为了保证转换后的位图效果，颜色模式最好选择 24 位以上的。

③ 应用 ICC 预置文件(I)：用户如果选中此复选框后，转换后的位图将使用国际色彩协会(ICC)预置文件，能使设备与色彩空间的颜色标准化。

④ 光滑处理(A)：使转换后的位图边缘消除锯齿。

⑤ 透明背景(T)：使转换后的位图具有透明的背景。

提示：如果图形或文本带有特殊的效果，转换为位图之后，可能会将特殊的效果丢失，如斜角效果；也有一些效果，在转换为位图之后会基本保留，如交互式透明效果、交互式阴影效果和透视效果等。

5.1.2　改变位图的大小

在 CorelDRAW X4 中，用户可以在导入位图时进行裁剪，也可以在导入之后再进行缩放或裁剪，以便达到调整位图大小的目的，改变位图大小的具体操作方法如下。

(1) 利用【挑选工具】 选中需要改变大小的位图图像，此时，位图图像四周会出现 8 个黑色的控制点，如图 5.4 所示。

(2) 将鼠标移到这 8 个黑色控制点的任意一个上面，当鼠标变成 ↔ 形状时，在按住鼠标左键不放的同时进行拖动，如图 5.5 所示。

(3) 拖到用户需要的效果之后，松开鼠标左键即可，如图 5.6 所示。

图 5.4　　　　　　　图 5.5　　　　　　　图 5.6

提示：如果需要精确调整位图图像的大小，可以在选中位图图像之后，直接在工具属性栏中的【对象大小】和【缩放因素】文本框中输入所需要的数值即可。

5.1.3　旋转与倾斜位图

在 CorelDRAW X4 中，位图的旋转与倾斜的操作方法同矢量图的操作方法一样，也有 3 种方法：直接用鼠标进行操作、通过泊坞窗或工具属性栏精确旋转和倾斜位图图像。这里不再详述，可参考矢量图的操作方法，操作后的效果如图 5.7 所示。

图 5.7

5.1.4　裁切位图的形状

在 CorelDRAW X4 中，裁切位图是指将导入的位图进行图像形状的裁剪处理，只保留需要的部分进行显示。裁切位图可以使用工具箱中的【形状工具】 来控制位图中的 4 个节点，可以将位图的轮廓修剪成任意的图形。用户可以将位图边缘调整成直线或曲线，在控制线上双击就可以添加节点，在控制线的节点上双击就可以删除控制节点。裁切位图的具体操作方法如下。

(1) 新建一个文件或在打开的文件中导入一张如图 5.8 所示的图片。

(2) 在工具箱中单击【形状工具】按钮 ，再在导入的图片上单击，此时，图片四周将会出现 4 个控制节点，如图 5.9 所示。

(3) 将鼠标移到任意一个控制节点上，在按住鼠标左键不放的同时拖动鼠标，即可裁剪该位图，如图 5.10 所示。

图 5.8　　　　　　　　　　图 5.9　　　　　　　　　　图 5.10

(4) 在控制点被选中的情况下，在工具属性栏中单击【转换直线为曲线】按钮 ，此时控制点两边将会出现控制手柄，如图 5.11 所示。

(5) 将鼠标放到控制手柄的箭头上，在按住鼠标左键不放的同时进行拖动，即可得到曲线效果，如图 5.12 所示。

(6) 重复操作第(4)步和第(5)步，即可得到如图 5.13 所示的位图图像效果。

图 5.11　　　　　　　　　　图 5.12　　　　　　　　　　图 5.13

5.1.5　描摹位图

在 CorelDRAW X4 中，不仅可以将矢量图转换为位图，还可以通过描摹位图的方法将位图转换为矢量图，以便用户对位图中的色彩内容进行跟踪处理。使用描摹位图的具体操作方法如下。

(1) 打开一个文件或在已打开的文件中导入一张位图，并选中该图片，如图 5.14 所示。

(2) 在菜单栏中单击 位图(B) → 描摹位图(T) 命令，弹出下一级子菜单，如图 5.15 所示。

图 5.14　　　　　　　　　　图 5.15

(3) 用户可以根据需要选择描摹位图的命令方式，这里选择 高质量图像(H)... 命令方式，此时会弹出 PowerTRACE 设置对话框，具体设置如图 5.16 所示。单击 确定 按钮，即可得到如图 5.17 所示的图形效果。

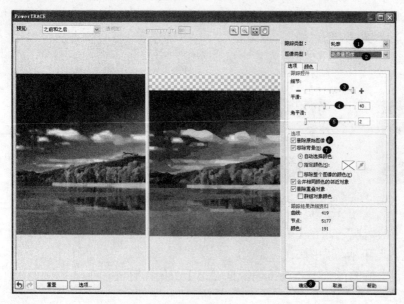

图 5.16　　　　　　　　　　　　　　　　　　　　　　图 5.17

提示：用户可以自己去体验其他描摹方式。如图 5.18 所示，是使用同一张图片进行不同描摹方式所得到的效果。

线条图　　　　　　微标　　　　　　详细微标　　　　　剪贴画　　　　　底质量图像

图 5.18

5.1.6　位图的颜色遮罩

在 CorelDRAW X4 中，可以通过【位图的颜色遮罩】功能将位图中不需要显示的颜色进行隐藏，颜色被隐藏的地方将变为透明的状态。使用【位图的颜色遮罩】功能的具体操作方法如下。

(1) 导入两张图片，并选中需要遮罩颜色的图片，如图 5.19 所示。

(2) 在菜单栏中单击 位图(B) → 位图颜色遮罩(M) 命令，弹出【位图颜色遮罩】泊坞窗，如图 5.20 所示。

(3) 在颜色下拉列表中第一个颜色条的前面打上"√"，然后在【位图颜色遮罩】泊坞窗中单击 按钮，将鼠标移动到被选中的图片的蓝色处单击，再拖动容限下边的滑块到适当的位置，如图 5.21 所示。

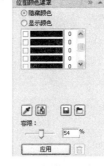

图 5.19　　　　　　　　　　图 5.20　　　　　　　　　　图 5.21

(4) 设置完成后，单击 应用 按钮，即可得到如图 5.22 所示的效果。

(5) 将被隐藏颜色的图片移动到另一张图片上，即可得到如图 5.23 所示的效果。

图 5.22　　　　　　　　　　　　　　　　图 5.23

① ⊙隐藏颜色：选中此单选按钮时，隐藏位图的背景颜色。

② ⊙显示颜色：选中此单选按钮时，显示位图的背景颜色。

③ 容限：拖动滑块或直接在滑块右侧的文本框中输入参数值，精确所隐藏的颜色，其中数值越大，精确度越小。

④ 【颜色选取器】：用来吸取遮罩色。

⑤ 【编辑颜色】：单击 按钮，弹出【选择颜色】设置对话框，用户可以在此对话框中选取需要的颜色作为遮罩的颜色。

⑥ 【打开遮罩】：单击 按钮，弹出【打开】设置对话框，用户可以在此对话框中选择系统所提供的颜色遮罩文件，再单击 打开⑩ 按钮，所打开的【颜色遮罩文件】将应用于所选中的位图上。

5.2　位图的色彩调节

在 CorelDRAW X4 中，用户也可以像在 Photoshop 中一样对位图进行色彩亮度、光度和暗度等方面的调节。不仅可以应用颜色和色调效果来恢复阴影或高光中丢失的细节，还可以进行清除色块、校正曝光不足或曝光过度等操作，以达到全面提高图像质量的目的。

选中需要调节色彩的图片后，在菜单栏中单击 效果(C) → 调整(A) 命令，此时弹出如图 5.24 所示的下一级子菜单，用户可以根据需要选择色彩的调节方式。

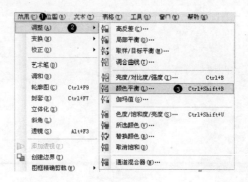

图 5.24

下面来详细介绍各种色彩的调节方式。

5.2.1 高反差

高反差主要用于调整位图所输出颜色的浓度，使图像的颜色达到平衡的效果。高反差是通过从最暗区域到最亮区域重新分布颜色的浓淡来调整阴影区域、中间区域和高光区域的。高反差可以通过调整图像的亮度、对比度和强度来保留高光和阴影区域的细节，也可以通过定义色调范围的起始点和结束点来重新分布色调范围的像素值。使用高反差的具体操作方法如下。

(1) 打开一个文件，导入一张图片并选中该图片，如图 5.25 所示。

(2) 在菜单栏中单击 效果(C) → 调整(A) → 高反差(C)… 命令，弹出如图 5.26 所示的【高反差】设置对话框。

图 5.25

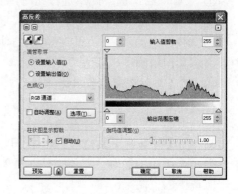

图 5.26

(3) 单击【高反差】设置对话框中的按钮，然后在被选中的图片上颜色最深的地方单击，吸取最深的颜色。

(4) 单击【高反差】设置对话框中的按钮，然后在被选中的图片上颜色最浅的地方单击，吸取最浅的颜色。

(5) 用户根据需要调整 伽玛值调整(G) 中的滑块或直接在滑杆右边的文本框中输入数值，如图 5.27 所示。单击 预览 按钮观看效果，如果达到需要之后，单击 确定 按钮，即可得到如图 5.28 所示的效果。

提示：在使用【吸管工具】吸取颜色时，如果找准了图像中最深的颜色和最浅的颜色，则位图图像的色调就可得到改变，否则改变可能不太明显。

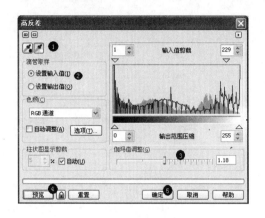

图 5.27

图 5.28

① 回：单击回按钮，将【高反差】设置对话框显示为如图 5.29 所示的效果。这样用户就可以直观地看到位图前后变化之间的对比效果。

② 回：单击回按钮，将【高反差】设置对话框显示为如图 5.30 所示的效果。这样用户就只能看到处理之后的最终效果。

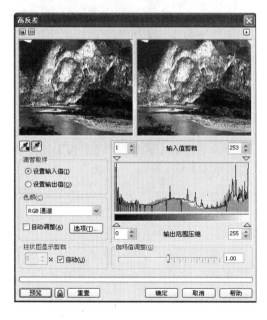

图 5.29

图 5.30

③ ☑自动调整(A)：如果【自动调整】前面的复选框被打上"√"，系统会在色阶范围内自动分布像素值。

④ 选项(T)...：单击 选项(T)... 按钮，弹出如图 5.31 所示的【自动调整范围】设置对话框，用户可以根据需要来设置自动调整的色阶范围。

图 5.31

5.2.2　局部平衡

局部平衡主要用于调整位图的图像边缘部分颜色的平衡，以便显示出浅亮部和暗部的细节。使用局部平衡调整的具体操作方法如下。

(1) 新建一个空白文件，导入一张图片并选中该图片。

(2) 在菜单栏中单击 效果(C) → 调整(A) → [图标] 局部平衡(0)… 命令，在弹出的【局部平衡】设置对话框中单击回按钮并设置其对话框。设置完毕后单击 预览 按钮，其效果和具体的参数设置如图 5.32 所示。单击 确定 按钮，即可得到如图 5.33 所示的效果图形。

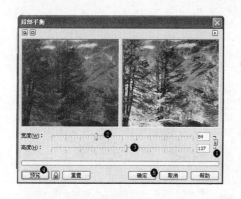

图 5.32

图 5.33

① [图标]：单击[图标]按钮当其变成[图标]形状时，就可以单独地调整【宽度】和【高度】的滑块。否则用户在调整一个滑块时，另一个滑块也会跟着改变。

② 宽度(W)：主要用来改变像素局部区域的宽度值。

③ 高度(H)：主要用来改变像素局部区域的高度值。

5.2.3　取样/目标平衡

取样/目标平衡主要用于从位图图像中选取色样来调整位图图像中的颜色，从而使目标色和样本色达到平衡的效果。使用取样/目标平衡的具体操作如下。

(1) 新建一个空白文件，导入一张图片并选中该图片。

(2) 在菜单栏中单击 效果(C) → 调整(A) → [图标] 取样/目标平衡(M)… 命令，在弹出的【取样/目标平衡】设置对话框中单击回按钮并设置其对话框。设置完毕后单击 预览 按钮，其效果和具体参数的设置如图 5.34 所示，单击 确定 按钮，即可得到如图 5.35 所示的效果图形。

提示：在【取样/目标平衡】设置对话框中单击 按钮后，再在图像颜色最深的地方单击；
单击 按钮后，在图像中间色调处单击；单击 按钮，在图像中颜色最浅处单击；
单击 预览 按钮如图 5.34 所示；再单击 确定 按钮后，即可得到如图 5.35 所示的
效果。

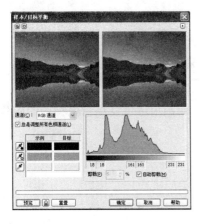

图 5.34

图 5.35

5.2.4 调和曲线

调和曲线主要是通过改变图像中单个像素的值来改变图像局部的颜色。使用调和曲线
的具体操作方法如下。

(1) 新建一个空白文件，导入一张图片并选中该图片。

(2) 在菜单栏中单击 效果(C) → 调整(A) → 调和曲线(T)… 命令，在弹出的【调和曲线】
设置对话框中单击 按钮。

(3) 用鼠标在曲线上单击即可得到一个点，将鼠标放到点上按住鼠标不放的同时进行
移动即可进行调整曲线。继续同样的操作，调整到满足需要为止，单击 预览 按钮，效
果如图 5.36 所示。单击 确定 按钮，即可得到如图 5.37 所示的效果图形。

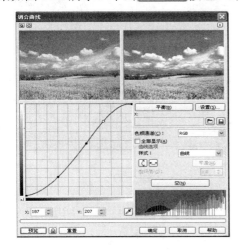

图 5.36

图 5.37

① ⌷：单击⌷按钮，弹山【装入色调曲线文件】设置对话框，可以调入色调曲线文件，将其应用于图像中。

② ⌷：单击⌷按钮，保存自己设置的【调和曲线】的样式。

③ 样式：单击样式右边的✓按钮，弹出下拉列表，可以在下拉列表中选择调和曲线的样式。

④ 🗘：单击🗘按钮，使调和曲线水平翻转。

⑤ ⌣：单击⌣按钮，使调和曲线垂直翻转。

⑥ □全部显示(A)：选择□全部显示(A)按钮，在【调和曲线】设置对话框中曲线显示所有通道的色调曲线。

⑦ [空(N)]：单击[空(N)]按钮，用户可以重新设置调和曲线。

5.2.5 亮度/对比度/强度

亮度/对比度/强度主要用来调整位图图像中所有颜色的亮度以及浅色与深色区域之间的颜色差异。使用亮度/对比度/强度的具体操作方法如下。

(1) 新建一个空白文件，导入一张图片并选中该图片。

(2) 在菜单栏中单击 效果(C) → 调整(A) → 🎛 亮度/对比度/强度(I)… 命令，在弹出的【亮度/对比度/强度】设置对话框中单击回按钮并设置其对话框。设置完毕后单击[预览]按钮，其效果和具体的参数设置如图 5.38 所示，单击[确定]按钮，即可得到如图 5.39 所示的效果。

① 亮度(B)：主要用来提升或降低位图图像像素的亮度值，使位图图像的颜色同等程度地变亮或变暗。

② 对比度(C)：主要用来调整深色与浅色之间的颜色差异。

③ 强度(I)：主要用来调整位图的强度。增加强度会使位图图像中的浅色区域变亮，但不会削弱深色区域的色彩。

图 5.38

图 5.39

5.2.6 颜色平衡

颜色平衡主要用来调整位图图像颜色的总体平衡，使用颜色平衡的具体操作方法如下。

(1) 新建一个空白文件，导入一张图片并选中该图片。

(2) 在菜单栏中单击 效果(C) → 调整(A) → 顎 颜色平衡(L)… 命令，在弹出的【颜色平衡】设置对话框中单击回按钮并设置其对话框。设置完毕后单击 预览 按钮，其效果和具体的参数设置如图 5.40 所示，单击 确定 按钮，即可得到如图 5.41 所示的效果图形。

图 5.40

图 5.41

5.2.7　伽玛值

伽玛值主要用来调整所选择的位图图像的明暗度。伽玛值越大，图像越亮；伽玛值越小，图像越暗。通过在图像的阴影、高光等区域影响不太明显的情况下，来改变低对比度位图图像的细节。使用伽玛值的具体操作方法如下。

(1) 新建一个空白文件，导入一张图片并选中该图片。

(2) 在菜单栏中单击 效果(C) → 调整(A) → 伽玛值(G)… 命令，在弹出的【伽玛值】设置对话框中单击回按钮并设置其对话框。设置完毕后单击 预览 按钮，其效果和具体的参数设置如图 5.42 所示，单击 确定 按钮，即可得到如图 5.43 所示的效果图形。

图 5.42

图 5.43

5.2.8　色度/饱和度/亮度

色度/饱和度/亮度主要用来调整位图图像中颜色通道的色度、饱和度和光度，从而改变位图图像的颜色及其颜色深度以及位图图像中白色区域所占的百分比。使用色度/饱和度/亮度的具体操作方法如下。

(1) 新建一个空白文件，导入一张图片并选中该图片。

(2) 在菜单栏中单击 效果 (C) → 调整 (A) → ▐▌ 亮度/对比度/强度 (I)… 命令，在弹出的【色度/饱和度/亮度】设置对话框中单击 ▣ 按钮并设置其对话框。设置完毕后单击 预览 按钮，其效果和具体的参数设置如图 5.44 所示，单击 确定 按钮，即可得到如图 5.45 所示的效果图形。

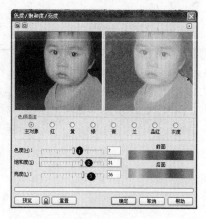

图 5.44

图 5.45

5.2.9　所选颜色

所选颜色主要用来调整指定颜色的饱和度、亮度等，而位图中的其他的颜色不发生改变。使用所选颜色的具体操作方法如下。

(1) 新建一个空白文件，导入一张图片并选中该图片。

(2) 在菜单栏中单击 效果 (C) → 调整 (A) → ▐▌ 所选颜色 (V)… 命令，在弹出的【所选颜色】设置对话框中单击 ▣ 按钮并设置其对话框。设置完毕后单击 预览 按钮，其效果和具体的参数设置如图 5.46 所示，单击 确定 按钮，即可得到如图 5.47 所示的效果图形。

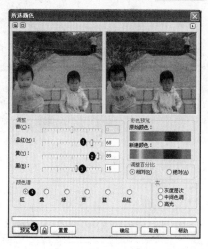

图 5.46

图 5.47

5.2.10　替换颜色

替换颜色主要用来替换位图图像中所选的颜色。根据所选颜色范围的不同，可以替换图像中的一种颜色，也可以将一种颜色排序移动到另一种颜色排序上。使用替换颜色的具体操作步骤如下。

(1) 新建一个空白文件，导入一张图片并选中该图片。

(2) 在菜单栏中单击 效果 (C) → 调整 (A) → 替换颜色 (R)… 命令，在弹出的【替换颜色】设置对话框中单击 按钮并设置其对话框，设置完毕后单击 预览 按钮，其效果和具体的参数设置如图 5.48 所示，单击 确定 按钮，即可得到如图 5.49 所示的效果图形。

提示：在【替换颜色】设置对话框中单击 按钮，把在位图图像中吸取的颜色作为【原颜色】，单击 按钮，吸取的颜色作为【新建颜色】，调整【颜色差异】中的各个滑块，直到达到用户的需要为止。单击 预览 按钮，如图 5.48 所示。单击 确定 按钮，即可得到如图 5.49 所示的效果。也可以直接单击【原颜色】和【新建颜色】右边的 按钮，在弹出的颜色选择下拉列表中，用户可以根据需要来选择颜色。

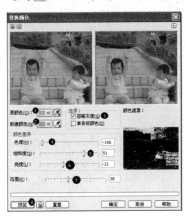

图 5.48

图 5.49

5.2.11　取消饱和

取消饱和主要是用来将彩色图片转换为灰色图像。使用取消饱和的具体操作方法很简单，其方法如下。

(1) 新建一个空白文件，导入一张图片并选中该图片，如图 5.50 所示。

(2) 在菜单栏中单击 效果 (C) → 调整 (A) → 取消饱和 (D) 命令，即可得到如图 5.51 所示的效果图形。

图 5.50

图 5.51

5.2.12　通道混合器

通道混合器主要是通过改变不同的颜色通道的数值来改变图像的色调。使用通道混合器的具体操作方法如下。

(1) 新建一个空白文件，导入一张图片并选中该图片。

(2) 在菜单栏中单击 效果(C) → 调整(A) → 通道混合器(N)… 命令，在弹出的【通道混合器】设置对话框中单击 回 按钮并设置其对话框。设置完毕后单击 预览 按钮，其效果和具体的参数设置如图 5.52 所示。单击 确定 按钮，即可得到如图 5.53 所示的效果图形。

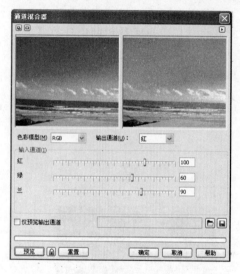

图 5.52

图 5.53

5.3　位图的变换

在 CorelDRAW X4 中，可以将颜色和色调变换同时应用于位图图像中，也可以通过变换位图的颜色和色调来制作各种特殊的效果。位图的变换主要包括去交错、反显和极色化 3 种方式。下面详细介绍这 3 种变换的操作方法。

5.3.1　去交错

去交错主要用来从扫描或隔行显示的图像中删除线条。使用去交错的具体操作方法如下。

(1) 新建一个空白文件，导入一张图片并选中该图片。

(2) 在菜单栏中单击 效果(C) → 变换(N) → 去交错(I)… 命令，在弹出的【去交错】设置对话框中单击 回 按钮并设置其对话框。设置完毕后单击 预览 按钮，其效果和具体的参数设置如图 5.54 所示，单击 确定 按钮，即可得到如图 5.55 所示的效果图形。

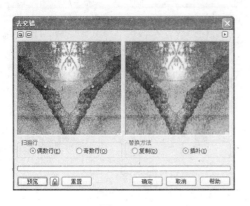

图 5.54

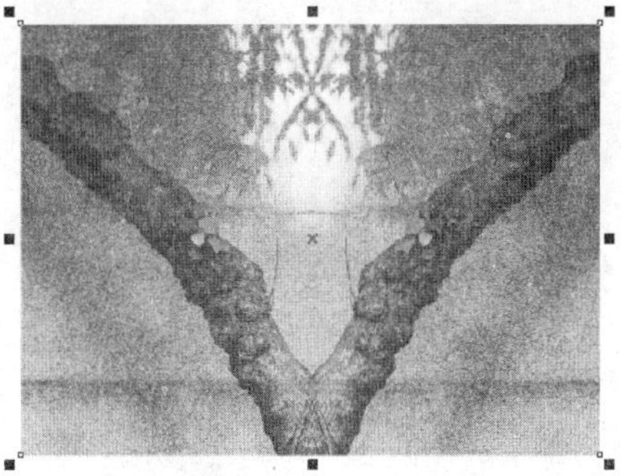

图 5.55

① ⊙偶数行(E)：单击⊙偶数行(E)单选按钮后去除双线。

② ⊙奇数行(O)：单击⊙奇数行(O)单选按钮后去除单线。

③ ⊙复制(D)：单击⊙复制(D)单选按钮后可使用相邻一行的像素来填充扫描线。

④ ⊙插补(I)：单击⊙插补(I)单选按钮后可使用扫描线周围像素的平均值来填充扫描线。

5.3.2　反显

反显主要用于将对象的颜色进行反转，使对象形成摄影负片的外观效果。使用反显的具体操作方法如下。

(1) 新建一个空白文件，导入一张图片并选中该图片，如图 5.56 所示。

(2) 在菜单栏中单击 效果(C) → 变换(N) → ⚡ 反显(I) 命令，即可得到如图 5.57 所示的效果图形。

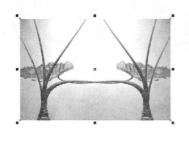

图 5.56

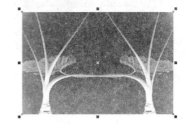

图 5.57

5.3.3　极色化

极色化主要用于将图像的颜色范围转化为纯色块，使图像简单化。【层次】值越大，则效果越不明显。使用极色化的具体操作方法如下。

(1)新建一个空白文件，导入一张图片并选中该图片。

(2)在菜单栏中单击 效果(C) → 变换(N) → 🖼 极色化(P)… 命令，在弹出的【极色化】设置对话框中单击回按钮并设置其对话框，设置完毕后单击 预览 按钮，其效果和具体的参数设置如图 5.58 所示，单击 确定 按钮，即可得到如图 5.59 所示的效果图形。

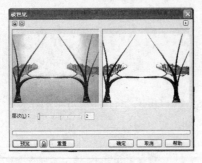

图 5.58

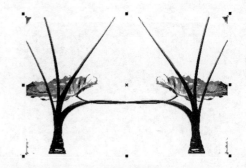

图 5.59

5.4 位图的校正

位图的校正主要是通过【尘埃与刮痕】命令来更改图像中相异的像素来减少杂色。使用位图的校正的具体操作方法如下。

(1) 新建一个空白文件，导入一张图片并选中该图片。

(2) 在菜单栏中单击 效果(C) → 校正(O) → 尘埃与刮痕(S)··· 命令，在弹出的【尘埃与刮痕】设置对话框中单击回按钮并设置其对话框。设置完毕后单击 预览 按钮，其效果和具体的参数设置如图 5.60 所示，单击 确定 按钮，即可得到如图 5.61 所示的效果图形。

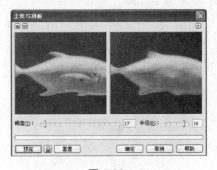

图 5.60

图 5.61

5.5 上 机 实 训

1. 将图 5.62(a)所示的导入图片制作成如图 5.62(b)所示的效果。

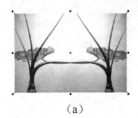

（a）

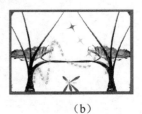

（b）

图 5.62

提示：本案例的主要操作步骤如下。

(1) 导入图片后，使用【位图的颜色遮罩】命令将图片中不需要的背景去掉，具体的操作方法可参考 5.1.6 小节中的位图的颜色遮罩。

(2) 使用【文字工具】和【贝塞尔工具】创建路径文字。

(3) 使用【多变形工具】、【交互式变形工具】和【填充工具】创建其他的对象。

(4) 使用【交互式阴影工具】给路径文字创建阴影效果。

2. 将导入的两张图片即图 5.63(a)和(b)合成如图 5.63(c)所示的图像效果。

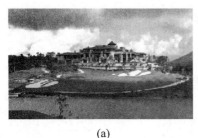

(a) (b) (c)

图 5.63

提示：本案例的主要操作步骤如下。

(1) 导入两张图片。

(2) 利用【颜色平衡】来调整这两张图片的颜色，用户可以调整到自己喜欢的颜色即可，具体的操作方法可参考 5.2.6 小节中的颜色平衡。

(3) 使用【位图的颜色遮罩】命令将图片不需要的地方去掉。

(4) 调整图片的位置。

(5) 使用【矩形工具】和【渐变填充工具】创建一个渐变的矩形并将矩形调整到其他图片的底层即可。

3. 将导入图片(图 5.64)的颜色去掉。

图 5.64

提示：本案例主要使用了通道混合器来改变图片的颜色，具体的操作方法可参考 5.2.12 小节中的通道混合器。

小结

本章介绍了位图的编辑、位图的色彩调节、位图的变换、位图的校正 4 个方面的知识点，要求重点掌握位图的编辑和色彩调节的作用以及具体的操作方法，并且要将它们灵活地运用于图像处理中。

练习

一、填空题

1. 在 CorelDRAW X4 中，不仅可以将矢量图转换为位图，还可以通过描摹位图的方法将_____矢量图。

2. 高反差主要用于调整位图输出颜色的浓度，使图像的颜色达到平衡的效果。高反差通过从最暗区域到最亮区域重新分布的颜色的浓淡来调整_____、中间区域和高光区域。

3. 在使用【吸管工具】吸取颜色时，如果找准了图像中的_____颜色，则位图图像的色调就可得到改变，否则改变可能不太明显。

4. 取样/目标平衡主要用于从位图图像中选取色样来调整位图图像中的颜色，从而使_____达到平衡的效果。

5. 位图的变换主要包括_____、反显和极色化 3 种方式。

6. 位图的校正主要通过_____更改图像中相异的像素以减少杂色。

二、简答题

1. 位图的编辑主要包括哪些操作？
2. 位图的色彩调节主要有哪些作用？

第 6 章

为位图添加特殊的效果

知识点：

1. 三维效果
2. 艺术笔触
3. 模糊
4. 相机
5. 颜色转换
6. 轮廓图
7. 创造性
8. 扭曲
9. 杂点
10. 鲜明化

说明：

本章主要介绍位图效果滤镜的使用，重点要求掌握各个滤镜的作用和参数的设置以及使用方法。在讲解的过程中，最好是先将做好的效果呈现给学生看，再讲解滤镜的使用方法和参数的设置。

CorelDRAW X4 提供了 10 类 80 多种特殊的滤镜效果。可以直接在平面绘图软件中应用这些滤镜设计出丰富的特殊效果，也可以很方便地对图形进行校正、修复和生成抽象的色彩效果。

6.1 三 维 效 果

三维效果滤镜主要用于将平面的图像处理成不同的立体效果。三维滤镜效果主要包括【三维旋转】、【柱面】、【浮雕】、【卷页】、【透视】、【挤远/挤近】和【球面】等 7 种艺术效果。下面分别对这 7 种艺术效果进行详细的介绍。

6.1.1 三维旋转

【三维旋转】命令主要是用于按照设置的角度的水平和垂直数值来旋转图像，从而使图像产生一种立体的画面旋转透视效果。使用【三维旋转】命令的具体操作方法如下。

(1) 新建一个空白文件，导入一张图片并将其选中。

(2) 在菜单栏中单击 位图(B) → 三维效果(3) → ⬛ 三维旋转(3)··· 命令，弹出【三维旋转】设置对话框，单击【三维旋转】设置对话框中的 ▣ 按钮并设置其对话框。设置完毕后单击 预览 按钮，效果如图 6.1 所示，单击 确定 按钮后的最终效果如图 6.2 所示。

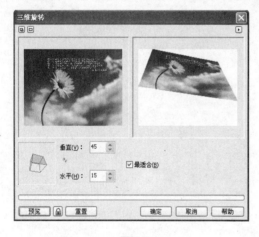

图 6.1   图 6.2

6.1.2 柱面

【柱面】命令主要是使图像产生一种绕在柱面的内侧或外侧的视觉变形效果。使用【柱面】命令的具体操作如下。

(1) 新建一个空白文件，导入一张图片并将其选中。

(2) 在菜单栏中单击 位图(B) → 三维效果(3) → ▦ 柱面(L)··· 命令，弹出【柱面】设置对话框，单击【柱面】设置对话框中的 ▣ 按钮并设置其对话框。设置完毕后单击 预览 按钮，效果如图 6.3 所示，单击 确定 按钮后的最终效果如图 6.4 所示。

图 6.3　　　　　　　　　　　　　　　　　图 6.4

① ⊙水平(H)：单击⊙水平(H)单选按钮，表示沿水平柱面产生缠绕的效果。

② ⊙垂直(V)：单击⊙垂直(V)单选按钮，表示沿垂直柱面产生缠绕的效果。

③ 百分比(P)：用鼠标来拖动百分比(P)的滑块，它决定柱面的凹凸强度。

6.1.3　浮雕

【浮雕】命令主要是用来设置深度和光线的方向，使其在平面位图上产生类似浮雕的效果。使用【浮雕】命令的具体操作方法如下。

(1) 新建一个空白文件，导入一张图片并将其选中。

(2) 在菜单栏中单击 位图(B) → 三维效果(3) → 柱面(L)…命令，弹出【柱面】设置对话框，单击【柱面】设置对话框中的回按钮并设置其对话框。设置完毕后单击 预览 按钮，效果如图 6.5 所示，单击 确定 按钮后的最终效果如图 6.6 所示。

图 6.5　　　　　　　　　　　　　　　　　图 6.6

① 深度(D)：通过拖动深度(D)滑块或直接在深度(D)右边的文本框中输入数值来控制浮雕的深度。

② 层次(L)：通过拖动 层次(L) 的滑块或直接在 层次(L) 右边的文本框中输入数值来控制浮雕效果的背景颜色的总量。

③ 方向(C)：通过在 方向(C) 右边的文本框中输入数值来控制浮雕效果的采光角度。

④ 浮雕色：通过设置 浮雕色 下面的单选按钮来控制转换成浮雕后的颜色。

6.1.4 卷页

【卷页】命令主要是通过设置卷页的方向、大小以及透明度等参数，给位图图像添加类似于卷起页面一角的卷曲效果。使用【卷页】命令的具体操作方法如下。

(1) 新建一个空白文件，导入一张图片并将其选中。

(2) 在菜单栏中单击 位图(B) → 三维效果(3) → ▮ 卷页(A)… 命令，弹出【卷页】设置对话框，单击【卷页】设置对话框中的 ▣ 按钮并设置其对话框。设置完毕后单击 预览 按钮，效果如图 6.7 所示，单击 确定 按钮，最终效果如图 6.8 所示。

图 6.7   图 6.8

① ▦：用来设置卷页的角度。

② 定向：主要是用来设置卷页的方向。单击 ⊙垂直的(E) 单选按钮则方向为垂直卷页，单击 ⊙水平的(H) 单选按钮则为水平卷页。

③ 纸张：主要是用来设置纸张上卷曲区域的透明性。单击 ⊙不透明(O) 单选按钮则纸张上卷曲的区域不透明，单击 ⊙透明的(T) 单选按钮则纸张上卷曲区域为透明。

④ 颜色：主要是通过 卷曲(C) 和 背景(B) 的颜色设置来控制卷曲区域和背景的颜色。

⑤ 宽度%(W) 和 高度%(I)：主要是通过拖动右边的滑块或直接在右边的文本框中输入数值来控制纸张上卷曲区域的大小范围。

6.1.5 透视

【透视】命令主要是通过调整位图图像中 4 个角的控制点，使位图产生三维的透视效果。使用【透视】命令的具体操作方法如下。

(1) 新建一个空白文件，导入一张图片并将其选中。

（2）在菜单栏中单击 位图(B) → 三维效果(3) → ▷ 透视(R)… 命令，弹出【透视】设置对话框，单击【透视】设置对话框中的 回 按钮并设置其对话框。设置完毕后单击 预览 按钮，效果如图 6.9 所示，单击 确定 按钮，最终效果如图 6.10 所示。

图 6.9

图 6.10

① 类型：主要用来设置不同的三维透视或变形效果。◉透视(P)使图像产生透视的效果，◉切变(S)使图像产生倾斜的效果。

② ☑最适合(B)：选择 ☑最适合(B) 复选框，可使经过变形后的位图适应于图框的大小。

6.1.6　挤远/挤近

【挤远/挤近】命令主要是通过对位图的变形处理，使位图产生一种拉向远方或拉近的三维效果。使用【挤远/挤近】命令的具体操作方法如下。

（1）新建一个空白文件，导入一张图片并将其选中。

（2）在菜单栏中单击 位图(B) → 三维效果(3) → 🌀 挤远/挤近(P)… 命令，弹出【挤远/挤近】设置对话框，单击【挤远/挤近】设置对话框中的 回 按钮并设置其对话框。设置完毕后单击 预览 按钮，效果如图 6.11 所示，单击 确定 按钮，最终效果如图 6.12 所示。

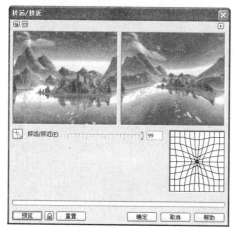

图 6.11

图 6.12

① ⊕ ：单击⊕按钮，再在预览窗口中单击，即可确定变形的中心点位置。

② 挤远/挤近(P)：通过拖动滑块或直接在挤远/挤近(P)右边的文本框中输入数值来确定变形的强度。

6.1.7 球面

【球面】命令主要是使图像产生包围在球体内侧或外侧的凹凸球面的效果。使用【球面】命令的具体操作方法如下。

(1) 新建一个空白文件，导入一张图片并将其选中。

(2) 在菜单栏中单击 位图(B) → 三维效果(3) → ● 球面(S)… 命令，弹出【球面】设置对话框，单击【球面】设置对话框中的 回 按钮并设置其对话框。设置完毕后单击 预览 按钮，效果如图 6.13 所示，单击 确定 按钮，最终效果如图 6.14 所示。

图 6.13 　　　　　　　　　　　　　　图 6.14

① ⊞ ：单击⊞按钮，再在预览窗口中单击，即可决定球面变形的中心点。

② 优化：通过选择 优化 下面的 ⊙速度(S) 和 ⊙质量(Q) 单选按钮来决定球面变形的位图质量。

③ 百分比(P)：通过拖动滑块或直接在百分比(P)右边的文本框中输入数值来确定球面变形的强度。

6.2 艺 术 笔 触

CorelDRAW X4 为用户提供了炭笔画、单色蜡笔画、蜡笔画、立体派、印象派、调色刀、彩色蜡笔画、钢笔画、点彩派、木版画、素描、水彩画、水印画和波纹纸画等 14 种艺术笔触效果。可以运用手工的绘画技巧为位图图像添加特殊的美术技法效果。下面详细介绍各种艺术笔触的作用和具体的操作方法。

6.2.1 炭笔画

【炭笔画】命令主要是使位图图像产生类似于炭笔绘制的画面效果。使用【炭笔画】命令的具体操作方法如下。

(1) 新建一个空白文件，导入一张图片并将其选中。

(2) 在菜单栏中单击 位图(B) → 艺术笔触(A) → 🖉 炭笔画(C)… 命令，弹出【炭笔画】设置对话框，单击【炭笔画】设置对话框中的 ▣ 按钮并设置其对话框。设置完毕后单击 预览 按钮，效果如图 6.15 所示，单击 确定 按钮，最终的效果如图 6.16 所示。

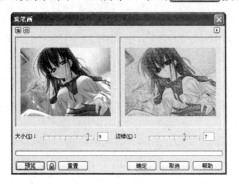

图 6.15　　　　　　　　　　　图 6.16

① 大小(S)：通过拖动滑块或直接在 大小(S) 右边的文本框中输入数值来控制炭笔的粗细程度。

② 边缘(E)：通过拖动滑块或直接在 边缘(E) 右边的文本框中输入数值来控制图像的边缘效果。

6.2.2　单色蜡笔画

【单色蜡笔画】命令主要是用来将位图图像产生类似于粉笔画的图像效果。使用【单色蜡笔画】命令的具体操作方法如下。

(1) 新建一个空白文件，导入一张图片并将其选中。

(2) 在菜单栏中单击 位图(B) → 艺术笔触(A) → 🖉 单色蜡笔画(O)… 命令，弹出【单色蜡笔画】设置对话框，单击【单色蜡笔画】设置对话框中的 ▣ 按钮并设置其对话框。设置完毕后单击 预览 按钮，效果如图 6.17 所示，单击 确定 按钮，最终的效果如图 6.18 所示。

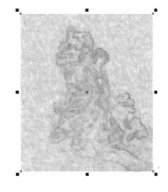

图 6.17　　　　　　　　　　　图 6.18

① 单色：在 单色 中选择制作单色蜡笔画的整体色调，用户可以同时选择多个颜色，组

合成混合色。

② 纸张颜色(C)：主要是用来设置纸张的背景颜色。

③ 压力(P)和底纹(T)：主要是用来控制笔触的强度。

6.2.3 蜡笔画

【蜡笔画】命令主要是将位图中的像素分散，从而使位图产生蜡笔画的效果。使用【蜡笔画】命令的具体操作如下。

(1) 新建一个空白文件，导入一张图片并将其选中。

(2) 在菜单栏中单击 位图(B) → 艺术笔触(A) → 🖉 蜡笔画(R)… 命令，弹出【蜡笔画】设置对话框，单击【蜡笔画】设置对话框中的 回 按钮并设置其对话框。设置完毕后单击 预览 按钮，效果如图 6.19 所示，单击 确定 按钮，最终的效果如图 6.20 所示。

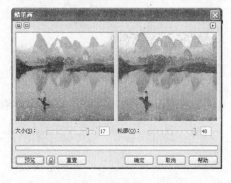

图 6.19　　　　　　　　　　　　　　　　图 6.20

① 大小(S)：拖动 大小(S) 右边的滑块或直接在 大小(S) 右边的文本框中输入数值来控制蜡笔画的背景颜色的总量。

② 轮廓(O)：拖动 轮廓(O) 右边的滑块或直接在 轮廓(O) 右边的文本框中输入数值来控制轮廓的大小和强度。

6.2.4 立体派

【立体派】命令主要是将相同的颜色组成一个小块，使位图形成类似于立体派的绘画风格。使用【立体派】命令具体操作方法如下。

(1) 新建一个空白文件，导入一张图片并将其选中。

(2) 在菜单栏中单击 位图(B) → 艺术笔触(A) → 🖼 立体派(U)… 命令，弹出【立体派】设置对话框，单击【立体派】设置对话框中的 回 按钮并设置其对话框。设置完毕后单击 预览 按钮，效果如图 6.21 所示，单击 确定 按钮，最终效果如图 6.22 所示。

① 大小(S)：拖动 大小(S) 右边的滑块或直接在 大小(S) 右边的文本框中输入数值来控制颜色色块的大小。

② 亮度(B)：拖动 亮度(B) 右边的滑块或直接在 亮度(B) 右边的文本框中输入数值来调节画面的亮度。

图 6.21　　　　　　　　　　　　　　图 6.22

③ 纸张色(P)：主要是用来设置背景纸张的颜色。

6.2.5　印象派

【印象派】命令主要是将位图转换成小块的纯色，从而使位图产生类似于印象派的绘画风格。使用【印象派】命令的具体操作方法如下。

(1) 新建一个空白文件，导入一张图片并将其选中。

(2) 在菜单栏中单击 位图(B) → 艺术笔触(A) → 印象派(I)… 命令，弹出【印象派】设置对话框，单击【印象派】设置对话框中的 回 按钮并设置其对话框。设置完毕后单击 预览 按钮，效果如图 6.23 所示，单击 确定 按钮，最终效果如图 6.24 所示。

图 6.23　　　　　　　　　　　　　　图 6.24

① 样式：通过选择 样式 中的 ⊙笔触(S) 或 ⊙色块(D) 单选按钮来决定笔触的类型，以便产生不同的印象派风格。

② 技术：通过调节 色块大小(Z)、着色(C) 和 亮度(B) 右边的滑块或直接在右边的文本框中输入数值来控制【印象派】风格的强度和大小。

6.2.6　调色刀

【调色刀】命令主要是将图像制作成类似于刀刻的绘画效果。使用【调色刀】命令的具体操作如下。

(1) 新建一个空白文件，导入一张图片并将其选中。

(2) 在菜单栏中单击 位图(B) → 艺术笔触(A) → ✏ 调色刀(P)… 命令，弹出【调色刀】设置对话框，单击【调色刀】设置对话框中的 回 按钮，设置完【调色刀】对话框之后，单击 预览 按钮，效果如图 6.25 所示，单击 确定 按钮，最终的效果如图 6.26 所示。

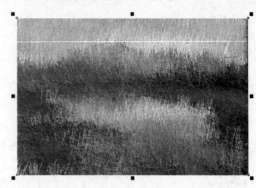

图 6.25   图 6.26

① 刀片尺寸(B)：通过调节 刀片尺寸(B) 右边的滑块或直接在右边的文本框中输入数值来控制 刀片尺寸(B) 的大小。

② 柔软边缘(S)：通过调节 柔软边缘(S) 右边的滑块或直接在右边的文本框中输入数值来控制 柔软边缘(S) 的强度。

③ 角度(A)：主要用来控制刀刻的方向。

6.2.7 彩色蜡笔画

【彩色蜡笔画】命令主要是使位图产生类似于蜡笔画作品的效果。使用【彩色蜡笔画】命令的具体操作方法如下。

(1) 新建一个空白文件，导入一张图片并将其选中。

(2) 在菜单栏中单击 位图(B) → 艺术笔触(A) → ✏ 彩色蜡笔画(A)… 命令，弹出【彩色蜡笔画】设置对话框，单击【彩色蜡笔画】设置对话框中的 回 按钮，设置完【彩色蜡笔画】对话框之后，单击 预览 按钮，效果如图 6.27 所示，单击 确定 按钮，最终的效果如图 6.28 所示。

图 6.27   图 6.28

①　彩色蜡笔类型：通过选择 彩色蜡笔类型 中 ⊙柔性(S) 或 ⊙油性(O) 单选按钮来决定笔触的类型。

②　笔触大小(Z)：通过调节 笔触大小(Z) 右边的滑块或直接在右边的文本框中输入数值来控制 笔触大小(Z) 的大小。

③　色度变化(H)：通过调节 色度变化(H) 右边的滑块或直接在右边的文本框中输入数值来控制绘制时的色彩变化。

6.2.8　钢笔画

【钢笔画】命令主要是使位图产生类似钢笔素描绘画的效果。使用【钢笔画】命令的具体操作方法如下。

(1)　新建一个空白文件，导入一张图片并将其选中。

(2)　在菜单栏中单击 位图(B) → 艺术笔触(A) → ✐ 钢笔画(E)… 命令，弹出【钢笔画】设置对话框，单击【钢笔画】设置对话框中的 回 按钮，设置完【钢笔画】对话框之后，单击 预览 按钮，效果如图 6.29 所示，单击 确定 按钮，最终的效果如图 6.30 所示。

①　样式：通过选择 样式 中的 ⊙交叉阴影(C) 或 ⊙点画(S) 单选按钮来决定钢笔笔触类型。

②　密度(D)：通过调节 密度(D) 右边的滑块或直接在右边的文本框中输入数值来控制线条或点的稀疏程度。

③　墨水(I)：通过调节 墨水(I) 右边的滑块或直接在右边的文本框中输入数值来控制像素颜色的深浅程度。

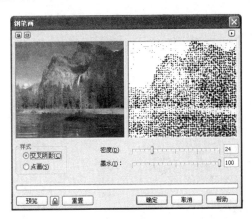

图 6.29

图 6.30

6.2.9　点彩派

【点彩派】命令主要是用来创建类似于由大量色点组成的图像效果。使用【点彩派】命令的具体操作如下。

(1)　新建一个空白文件，导入一张图片，并将其选中。

(2)　在菜单栏中单击 位图(B) → 艺术笔触(A) → ❀ 点彩派(L)… 命令，弹出【点彩派】设置对话框，单击【点彩派】设置对话框中的 回 按钮，设置完【点彩派】对话框之后，单击 预览 按钮，效果如图 6.31 所示，单击 确定 按钮，最终的效果如图 6.32 所示。

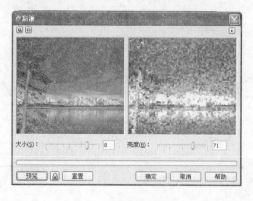

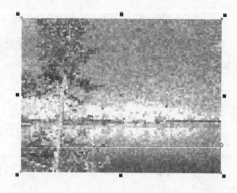

图 6.31　　　　　　　　　　　　　　　　　图 6.32

① 大小(S)：通过调节大小(S)右边的滑块或直接在右边的文本框中输入数值来调节色点的大小。

② 亮度(B)：通过调节大小(S)右边的滑块或直接在右边的文本框中输入数值来调节位图颜色的亮度。

6.2.10　木版画

【木版画】命令是使位图产生类似于刮痕效果的图像。使用【木版画】命令的具体操作方法如下。

(1) 新建一个空白文件，导入一张图片并将其选中。

(2) 在菜单栏中单击 位图(B) → 艺术笔触(A) → ✂ 木版画(S)… 命令，弹出【木版画】设置对话框，单击【木版画】设置对话框中的 回 按钮，设置完【木版画】对话框之后，单击 预览 按钮，效果如图 6.33 所示，单击 确定 按钮，最终的效果如图 6.34 所示。

图 6.33　　　　　　　　　　　　　　　　　图 6.34

① 刮痕至：如果在 刮痕至 中选择 ⊙颜色(C)单选按钮，将以彩色形式来显示木版图像；如果选择 ⊙白色(W)单选按钮，将以黑白两色形式来显示图像。

② 密度(D)：通过调节 密度(D)右边的滑块或直接在右边的文本框中输入数值来调节木版画中线条的密度，数值越大，则线条越密。

③ 大小(S)：通过调节 密度(D)右边的滑块或直接在右边的文本框中输入数值来调节木版画

中线条的尺寸，数值越大则线条越长。

6.2.11　素描

【素描】命令主要是使图像产生类似于铅笔素描的效果。使用【素描】命令的具体操作方法如下。

(1) 新建一个空白文件，导入一张图片并将其选中。

(2) 在菜单栏中单击 位图(B) → 艺术笔触(A) → 素描(K)… 命令，弹出【素描】设置对话框，单击【素描】设置对话框中的 回 按钮，设置完【素描】对话框之后，单击 预览 按钮，效果如图 6.35 所示，单击 确定 按钮，最终的效果如图 6.36 所示。

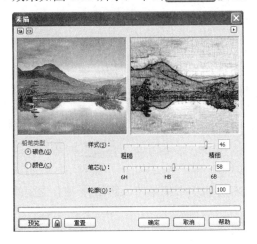

图 6.35

图 6.36

① 铅笔类型：通过选择 铅笔类型 中的 ⊙碳色(G) 或 ⊙颜色(C) 单选按钮来决定铅笔的笔触类型。

② 样式(S)：通过调节 样式(S) 右边的滑块或直接在其右边的文本框中输入数值来调节图像的精细度，数值越大，则画面越精细。

③ 笔芯(L)：通过调节 笔芯(L) 右边的滑块或直接在其右边的文本框中输入数值来调节笔的类型，数值越大铅笔越软，则画面越精细。

④ 轮廓(O)：通过调节 笔芯(L) 右边的滑块或直接在其右边的文本框中输入数值来调节素描对象的轮廓线的宽度，数值越大，则轮廓越明显。

6.2.12　水彩画

【水彩画】命令主要是使位图产生类似于水彩画面的效果。使用【水彩画】命令的具体操作方法如下。

(1) 新建一个空白文件，导入一张图片并将其选中。

(2) 在菜单栏中单击 位图(B) → 艺术笔触(A) → 水彩画(W)… 命令，弹出【水彩画】设置对话框，单击【水彩画】设置对话框中的 回 按钮，设置完【水彩画】对话框之后，单击 预览 按钮，效果如图 6.37 所示，单击 确定 按钮，最终的效果如图 6.38 所示。

① 画刷大小(S)：通过调节 画刷大小(S) 右边的滑块或直接在右边的文本框中输入数值来调节水彩画笔的笔头尺寸，数值越大，则笔头越粗。

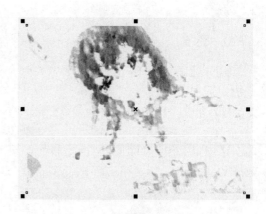

图 6.37 图 6.38

② 粒状(G)：通过调节 粒状(G) 右边的滑块或直接在右边的文本框中输入数值来调节水彩画面的粗糙程度，数值越大，则水彩画的表面就越粗糙。

③ 水量(W)：通过调节 水量(W) 右边的滑块或直接在右边的文本框中输入数值来调节水彩画的含水量，数值越大色彩越湿润，浸润的效果就越明显。

④ 出血(B)：通过调节 出血(B) 右边的滑块或直接在右边的文本框中输入数值来调节水彩画中每一个笔触颜色的显示程度，数值越大，则显示程度越强。

⑤ 亮度(R)：通过调节 亮度(R) 右边的滑块或直接在右边的文本框中输入数值来调节位图的光亮程度，数值越大，则位图越亮。

6.2.13 水印画

【水印画】命令主要是使位图产生被水喷淋的效果。使用【水印画】命令的具体操作方法如下。

(1) 新建一个空白文件，导入一张图片并将其选中。

(2) 在菜单栏中单击 位图(B) → 艺术笔触(A) → 水印画(M)… 命令，弹出【水印画】设置对话框，单击【水印画】设置对话框中的 按钮，设置完【水印画】对话框之后，单击 预览 按钮，效果如图 6.39 所示，单击 确定 按钮，最终的效果如图 6.40 所示。

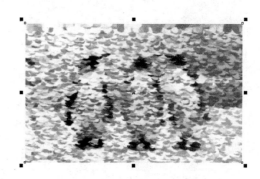

图 6.39 图 6.40

6.2.14　波纹纸画

【波纹纸画】命令主要是使图像产生带有纹理的波浪效果。使用【波纹纸画】命令的具体操作方法如下。

(1) 新建一个空白文件，导入一张图片并将其选中。

(2) 在菜单栏中单击 位图(B) → 艺术笔触(A) → 波纹纸画(V)… 命令，弹出【波纹纸画】设置对话框，单击【波纹纸画】设置对话框中的 回 按钮，设置完【波纹纸画】对话框之后，单击 预览 按钮，效果如图 6.41 所示，单击 确定 按钮，最终的效果如图 6.42 所示。

图 6.41

图 6.42

① 笔刷颜色模式：通过选择 笔刷颜色模式 中的 ⊙颜色(C) 和 ⊙黑白(B) 单选按钮来决定波纹纸画的波纹颜色。

② 笔刷压力(P)：通过调节 笔刷压力(P) 右边的滑块或直接在右边的文本框中输入数值来调节波纹纸画颜色的深浅程度。

6.3　模　糊　效　果

在 CorelDRAW X4 中，【模糊】主要是用来软化并混合位图中的像素，从而使图像产生平滑的效果。在该软件中主要提供了【定向平滑】、【高斯模糊】、【锯齿状模糊】、【低通滤波器】、【动态模糊】、【放射式模糊】、【平滑】、【柔和】和【缩放】9 种模糊效果。下面对各种模糊的效果进行详细的介绍。

6.3.1　定向平滑

【定向平滑】命令主要是用来调和相同像素间的差别，而使位图过滤的区域变得光滑，但是保留边缘的纹理。一般情况下肉眼观察到的效果并不明显，只有放大位图之后才能很清楚的看到其效果。使用【定向平滑】命令的具体操作方法如下。

(1) 新建一个空白文件，导入一张图片并将其选中。

(2) 在菜单栏中单击 位图(B) → 模糊(B) → 定向平滑(D)… 命令，弹出【定向平滑】设置对话框，单击【定向平滑】设置对话框中的 回 按钮，设置完【定向平滑】对话框之后，单击

预览 按钮，效果如图 6.43 所示，单击 确定 按钮，最终的效果如图 6.44 所示。

图 6.43　　　　　　　　　　　　　　　　图 6.44

百分比(P)：通过调节 百分比(P) 右边的滑块或直接在右边的文本框中输入数值来调节位图边缘平滑或模糊的程度，数值越大则效果越明显。

6.3.2　高斯式模糊

【高斯式模糊】命令主要是使位图产生朦胧的效果，提高边缘度不高的位图图像的质量，使位图按照高斯分布变化产生模糊的效果。使用【高斯模糊】命令的具体操作方法如下。

(1) 新建一个空白文件，导入一张图片并将其选中。

(2) 在菜单栏中单击 位图(B) → 模糊(B) → 高斯式模糊(G)… 命令，弹出【高斯式模糊】设置对话框，单击【高斯模糊】设置对话框中的 按钮，设置完【高斯式模糊】对话框之后，单击 预览 按钮，效果如图 6.45 所示，单击 确定 按钮，最终的效果如图 6.46 所示。

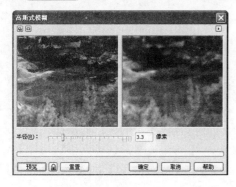

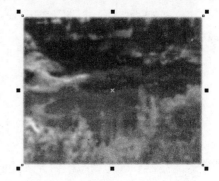

图 6.45　　　　　　　　　　　　　　　　图 6.46

半径(R)：通过调节 半径(R) 右边的滑块或直接在右边的文本框中输入数值来调节出薄雾的效果，数值越大则效果越明显。

6.3.3　锯齿状模糊

【锯齿状模糊】命令主要是使位图交界处的颜色分散，从而产生柔和的模糊效果。使用【锯齿状模糊】的具体操作方法如下。

(1) 新建一个空白文件，导入一张图片并将其选中。

(2) 在菜单栏中单击 位图(B) → 模糊(B) → ∨∨ 锯齿状模糊(T)… 命令，弹出【锯齿状模糊】设置对话框，单击【锯齿状模糊】设置对话框中的 回 按钮，设置完【锯齿状模糊】对话框之后，单击 预览 按钮，效果如图 6.47 所示，单击 确定 按钮，最终的效果如图 6.48 所示。

图 6.47

图 6.48

① 宽度(W)：通过调节 宽度(W) 右边的滑块或直接在右边的文本框中输入数值来调节位图左右相邻的像素的数量。

② 高度(H)：通过调节 高度(H) 右边的滑块或直接在右边的文本框中输入数值来调节位图上下像素的数量。

③ ☑均衡(S)：选择 ☑均衡(S) 复选框，使宽度和高度的数值相同。

6.3.4　低通滤波器

【低通滤波器】命令主要是用来消除位图中尖锐的边缘和细节，保留光滑反差的区域，从而降低相邻像素间的对比的。使用【低通滤波器】命令的具体操作方法如下。

(1) 新建一个空白文件，导入一张图片并将其选中。

(2) 在菜单栏中单击 位图(B) → 模糊(B) → ↓ 低通滤波器(L)… 命令，弹出【低通滤波器】设置对话框，单击【低通滤波器】设置对话框中的 回 按钮，设置完【低通滤波器】对话框之后，单击 预览 按钮，效果如图 6.49 所示，单击 确定 按钮，最终的效果如图 6.50 所示。

图 6.49

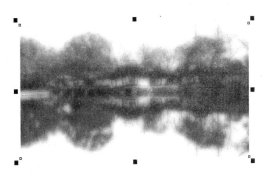

图 6.50

① 百分比(P)：通过调节 百分比(P) 右边的滑块或直接在右边的文本框中输入数值来调节位图模糊的强弱，数值越大则阴影区间的高光区域会逐渐消失，模糊效果就会逐渐的增强。

② 半径(R)：通过调节 半径(R) 右边的滑块或直接在右边的文本框中输入数值来调节位图的模糊程度，数值越大则效果越明显。

6.3.5 动态模糊

【动态模糊】命令主要是用来模拟位图快速移动时产生的模糊效果。使用【动态模糊】命令的具体操作方法如下。

(1) 新建一个空白文件，导入一张图片并将其选中。

(2) 在菜单栏中单击 位图(B) → 模糊(B) → 动态模糊(M)… 命令，弹出【动态模糊】设置对话框，单击【动态模糊】设置对话框中的 回 按钮，设置完【动态模糊】对话框之后，单击 预览 按钮，效果如图 6.51 所示，单击 确定 按钮，最终的效果如图 6.52 所示。

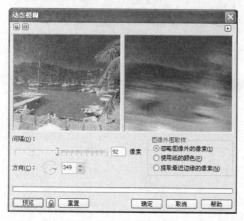

图 6.51   图 6.52

① 间隔(D)：通过调节 间隔(D) 下边的滑块或直接在下边的文本框中输入数值来调节位图像素间的间隔，数值越大则图像越模糊。

② 方向(C)：直接在 方向(C) 右边的文本框中输入数值来调节动态模糊的方向。

③ 图像外围取样：在 图像外围取样 中选择不同的单选按钮，将会出现不同的效果。

6.3.6 放射状模糊

【放射状模糊】命令主要是使位图产生从指定的圆心开始产生放射模糊的效果，其中指定的中心点的位图图像不变，而离指定的中心点越远处，模糊效果越强烈。使用【放射状模糊】命令的具体操作方法如下。

(1) 新建一个空白文件，导入一张图片并将其选中。

(2) 在菜单栏中单击 位图(B) → 模糊(B) → 放射式模糊(R)… 命令，弹出【放射状模糊】设置对话框，单击【放射状模糊】设置对话框中的 回 按钮，设置完【放射状模糊】对话框之后，单击 预览 按钮，效果如图 6.53 所示，单击 确定 按钮，最终的效果如图 6.54 所示。

① 数量(A)：通过调节 数量(A) 右边的滑块或直接在右边的文本框中输入数值来调节放射性柔化的程度，数值越大则效果越明显。

②　⊞：用来确定放射式模糊的中心点。在对话框中单击⊞按钮，再在预览窗口中的原图上单击即可指定中心点。

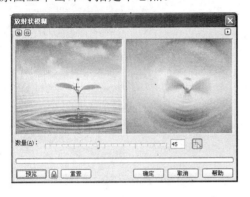

图 6.53

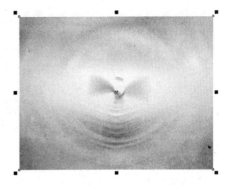

图 6.54

6.3.7　平滑

【平滑】命令主要是通过调节相邻像素间的差异，来消除位图中的锯齿，以此来对位图进行平滑的处理。使用【平滑】命令的具体操作方法如下。

(1) 新建一个空白文件，导入一张图片并将其选中。

(2) 在菜单栏中单击 位图(B) → 模糊(B) → ✐ 平滑(S)… 命令，弹出【平滑】设置对话框并单击【平滑】设置对话框中的 回 按钮，设置完【平滑】对话框之后，单击 预览 按钮，效果如图 6.55 所示，单击 确定 按钮，最终的效果如图 6.56 所示。

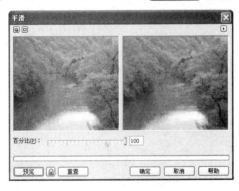

图 6.55

图 6.56

百分比(P)：通过调节 百分比(P) 右边的滑块或直接在右边的文本框中输入数值来调节平滑效果的程度，数值越大则效果越明显。

6.3.8　柔和

【柔和】命令主要是将位图中颜色比较粗糙的地方进行柔化处理，使位图产生轻微的模糊效果，但是不影响位图的细节。使用【柔和】命令的具体操作方法如下。

(1) 新建一个空白文件，导入一张图片并将其选中。

(2) 在菜单栏中单击 位图(B) → 模糊(B) → ｛█ 柔和(P)… 命令，弹出【柔和】设置对话框，单击【柔和】设置对话框中的 ▣ 按钮，设置完【柔和】对话框之后，单击 [预览] 按钮，效果如图 6.57 所示，单击 [确定] 按钮，最终的效果如图 6.58 所示。

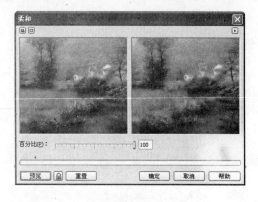

图 6.57   图 6.58

百分比(P)：通过调节 百分比(P) 右边的滑块或直接在右边的文本框中输入数值来调节位图的柔和程度，数值越大则效果越明显。

6.3.9 缩放

【缩放】命令主要是以指定的中心点向外扩散，从而产生爆炸的视觉冲击效果。使用【缩放】命令的具体操作方法如下。

(1) 新建一个空白文件，导入一张图片并将其选中。

(2) 在菜单栏中单击 位图(B) → 模糊(B) → ✸ 缩放(Z)… 命令，弹出【缩放】设置对话框，单击【缩放】设置对话框中的 ▣ 按钮，设置完【缩放】对话框之后，单击 [预览] 按钮，效果如图 6.59 所示，单击 [确定] 按钮，最终的效果如图 6.60 所示。

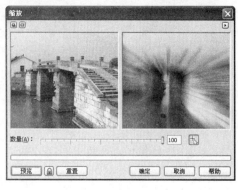

图 6.59   图 6.60

① 数量(A)：通过调节 数量(A) 右边的滑块或直接在右边的文本框中输入数值来调节缩放的强度，数值越大则效果越明显。

② ⊞：用来确定缩放的中心点。在对话框中单击 ⊞ 按钮，再在预览窗口中的原图形上单击即可指定缩放的中心点。

6.4　相　　机

【相机】是到了 CorelDRAW X3 才新增的功能，其中只包括一个【扩散】命令。它主要是通过位图的像素向四周均匀地扩散来模拟相机的原理，使位图产生模糊、柔和、散光等效果。使用【扩散】命令的具体操作方法如下。

(1) 新建一个空白文件，导入一张图片并将其选中。

(2) 在菜单栏中单击 位图(B) → 相机(C) → ▨ 扩散(D)… 命令，弹出【扩散】设置对话框，单击【扩散】设置对话框中的 ▣ 按钮，设置完【扩散】对话框之后，单击 预览 按钮，效果如图 6.61 所示，单击 确定 按钮，最终的效果如图 6.62 所示。

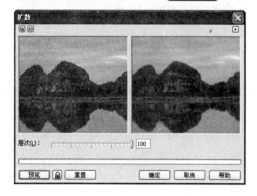

图 6.61

图 6.62

层次(L)：通过调节 层次(L) 右边的滑块或直接在右边的文本框中输入数值来调节位图扩散的程度，数值越大则效果越明显。

6.5　颜　色　转　换

在 CorelDRAW X4 中，【颜色转换】主要是用来改变位图中原有的颜色，使位图产生各种的颜色的变化，给人以强烈的视觉效果。【颜色转换】主要包括【位平面】、【半色调】、【梦幻色调】和【曝光】4 种颜色的转换方式。

6.5.1　位平面

【位平面】命令主要将位图图像中的颜色转换为 RGB 的颜色模式，并用红、绿、蓝 3 种纯色来表示位图中的颜色变化，从而使位图图像产生特殊的视觉效果。使用【位平面】命令的具体操作方法如下。

(1) 新建一个空白文件，导入一张图片并将其选中。

(2) 在菜单栏中单击 位图(B) → 颜色转换(L) → ▨ 位平面(B)… 命令，弹出【位平面】设置对话框，单击【位平面】设置对话框中的 ▣ 按钮，设置完【位平面】对话框之后，单击 预览 按钮，效果如图 6.63 所示，单击 确定 按钮，最终的效果如图 6.64 所示。

图 6.63

图 6.64

① 红(R)：通过调节 红(R) 右边的滑块或直接在右边的文本框中输入数值来调节红色代码的数值。

② 绿(G)：通过调节 绿(G) 右边的滑块或直接在右边的文本框中输入数值来调节绿色代码的数值。

③ 蓝(B)：通过调节 蓝(B) 右边的滑块或直接在右边的文本框中输入数值来调节蓝色代码的数值。

④ 应用于所有位面(A)：如果选择 应用于所有位面(A) 复选框，在调节任意一个颜色滑块时，其他的两个滑块也跟着移动，反之则可单独进行调节。

6.5.2　半色调

【半色调】命令主要是将位图图像产生一种类似于网格的效果(印刷形成的点阵效果)。使用【半色调】命令的具体操作方法如下。

(1) 新建一个空白文件，导入一张图片并将其选中。

(2) 在菜单栏中单击 位图(B) → 颜色转换(L) → 半色调(H)… 命令，弹出【半色调】设置对话框，单击【半色调】设置对话框中的 回 按钮，设置完【半色调】对话框之后，单击 预览 按钮，效果如图 6.65 所示，单击 确定 按钮，最终的效果如图 6.66 所示。

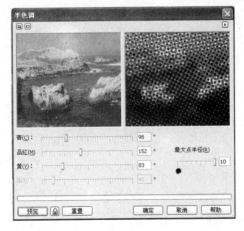

图 6.65

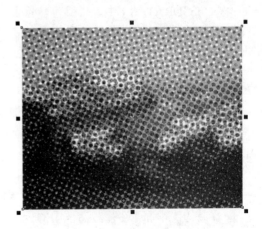

图 6.66

① 青(C) 、 品红(M) 、 黄(Y) 、 黑(B) ：通过分别调节青(C) 、 品红(M) 、 黄(Y) 、 黑(B) 右边的滑块或直接在右边的文本框中输入数值来调节每一种颜色与其他颜色的混合数量。

② 最大点半径(R) ：通过调节 最大点半径(R) 下边的滑块或直接在下边的文本框中输入数值来调节网格点半径的大小，数值越大则网格点越大。

6.5.3　梦幻色调

【梦幻色调】命令主要是将位图图像的色调变成彩色照片底片的效果，使位图图像产生一种高对比的电子效果。使用【梦幻色调】命令的具体操作方法如下。

(1) 新建一个空白文件，导入一张图片并将其选中。

(2) 在菜单栏中单击 位图(B) → 颜色转换(L) → 梦幻色调(P)… 命令，弹出【梦幻色调】设置对话框，单击【梦幻色调】设置对话框中的 回 按钮，设置完【梦幻色调】对话框之后，单击 预览 按钮，效果如图 6.67 所示，单击 确定 按钮，最终的效果如图 6.68 所示。

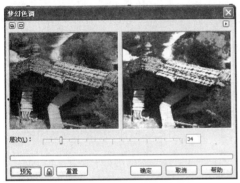

图 6.67

图 6.68

层次(L) ：通过调节 层次(L) 右边的滑块或直接在右边的文本框中输入数值来调节梦幻色调的强度，数值越大，颜色越明显，效果越好。

6.5.4　曝光

【曝光】命令主要是将位图转换成照片的底片曝光，从而使位图产生相片负片的效果。使用【曝光】命令的具体操作方法如下。

(1) 新建一个空白文件，导入一张图片并将其选中。

(2) 在菜单栏中单击 位图(B) → 颜色转换(L) → 曝光(S)… 命令，弹出【曝光】设置对话框，单击【曝光】设置对话框中的 回 按钮，设置完【曝光】对话框之后，单击 预览 按钮，效果如图 6.69 所示，单击 确定 按钮，最终的效果如图 6.70 所示。

层次(L) ：通过调节 层次(L) 右边的滑块或直接在右边的文本框中输入数值来调节曝光的强度，数值越大对位图运用的光线就越强，反之就越弱。

图 6.69

图 6.70

6.6 轮 廓 图

在 CorelDRAW X4 中的【轮廓图】滤镜组，主要应用于检测和重新绘制图像的边缘，将位图图像按照边缘线勾勒出来，从而产生一种素描的效果。【轮廓图】滤镜组主要包括【边缘检测】、【查找边缘】和【描摹轮廓】3 种效果。下面分别进行详细的介绍。

6.6.1 边缘检测

【边缘检测】命令主要是用来检测位图图像的边缘，然后给位图加入不同的轮廓效果后，将位图转换为单色的线条效果和不同的边缘效果。使用【边缘检测】命令的具体操作方法如下。

(1) 新建一个空白文件，导入一张图片并将其选中。

(2) 在菜单栏中单击 位图(B) → 轮廓图(O) → 🔲 边缘检测(E)… 命令，弹出【边缘检测】设置对话框，单击【边缘检测】设置对话框中的 🔲 按钮，设置完【边缘检测】对话框之后，单击 预览 按钮，效果如图 6.71 所示，单击 确定 按钮，最终的效果如图 6.72 所示。

图 6.71

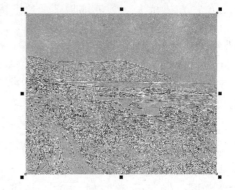

图 6.72

① 背景色 ：通过选择 ⊙白色(W) 、⊙黑(B) 、⊙其它(O) 这 3 个单选按钮，可以把背景设置为所要的任意颜色。

② 灵敏度(S)：通过调节 层次(L) 下边的滑块或直接在下边的文本框中输入数值来调节位图边缘的清晰程度，数值越大则位图的边缘越清晰。

6.6.2　查找边缘

【查找边缘】命令主要是用来自动寻找位图边缘轮廓，并将比较亮的边缘轮廓高亮显示。使用【查找边缘】命令的具体操作方法如下。

(1) 新建一个空白文件，导入一张图片并将其选中。

(2) 在菜单栏中单击 位图(B) → 轮廓图(O) → 查找边缘(F)… 命令，弹出【查找边缘】设置对话框，单击【查找边缘】设置对话框中的 按钮，设置完【查找边缘】对话框之后，单击 预览 按钮，效果如图 6.73 所示，单击 确定 按钮，最终的效果如图 6.74 所示。

图 6.73

图 6.74

① 边缘类型：在 边缘类型 中系统提供了 ⊙软(F) 和 ⊙纯色(S) 两种边缘类型。

② 层次(L)：通过调节 层次(L) 右边的滑块或直接在右边的文本框中输入数值来调节位图边缘效果的强度。

6.6.3　描摹轮廓

【描摹轮廓】命令主要是用来除去位图的填充，保留位图的轮廓的。使用【描摹轮廓】命令的具体操作方法如下。

(1) 新建一个空白文件，导入一张图片并将其选中。

(2) 在菜单栏中单击 位图(B) → 轮廓图(O) → 描摹轮廓(T)… 命令，弹出【描摹轮廓】设置对话框，单击【描摹轮廓】设置对话框中的 按钮，设置完【描摹轮廓】对话框之后，单击 预览 按钮，效果如图 6.75 所示，单击 确定 按钮，最终的效果如图 6.76 所示。

① 层次(L)：通过调节 层次(L) 右边的滑块或直接在右边的文本框中输入数值来调节位图轮廓的变形强度。

② 边缘类型：在 边缘类型 中系统为用户提供了 ⊙下降(W) 和 ⊙上面(U) 两种边缘类型，可以根据需要来进行选择。

图 6.75   图 6.76

6.7　创　造　性

在 CorelDRAW X4 中，【创造性】滤镜组主要是为位图图像添加各种具有创意性的画面效果，用它来模仿工艺品或纺织品的表面。【创造性】滤镜组主要包括【工艺】、【晶体化】、【织物】、【框架】、【玻璃砖】、【儿童游戏】、【马赛克】、【粒子】、【散开】、【茶色玻璃】、【彩色玻璃】、【虚光】、【旋涡】和【天气】等 14 种类型。使用这些【滤镜】命令可以将位图转换成不同的形状和纹理。下面来详细介绍这些滤镜的使用方法。

6.7.1　工艺

【工艺】命令主要是将位图转换为工艺效果的图像。使用【工艺】命令的具体操作方法如下。

(1) 新建一个空白文件，导入一张图片并将其选中。

(2) 在菜单栏中单击 位图(B) → 创造性(V) → ⊞ 工艺(C)… 命令，弹出【工艺】设置对话框，单击【工艺】设置对话框中的 回 按钮，设置完【工艺】对话框之后，单击 预览 按钮，效果如图 6.77 所示，单击 确定 按钮，最终的效果如图 6.78 所示。

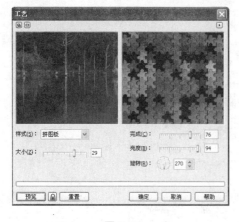

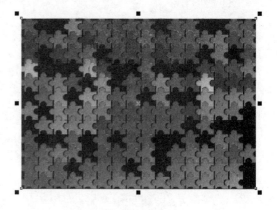

图 6.77   图 6.78

① 样式(S)：：单击样式(S)：右边的 ✓ 按钮，在弹出的下拉列表中主要包括【拼图板】、【弹珠】、【齿轮】、【糖果】、【瓷砖】和【筹码】6 种，用户可以根据自己的需要选择其中任意的一种，然后再设置其他参数。

② 大小(S)：通过调节 大小(S) 右边的滑块或直接在右边的文本框中输入数值来调节工艺图块的大小。

③ 完成(C)：通过调节 大小(S) 右边的滑块或直接在右边的文本框中输入数值来调节受影响的百分比和工艺图块覆盖部分占整个位图的百分比，其中没有覆盖的部分是黑色。

④ 亮度(B)：通过调节 亮度(B) 右边的滑块或直接在右边的文本框中输入数值来调节位图中光线的强弱。数值越大则光线越强。

⑤ 旋转(R)：通过直接在 旋转(R) 右边的文本框中输入数值来调节图像的角度。

6.7.2　晶体化

【晶体化】命令主要是将位图转换为类似水晶块状的效果。使用【晶体化】命令的具体方法如下。

(1) 新建一个空白文件，导入一张图片并将其选中。

(2) 在菜单栏中单击 位图(B) → 创造性(V) → ⚫ 晶体化(Y)… 命令，弹出【晶体化】设置对话框，单击【晶体化】设置对话框中的 ▣ 按钮，设置完【晶体化】对话框之后，单击 预览 按钮，效果如图 6.79 所示，单击 确定 按钮，最终的效果如图 6.80 所示。

图 6.79

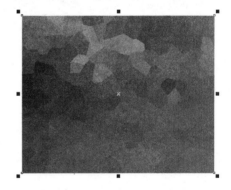

图 6.80

大小(S)：通过调节 大小(S) 右边的滑块或直接在右边的文本框中输入数值来调节晶体化颗粒块的大小。

6.7.3　织物

【织物】命令主要是用来将位图转换为各种编织物的画面效果。使用【织物】命令的具体操作方法如下。

(1) 新建一个空白文件，导入一张图片并将其选中。

(2) 在菜单栏中单击 位图(B) → 创造性(V) → 🖌 织物(Y)… 命令，弹出【织物】设置对话框，单击【织物】设置对话框中的 ▣ 按钮，设置完【织物】对话框之后，单击 预览 按钮，效果如图 6.81 所示，单击 确定 按钮，最终的效果如图 6.82 所示。

图 6.81

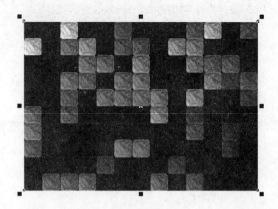

图 6.82

① 样式(S)：：单击 样式(S)：右边的 按钮，弹出下拉列表，在下拉列表中主要包括【刺绣】、【地毯勾织】、【拼布】、【珠布】、【珠帘】、【丝带】和【拼纸】7 种，可以根据自己的需要选择其中任意的一种，再设置其他的参数。

② 大小(S)：通过调节 大小(S) 右边的滑块或直接在右边的文本框中输入数值来调节织物块的大小。

③ 完成(C)：通过调节 大小(S) 右边的滑块或直接在右边的文本框中输入数值来调节受影响的百分比和织物块覆盖部分占整个位图的百分比，其中没有覆盖的部分是黑色。

④ 亮度(B)：通过调节 亮度(B) 右边的滑块或直接在右边的文本框中输入数值来调节位图中光线的强弱。数值越大则光线越强。

⑤ 旋转(R)：通过直接在 旋转(R) 右边的文本框中输入数值来调节图像的角度。

6.7.4　框架

【框架】命令主要是在位图的四周添加一个框架，使位图形成一种框架的效果。使用【框架】命令的具体操作方法如下。

(1) 新建一个空白文件，导入一张图片并将其选中。

(2) 在菜单栏中单击 位图(B) → 创造性(V) → 框架(R)… 命令，弹出【框架】设置对话框，单击【框架】设置对话框中的 按钮，设置完【框架】对话框之后，单击 预览 按钮，效果如图 6.83 所示，单击 确定 按钮，最终的效果如图 6.84 所示。

① 颜色(C)：用来确定框架的颜色，也可以使用右边的 工具来吸取颜色。

② 不透明(O)：用来调节框架的透明程度。

③ 模糊/羽化(B)：用来调节框架的模糊程度。

④ 调和(L)：可以在下拉列表中选择不同类型的调和效果。

⑤ 缩放：用来调节框架在水平和垂直方向上的应用范围。

⑥ 旋转(R)：用来设置框架的旋转角度。

⑦ ：单击此按钮，可以使框架水平翻转。

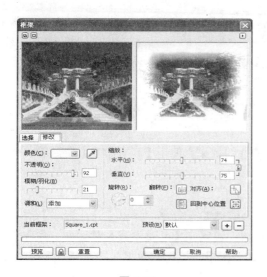

图 6.83

图 6.84

⑧ 	：单击此按钮，可以使框架垂直翻转。

⑨ 	：单击此按钮，在预览窗口中的原图形上单击即可确定框架对齐的中心。

⑩ 	：单击此按钮，将框架的中心恢复到原位置上。

6.7.5　玻璃砖

【玻璃砖】命令主要是使位图产生类似透过厚玻璃观看到砖状玻璃遮罩的效果。使用【玻璃砖】命令的具体操作方法如下。

(1) 新建一个空白文件，导入一张图片并将其选中。

(2) 在菜单栏中单击 位图(B) → 创造性(V) → 　 玻璃砖 (G)…命令，弹出【玻璃砖】设置对话框，单击【玻璃砖】设置对话框中的 按钮，设置完【玻璃砖】对话框之后，单击 预览 按钮，效果如图 6.85 所示，单击 确定 按钮，最终的效果如图 6.86 所示。

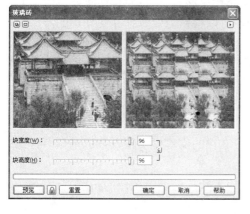

图 6.85

图 6.86

① 块宽度(W)：通过调节 块宽度(W) 右边的滑块或直接在右边的文本框中输入数值来调节砖的宽度。

② 块高度(H)：通过调节 块高度(H)右边的滑块或直接在右边的文本框中输入数值来调节砖的高度。

③ 🔓 和 🔒：如果是 🔓 状态，表示可分别调节【玻璃砖】的宽度和高度；但如果是 🔒 状态，则在调节一个滑块的同时另一个滑块也跟着变化。

6.7.6 儿童游戏

【儿童游戏】命令主要是使位图产生具有创造性的效果。使用【儿童游戏】命令的具体操作方法如下。

(1) 新建一个空白文件，导入一张图片并将其选中。

(2) 在菜单栏中单击 位图(B) → 创造性(V) → 🖼 儿童游戏(K)…命令，弹出【儿童游戏】设置对话框，单击【儿童游戏】设置对话框中的 回 按钮，设置完【儿童游戏】对话框之后，单击 预览 按钮，效果如图 6.87 所示，单击 确定 按钮，最终的效果如图 6.88 所示。

图 6.87   图 6.88

① 游戏(G)：单击 游戏(G)右边的 ∨ 按钮，在弹出的下拉列表中主要包括【圆点图案】、【积木图案】、【手指绘画】和【数字合成】4 种，可以根据需要选择其中任意的一种，再设置其他的参数。

② 大小(S)：通过调节 大小(S)右边的滑块或直接在右边的文本框中输入数值来调节颜色块的大小。

③ 完成(C)：通过调节 大小(S)右边的滑块或直接在右边的文本框中输入数值来调节受影响的百分比。

④ 亮度(B)：通过调节 亮度(B)右边的滑块或直接在右边的文本框中输入数值来调节位图中光线的强弱。数值越大则光线越强。

⑤ 旋转(R)：通过直接在 旋转(R)右边的文本框中输入数值来调节图像的角度。

6.7.7 马赛克

【马赛克】命令主要是将位图转换成若干个颜色块，使位图产生镶嵌描绘的外观效果。使用【马赛克】命令的具体操作方法如下。

（1）新建一个空白文件，导入一张图片并将其选中。

（2）在菜单栏中单击 位图(B) → 创造性(V) → 马赛克(M)…命令，弹出【马赛克】设置对话框，单击【马赛克】设置对话框中的 ⊡ 按钮，设置完【马赛克】对话框之后，单击 预览 按钮，效果如图 6.89 所示，单击 确定 按钮，最终的效果如图 6.90 所示。

图 6.89　　　　　　　　　　　　　　　　　图 6.90

① 大小(S)：通过调节 大小(S) 右边的滑块或直接在右边的文本框中输入数值来调节颜色块的大小。

② 背景色(B)：在 背景色(B) 下拉列表中，选择需要的颜色来确定背景的颜色。

③ ☑虚光(V)：如果选择了该复选框，位图周围将添加一个虚光的框架。

6.7.8　粒子

【粒子】命令主要是给位图添加星点或气泡微粒效果。使用【粒子】命令的具体操作方法如下。

（1）新建一个空白文件，导入一张图片并将其选中。

（2）在菜单栏中单击 位图(B) → 创造性(V) → 粒子(P)…命令，弹出【粒子】设置对话框，单击【粒子】设置对话框中的 ⊡ 按钮，设置完【粒子】对话框之后，单击 预览 按钮，效果如图 6.91 所示，单击 确定 按钮，最终的效果如图 6.92 所示。

图 6.91　　　　　　　　　　　　　　　　　图 6.92

① 样式(S)：用户可以在 样式(S) 中选择 ⊙星星(R) 或 ⊙气泡(B) 任意一种粒子的样式。

② 粗细(Z)：通过调节 粗细(Z) 右边的滑块或直接在右边的文本框中输入数值来调节样式的大小。

③ 密度(D)：通过调节 密度(D) 右边的滑块或直接在右边的文本框中输入数值来调节单位样式的密度。

④ 着色(C)：通过调节 着色(C) 右边的滑块或直接在右边的文本框中输入数值来调节单位样式中的颜色数量。

⑤ 透明度(T)：通过调节 透明度(T) 右边的滑块或直接在右边的文本框中输入数值来调节粒子的透明度。数值越大则粒子越透明。

⑥ 角度(A)：通过直接在 角度(A) 右边的文本框中输入数值来调节样式的旋转角度。

6.7.9 散开

【散开】命令主要是对位图中的像素进行散射，达到扭曲位图的像素，从而使位图产生分散的效果。使用【散开】命令的具体操作方法如下。

(1) 新建一个空白文件，导入一张图片并将其选中。

(2) 在菜单栏中单击 位图(B) → 创造性(V) → ▦ 散开(S)… 命令，弹出【散开】设置对话框，单击【散开】设置对话框中的 ▣ 按钮，设置完【散开】对话框之后，单击 预览 按钮，效果如图 6.93 所示，单击 确定 按钮，最终的效果如图 6.94 所示。

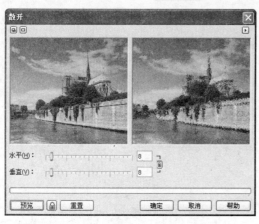

图 6.93

图 6.94

① 水平(H)：通过调节 水平(H) 右边的滑块或直接在右边的文本框中输入数值来调节水平扩散的宽度。

② 垂直(V)：通过调节 水平(H) 右边的滑块或直接在右边的文本框中输入数值来调节垂直扩散的宽度。

③ 🔒 和 🔓：如果是 🔒 状态，表示可分别调节【散开】的宽度和高度；如果是 🔓 状态，则在调节一个滑块的同时另一个滑块也会跟着变化。

6.7.10　茶色玻璃

【茶色玻璃】命令主要是给位图添加一层颜色，使位图产生好像薄雾笼罩在玻璃上的效果。使用【茶色玻璃】命令的具体操作方法如下。

(1) 新建一个空白文件，导入一张图片并将其选中。

(2) 在菜单栏中单击 位图(B) → 创造性(V) → 茶色玻璃(O)… 命令，弹出【茶色玻璃】设置对话框，单击【茶色玻璃】设置对话框中的 回 按钮，设置完【茶色玻璃】对话框之后，单击 预览 按钮，效果如图 6.95 所示，单击 确定 按钮，最终的效果如图 6.96 所示。

图 6.95　　　　　　　　　　　　　　　　图 6.96

① 淡色(T)：通过调节 淡色(T) 右边的滑块或直接在右边的文本框中输入数值来调节颜色的不透明度。数值越大则透明度越小。

② 模糊(B)：通过调节 模糊(B) 右边的滑块或直接在右边的文本框中输入数值来调节模糊的效果。

③ 颜色(C)：在 颜色(C) 下拉列表中，选择需要的颜色来确定添加在位图表面上的颜色。

6.7.11　彩色玻璃

【彩色玻璃】命令主要是使位图产生一种被彩色玻璃块笼罩的效果。同时也可以设置玻璃块之间的颜色和控制边缘的厚度及颜色。使用【彩色玻璃】命令的具体操作方法如下。

(1) 新建一个空白文件，导入一张图片并将其选中。

(2) 在菜单栏中单击 位图(B) → 创造性(V) → 彩色玻璃(T)… 命令，弹出【彩色玻璃】设置对话框，单击【彩色玻璃】设置对话框中的 回 按钮，设置完【彩色玻璃】对话框之后，单击 预览 按钮，效果如图 6.97 所示，单击 确定 按钮，最终的效果如图 6.98 所示。

① 大小(S)：通过调节 大小(S) 右边的滑块或直接在右边的文本框中输入数值来调节彩色玻璃破碎块的大小。

② 光源强度(I)：通过调节 光源强度(I) 右边的滑块或直接在右边的文本框中输入数值来调节所选颜色的光亮程度。

③ 焊接宽度(W)：通过调节 焊接宽度(W) 右边的滑块或直接在右边的文本框中输入数值来调节

破碎玻璃焊接处的宽度。

    ④ 焊接颜色(C)：在 焊接颜色(C) 下拉列表框中选择破碎焊接处的颜色。

    ⑤ □三维照明(L)：如果选择了 □三维照明(L) 复选项，则可以对颜色进行三维照明。

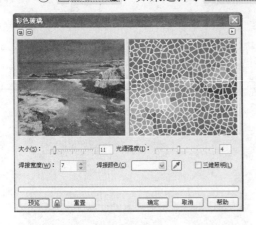 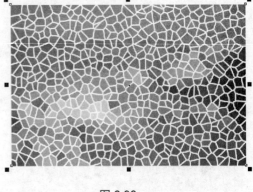

图 6.97   图 6.98

6.7.12　虚光

    【虚光】命令主要是在位图周围加入各种形状的虚光效果。使用【虚光】命令的具体操作方法如下。

    (1) 新建一个空白文件，导入一张图片并将其选中。

    (2) 在菜单栏中单击 位图(B) → 创造性(V) → ◙ 虚光(V)… 命令，弹出【虚光】设置对话框，单击【虚光】设置对话框中的 回 按钮，设置完【虚光】对话框之后，单击 预览 按钮，效果如图 6.99 所示，单击 确定 按钮，最终的效果如图 6.100 所示。

图 6.99   图 6.100

    ① 颜色：用来选择虚光的颜色。

    ② 形状：用来确定虚光边框的造型样式。

    ③ 调整：用来调节虚光的偏移程度和虚光颜色在位图中的淡化程度。

6.7.13　旋涡

【旋涡】命令主要是将位图围绕着指定的中心点旋转，使位图产生一种由中心点向边框旋转的效果。使用【旋涡】命令的具体操作方法如下。

(1) 新建一个空白文件，导入一张图片并将其选中。

(2) 在菜单栏中单击 位图(B) → 创造性(V) → 旋涡(X)… 命令，弹出【旋涡】设置对话框，单击【旋涡】设置对话框中的 回 按钮，设置完【旋涡】对话框之后，单击 预览 按钮，效果如图 6.101 所示，单击 确定 按钮，最终的效果如图 6.102 所示。

图 6.101

图 6.102

① 样式(S)：在 样式(S) 下拉列表中，提供了【笔刷效果】、【层次效果】、【粗体】和【细体】4 种样式的选择。

② 大小(S)：通过调节 大小(S) 右边的滑块或直接在右边的文本框中输入数值来调节旋涡的大小。数值越大则旋涡强度越明显。

③ 内部方向(I)：直接在 内部方向(I) 右边的文本框中输入数值来调节向内旋转的效果。

④ 外部方向(O)：直接在 外部方向(O) 右边的文本框中输入数值来调节向外旋转的效果。

⑤ 十：单击 十 按钮，再在预览窗口中的原图形上单击来确定旋涡的中心点。

6.7.14　天气

【天气】命令主要是给位图添加雨、雾等自然效果，从而使位图产生天气景观的效果。使用【天气】命令的具体操作方法如下。

(1) 新建一个空白文件，导入一张图片并将其选中。

(2) 在菜单栏中单击 位图(B) → 创造性(V) → 天气(W)… 命令，弹出【天气】设置对话框，单击【天气】设置对话框中的 回 按钮，设置完【天气】对话框之后，单击 预览 按钮，效果如图 6.103 所示，单击 确定 按钮，最终的效果如图 6.104 所示。

① 预报：主要为用户提供了【雨】、【雪】和【雾】3 种天气的选择。

② 浓度(I)：通过调节 浓度(I) 右边的滑块或直接在右边的文本框中输入数值来调节天气样式的强度。

③ 大小(S)：通过调节 大小(S) 右边的滑块或直接在右边的文本框中输入数值来调节天气样式的大小程度。

④ 随机化(R)：单击 随机化(R) 按钮产生随机调节天气样式的单位数。

⑤ 方向(C)：通过直接在 方向(C) 右边的文本框中输入数值来调节天气效果产生的方法。

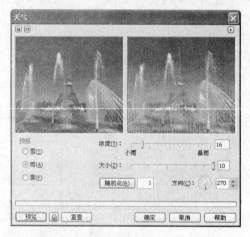

图 6.103

图 6.104

6.8 扭　　曲

在 CorelDRAW X4 中，【扭曲】滤镜组主要是通过位图产生几何的扭曲变形来创建不同的变形效果。【扭曲】滤镜组主要包括【块状】、【置换】、【偏移】、【像素】、【龟纹】、【旋涡】、【平铺】、【湿笔画】、【涡流】和【风吹效果】10 种扭曲效果。这些滤镜只能改变位图的外观，但不能加深位图的颜色。

6.8.1 块状

【块状】命令主要是将位图分成若干个小块，产生类似块状的扭曲效果。使用【块状】命令的具体操作方法如下。

(1) 新建一个空白文件，导入一张图片并将其选中。

(2) 在菜单栏中单击 位图(B) → 扭曲(D) → 块状(B)… 命令，弹出【块状】设置对话框，单击【块状】设置对话框中的 按钮，设置完【块状】对话框之后，单击 预览 按钮，效果如图 6.105 所示，单击 确定 按钮，最终的效果如图 6.106 所示。

① 未定义区域：单击 未定义区域 下边的 按钮，弹出下拉列表，在下拉列表中为用户提供了【原始图像】、【反转图像】、【黑色】、【白色】和【其他】等 5 种扭曲样式的选择。如果选择【其他】的项目，就可以在颜色下拉列表中选择任意一种纯色作为空白区域的填充颜色。

② 块宽度(W)：通过调节 块宽度(W) 右边的滑块或直接在右边的文本框中输入数值来调节每个扭曲块的宽度。

③ 块高度(T)：通过调节 块高度(T) 右边的滑块或直接在右边的文本框中输入数值来调节每个扭曲块的高度。

④ 最大偏移(%)(M)：通过调节 最大偏移(%)(M) 右边的滑块或直接在右边的文本框中输入数值

来调节每个扭曲块的扭曲程度。

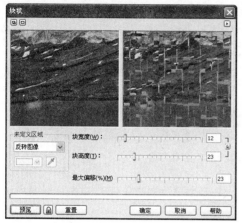

图 6.105

图 6.106

6.8.2　置换

【置换】命令主要是使位图图像中被预置的图形置换出来，从而产生特殊的效果。使用【置换】命令的具体操作方法如下。

(1) 新建一个空白文件，导入一张图片并将其选中。

(2) 在菜单栏中单击 位图(B) → 扭曲(D) → 置换(D)… 命令，弹出【置换】设置对话框，单击【置换】设置对话框中的 回 按钮，设置完【置换】对话框之后，单击 预览 按钮，效果如图 6.107 所示，单击 确定 按钮，最终的效果如图 6.108 所示。

图 6.107

图 6.108

① 缩放模式：在 缩放模式 的下边，为用户提供了 ⊙平铺(T) 和 ⊙伸展适合(F) 两个单选按钮，则用户可以根据自己的需要选择缩放的模式。

② 未定义区域(U)：在 未定义区域(U) 的下边，提供了【重复边缘】和【环绕】两种区域置换方式的选择，同样也可以根据需要进行选择。

③ 缩放：通过调节 水平(H) 和 垂直(A) 右边的滑块或直接在右边的文本框中输入数值来调节置换的密度大小。

6.8.3 偏移

【偏移】命令主要是使位图产生偏移的效果。使用【偏移】命令的具体操作方法如下。

(1) 新建一个空白文件，导入一张图片并将其选中。

(2) 在菜单栏中单击 位图(B) → 扭曲(D) → 偏移(O)··· 命令，弹出【偏移】设置对话框，单击【偏移】设置对话框中的 回 按钮，设置完【偏移】对话框之后，单击 预览 按钮，效果如图 6.109 所示，单击 确定 按钮，最终的效果如图 6.110 所示。

图 6.109

图 6.110

① 位移：通过调节 水平(H) 和 垂直(A) 右边的滑块或直接在右边的文本框中输入数值来调节位图在水平和垂直方向上的偏移值。

② 位移值做为尺度的%(S)：选中该复选框，可以按位图的百分比数值来移动位图。

③ 未定义区域(U)：在 未定义区域(U) 下边，提供了【重复边缘】、【颜色】和【环绕】3 种区域置换方式。则可以根据需要来进行选择。

6.8.4 像素

【像素】命令主要是使位图产生几何状或放射状的效果。使用【像素】命令的具体操作方法如下。

(1) 新建一个空白文件，导入一张图片并将其选中。

(2) 在菜单栏中单击 位图(B) → 扭曲(D) → 像素(P)··· 命令，弹出【像素】设置对话框，并单击【像素】设置对话框中的 回 按钮，设置完【像素】对话框之后，单击 预览 按钮，效果如图 6.111 所示，单击 确定 按钮，最终的效果如图 6.112 所示。

① 像素化模式：通过对 像素化模式 下边的 正方形(S)、矩形(R)、射线(D) 3 个单选按钮的选择来确定【像素化模式】。

② 调整：通过滑动 宽度(W)、高度(H)、不透明(%)(O) 右边的滑块或直接在右边的文本框中输入数值来调节像素块的宽度、高度和不透明度。

图 6.111

图 6.112

③ ：用鼠标单击 ，再在【像素】设置对话框中的预览原图形上单击就可以确定效果的中心点。

6.8.5　龟纹

【龟纹】命令主要是给位图添加波纹的效果，使位图产生畸形的波浪效果。使用【龟纹】命令的具体操作方法如下。

(1) 新建一个空白文件，导入一张图片并将其选中。

(2) 在菜单栏中单击 位图(B) → 扭曲(D) → 龟纹(R)… 命令，弹出【龟纹】设置对话框，单击【龟纹】设置对话框中的 按钮，设置完【龟纹】对话框之后，单击 预览 按钮，效果如图 6.113 所示，单击 确定 按钮，最终的效果如图 6.114 所示。

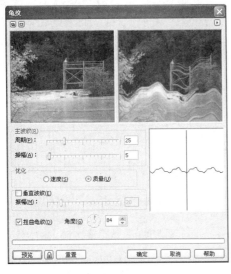

图 6.113

图 6.114

① 主波纹(R)：通过调节 周期(P)、振幅(A) 右边的滑块或直接在右边的文本框中输入数值来调节龟纹的次数和波纹的振动幅度。

② 优化：通过对 优化 下边的 ⊙速度(S) 、⊙质量(U) 2 个单选按钮的选择来确定优化的方式。

③ □垂直波纹(E)：如果选择 □垂直波纹(E) 复选框，则可以为位图添加正交的波纹。

④ 振幅(M)：通过调节 振幅(A) 右边的滑块或直接在右边的文本框中输入数值来调节正交波纹的振动幅度。

⑤ ☑扭曲龟纹(D)：如果选择 ☑扭曲龟纹(D) 复选框，则位图中的波纹会发生变形，形成干扰波。

⑥ 角度(G)：通过直接在 角度(G) 右边的文本框中输入数值来调节波纹的角度。

6.8.6 旋涡

【旋涡】命令主要是使位图产生顺时针或逆时针流动的旋涡变形效果。使用【旋涡】命令的具体操作方法如下。

(1) 新建一个空白文件，导入一张图片并将其选中。

(2) 在菜单栏中单击 位图(B) → 扭曲(D) → ◎ 旋涡(I)… 命令，弹出【旋涡】设置对话框，单击【旋涡】设置对话框中的 回 按钮，设置完【旋涡】对话框之后，单击 预览 按钮，效果如图 6.115 所示，单击 确定 按钮，最终的效果如图 6.116 所示。

图 6.115   图 6.116

① 定向：通过对 定向 下边的 ⊙顺时针(C) 、⊙逆时针(O) 2 个单选按钮的选择来确定旋涡的方向。

② 优化：通过对 优化 下边的 ⊙速度(S) 、⊙质量(U) 2 个单选按钮的选择来确定优化的方式。

③ 角：通过调节 整体旋转(W) 、 附加度(A) 右边的滑块或直接在右边的文本框中输入数值来调节图像旋转的圈数和附加角度。

④ ⊞：单击 ⊞ 按钮，再在【旋涡】设置对话框中预览窗口原图形上单击就可以确定旋涡的中心点。

6.8.7 平铺

【平铺】命令主要是使位图产生平铺的效果。使用【平铺】命令的具体操作方法如下。

(1) 新建一个空白文件，导入一张图片并将其选中。

(2) 在菜单栏中单击 位图(B) → 扭曲(D) → ▦ 平铺(T)… 命令，弹出【平铺】设置对话框，单击【平铺】设置对话框中的 回 按钮，设置完【平铺】对话框之后，单击 预览 按钮，效果如图 6.117 所示，单击 确定 按钮，最终的效果如图 6.118 所示。

图 6.117　　　　　　　　　　　　　　　　　图 6.118

① 水平平铺(H)：通过调节 水平平铺(H) 右边的滑块或直接在右边的文本框中输入数值来调节平铺的行数。

② 垂直平铺(V)：通过调节 垂直平铺(V) 右边的滑块或直接在右边的文本框中输入数值来调节平铺的列数。

③ 重叠(O)(%)：通过调节 垂直平铺(V) 右边的滑块或直接在右边的文本框中输入数值来调节平铺时画面的重叠量。

6.8.8　湿笔画

【湿笔画】命令主要是使位图产生一种类似于尚未干透的油画效果。使用【湿笔画】命令的具体操作方法如下。

(1) 新建一个空白文件，导入一张图片并将其选中。

(2) 在菜单栏中单击 位图(B) → 扭曲(D) → 湿笔画(W)…命令，弹出【湿笔画】设置对话框，单击【湿笔画】设置对话框中的 回 按钮，设置完【湿笔画】对话框之后，单击 预览 按钮，效果如图 6.119 所示，单击 确定 按钮，最终的效果如图 6.120 所示。

图 6.119　　　　　　　　　　　　　　　　　图 6.120

① 润湿(W)：通过调节 润湿(W) 右边的滑块或直接在右边的文本框中输入数值来调节图像中各个对象的油滴数目。数值为正时，油滴从上往下流；数值为负时，油滴则从下往上流。

② 百分比(P)：通过 百分比(P) 右边的滑块或直接在右边的文本框中输入数值来调节油滴的大小。

6.8.9　涡流

【涡流】命令主要是使图像产生无规则的涡流效果。使用【涡流】命令的具体操作方法如下。

(1) 新建一个空白文件，导入一张图片并将其选中。

(2) 在菜单栏中单击 位图(B) → 扭曲(D) → 涡流(H)… 命令，弹出【涡流】设置对话框，单击【涡流】设置对话框中的 回 按钮，设置完【涡流】对话框之后，单击 预览 按钮，效果如图 6.121 所示，单击 确定 按钮，最终的效果如图 6.122 所示。

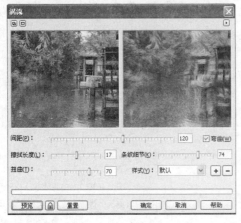

图 6.121

图 6.122

① 间距(P)：通过调节 间距(P) 右边的滑块或直接在右边的文本框中输入数值来调节涡流之间的距离。

② 擦拭长度(L)：通过调节 擦拭长度(L) 右边的滑块或直接在右边的文本框中输入数值来调节涡流线的长度。

③ 扭曲(T)：通过调节 扭曲(T) 右边的滑块或直接在右边的文本框中输入数值来调节旋转的方式。

④ 条纹细节(K)：通过调节 条纹细节(K) 右边的滑块或直接在右边的文本框中输入数值来调节线的层次。

⑤ ☑弯曲(W)：选择 ☑弯曲(W) 复选框后，使位图产生扭曲。

⑥ 样式(Y)：单击 样式(Y) 右边的 ▼ 按钮，弹出 样式(Y) 下拉列表，则用户可以根据自己的需要选择样式的效果。

6.8.10　风吹效果

【风吹效果】命令主要是使位图产生类似于被风吹动的效果。使用【风吹效果】命令的具体操作方法如下。

(1) 新建一个空白文件，导入一张图片并将其选中。

(2) 在菜单栏中单击 位图(B) → 扭曲(D) → 风吹效果(N)… 命令，弹出【风吹效果】设置对话框，单击【风吹效果】设置对话框中的 回 按钮，设置完【风吹效果】对话框之后，单击 预览 按钮，效果如图 6.123 所示，单击 确定 按钮，最终的效果如图 6.124 所示。

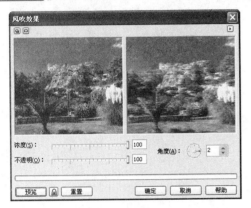

图 6.123

图 6.124

① 浓度(S)：通过调节 浓度(S) 右边的滑块或直接在右边的文本框中输入数值来调节风的强度。

② 不透明(O)：通过调节 不透明(O) 右边的滑块或直接在右边的文本框中输入数值来调节风吹效果的透明度。

③ 角度(A)：通过直接在 角度(A) 右边的文本框中输入数值来调整风吹的方向。

6.9　杂　　点

在 CorelDRAW X4 中，【杂点】滤镜组主要用来对位图进行添加、消除杂点等操作。【杂点】滤镜组主要包括【添加杂点】、【最大值】、【中值】、【最小】、【去除龟纹】和【去除杂点】6 种滤镜效果。

6.9.1　添加杂点

【添加杂点】命令主要是给位图添加颗粒，使位图表面产生粗糙的效果。使用【添加杂点】命令的具体操作方法如下。

(1) 新建一个空白文件，导入一张图片并将其选中。

(2) 在菜单栏中单击 位图(B) → 杂点(N) → 添加杂点(A)… 命令，弹出【添加杂点】设置对话框，单击【添加杂点】设置对话框中的 回 按钮，设置完【添加杂点】对话框之后，单击 预览 按钮，效果如图 6.125 所示，单击 确定 按钮，最终的效果如图 6.126 所示。

① 杂点类型：通过对 杂点类型 下边的 ⊙高斯式(G)、⊙尖突(K)、⊙均匀(U) 3 个单选按钮的选择来

确定杂点的类型。

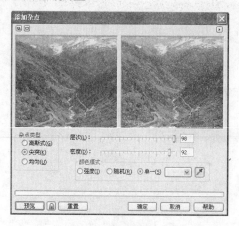

图 6.125　　　　　　　　　　　　　　　图 6.126

② 层次(L)：通过调节 层次(L) 右边的滑块或直接在右边的文本框中输入数值来调节位图中受【添加杂点】影响的颜色及亮度的变化范围。

③ 密度(D)：通过调节 密度(D) 右边的滑块或直接在右边的文本框中输入数值来调节位图中杂点的密度。

④ 颜色模式：通过对 颜色模式 下边的 ◉强度(I)、◉随机(R)、◉单一(S) 3 个单选按钮的选择来确定【添加杂点】的颜色模式。

⑤ 　　　∨ /：用户可以直接单击∨按钮，然后在弹出的下拉列表中选择需要的颜色，或者使用/工具，在预览窗口中的原图形中吸取颜色。

6.9.2　最大值

【最大值】命令主要是根据位图相邻的像素颜色值来调节像素的颜色并去除杂点的。使用【最大值】命令的具体操作方法如下。

(1) 新建一个空白文件，导入一张图片并将其选中。

(2) 在菜单栏中单击 位图(B) → 杂点(N) → 最大值(M)… 命令，弹出【最大值】设置对话框，单击【最大值】设置对话框中的回按钮，设置完【最大值】对话框之后，单击 预览 按钮，效果如图 6.127 所示，单击 确定 按钮，最终的效果如图 6.128 所示。

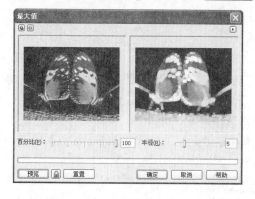

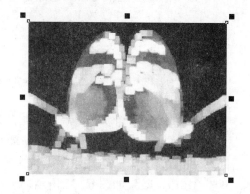

图 6.127　　　　　　　　　　　　　　　图 6.128

① 百分比(P)：通过调节百分比(P)右边的滑块或直接在右边的文本框中输入数值来调节杂点和空白处像素的大小。

② 半径(R)：通过调节 半径(R)右边的滑块或直接在右边的文本框中输入数值来调节位图杂点和空白处像素的宽度大小。

6.9.3 中值

【中值】命令主要是用来平均位图中各个部分的像素颜色，即去除位图上的杂点和空白颜色像素，从而使位图产生平滑的效果。使用【中值】命令的具体操作方法如下。

(1) 新建一个空白文件，导入一张图片并将其选中。

(2) 在菜单栏中单击 位图(B) → 杂点(N) → 中值(E)… 命令，弹出【中值】设置对话框，单击【中值】设置对话框中的 按钮，设置完【中值】对话框之后，单击 预览 按钮，效果如图 6.129 所示，单击 确定 按钮，最终的效果如图 6.130 所示。

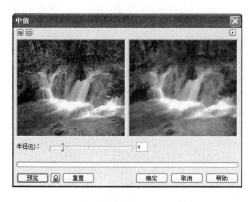

图 6.129　　　　　　　　　　　　　　　　图 6.130

半径(R)：通过调节 半径(R)右边的滑块或直接在右边的文本框中输入数值来调节【中值】的半径大小。数值越大则效果越平滑。

6.9.4 最小

【最小】命令主要是根据位图中最小值颜色附近的像素颜色值来调节像素的颜色，以达到去除杂点的目的。使用【最小】命令的具体操作方法如下。

(1) 新建一个空白文件，导入一张图片并将其选中。

(2) 在菜单栏中单击 位图(B) → 杂点(N) → 最小(I)… 命令，弹出【最小】设置对话框，单击【最小】设置对话框中的 按钮，设置完【最小】对话框之后，单击 预览 按钮，效果如图 6.131 所示，单击 确定 按钮，最终的效果如图 6.132 所示。

① 百分比(P)：通过调节百分比(P)右边的滑块或直接在右边的文本框中输入数值来调节最小像素颜色的强度。

② 半径(R)：通过调节 半径(R)右边的滑块或直接在右边的文本框中输入数值来调节最小像素的半径值。

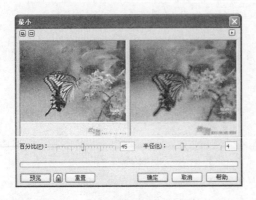

图 6.131　　　　　　　　　　　　　　　　　　　图 6.132

6.9.5　去除龟纹

　　【去除龟纹】命令主要是用来去除位图中的杂点，减少粗糙程度，从而使位图更加柔和。使用【去除龟纹】命令的具体操作方法如下。

　　(1) 新建一个空白文件，导入一张图片并将其选中。

　　(2) 在菜单栏中单击 位图(B) → 杂点(N) → 去除龟纹(R)… 命令，弹出【去除龟纹】设置对话框，单击【去除龟纹】设置对话框中的 回 按钮，设置完【去除龟纹】对话框之后，单击 预览 按钮，效果如图 6.133 所示，单击 确定 按钮，最终的效果如图 6.134 所示。

图 6.133　　　　　　　　　　　　　　　　　　　图 6.134

　　① 数量(A)：通过调节 数量(A) 右边的滑块或直接在右边的文本框中输入数值来调节删除杂点的数量。

　　② 优化：通过对 优化 下边的 ⊙速度(S) 和 ⊙质量(Q) 两个单选按钮的选择来确定【去除龟纹】的优化方式。如果选择 ⊙速度(S) 单选按钮，可以提高输出速度，但是效果不明显；如果选择 ⊙质量(Q) 单选按钮，则可以得到较好的输出效果，但是输出的速度较慢。

　　③ 缩减分辨率：可以直接在 缩减分辨率 下边的文本框中输入数值来调节位图的分辨率。

6.9.6　去除杂点

【去除杂点】命令主要是用来去除位图中的灰尘和杂点，从而提高位图画面的柔和程度，但是这样会减低位图画面的清晰度。使用【去除杂点】命令的具体操作方法如下。

(1) 新建一个空白文件，导入一张图片并将其选中。

(2) 在菜单栏中单击 位图(B) → 杂点(N) → 去除杂点(N)… 命令，【去除杂点】设置对话框，单击【去除杂点】设置对话框中的 回 按钮，设置完【去除杂点】对话框之后，单击 预览 按钮，效果如图 6.135 所示，单击 确定 按钮，最终的效果如图 6.136 所示。

图 6.135

图 6.136

阈值(T)：通过调节 阈值(T) 右边的滑块或直接在右边的文本框中输入数值来调节去除杂点的范围。

6.10　鲜　明　化

在 CorelDRAW X4 中，【鲜明化】滤镜组主要用来增大相邻像素间的对比度，改变像素的色度和亮度，从而使位图图像的颜色的锐度增强，产生锐化的边缘效果。【鲜明化】滤镜组主要包括【适应非鲜明化】、【定向柔化】、【高通滤波器】、【鲜明化】和【非鲜明化遮罩】5 种滤镜效果。

6.10.1　适应非鲜明化

【适应非鲜明化】命令主要是用来分析位图相邻像素的值，从而对模糊区域进行调焦，来突出位图的边缘细节，但对高分辨率的图像效果并不明显。使用【适应非鲜明化】命令的具体操作方法如下。

(1) 新建一个空白文件，导入一张图片并将其选中。

(2) 在菜单栏中单击 位图(B) → 鲜明化(S) → 适应非鲜明化(A)… 命令，弹出【适应非鲜明化】设置对话框，单击【适应非鲜明化】设置对话框中的 回 按钮，设置完【适应非鲜明化】对话框之后，单击 预览 按钮，效果如图 6.137 所示，单击 确定 按钮，最终的效果如图 6.138 所示。

百分比(P)：通过调节百分比(P)右边的滑块或直接在右边的文本框中输入数值来调节位图边缘区域的锐化强度。数值越大，锐化效果越明显。

图 6.137

 的旁边是

图 6.138

6.10.2 定向柔化

【定向柔化】命令主要是用来分析位图图像边缘的像素，以确定位图图像边框的柔化方向。使用【定向柔化】命令的具体操作方法如下。

(1) 新建一个空白文件，导入一张图片并将其选中。

(2) 在菜单栏中单击 位图(B) → 鲜明化(S) → 定向柔化(D)… 命令，弹出【定向柔化】设置对话框，单击【定向柔化】设置对话框中的 按钮，设置完【定向柔化】对话框之后，单击 预览 按钮，效果如图 6.139 所示，单击 确定 按钮，最终的效果如图 6.140 所示。

图 6.139

图 6.140

百分比(P)：通过调节百分比(P)右边的滑块或直接在右边的文本框中输入数值来调节位图边缘区域的锐化强度。数值越大，锐化效果越明显。

6.10.3 高通滤波器

【高通滤波器】命令主要是用来调节位图图像中的高光和明亮区域，消除位图的细节，使位图产生灰色朦胧的效果。使用【高通滤波器】命令的具体操作方法如下。

(1) 新建一个空白文件，导入一张图片并将其选中。

（2）在菜单栏中单击 位图(B) → 鲜明化(S) → ▮↑ 高通滤波器(H)⋯ 命令，弹出【高通滤波器】设置对话框，单击【高通滤波器】设置对话框中的 回 按钮，设置完【高通滤波器】对话框之后，单击 预览 按钮，效果如图 6.141 所示，单击 确定 按钮，最终的效果如图 6.142 所示。

图 6.141

图 6.142

① 百分比(P)：通过调节 百分比(P) 右边的滑块或直接在右边的文本框中输入数值来调节高通滤波器效果的强度。

② 半径(R)：通过调节 半径(R) 右边的滑块或直接在右边的文本框中输入数值来调节位图中参与转换的颜色范围。

6.10.4　鲜明化

【鲜明化】命令主要是用来调节颜色锐化的强度，从而增强位图中相邻像素的色度、亮度和对比度，使位图达到更加鲜明的效果。使用【鲜明化】命令的具体操作方法如下。

（1）新建一个空白文件，导入一张图片并将其选中。

（2）在菜单栏中单击 位图(B) → 鲜明化(S) → ◢ 鲜明化(S)⋯ 命令，弹出【鲜明化】设置对话框，单击【鲜明化】设置对话框中的 回 按钮，设置完【鲜明化】对话框之后，单击 预览 按钮，效果如图 6.143 所示，单击 确定 按钮，最终的效果如图 6.144 所示。

图 6.143

图 6.144

① 边緣层次(%)(E)：通过调节 边緣层次(%)(E) 右边的滑块或直接在右边的文本框中输入数值来调节位图边缘的清晰程度。

② 阈值(T)：通过调节 阈值(T) 右边的滑块或直接在右边的文本框中输入数值来调节锐化的像素值。像素值越大则越清晰。

③ ☑保护颜色(P)：如果选择 ☑保护颜色(P) 复选框，在锐化时保持色彩。

6.10.5 非鲜明化遮罩

【非鲜明化遮罩】命令主要是用来增强位图图像边缘的细节，对模糊区域进行调焦，锐化平滑区域，从而使位图图像产生锐化效果。使用【非鲜明化遮罩】命令的具体操作方法如下。

(1) 新建一个空白文件，导入一张图片并将其选中。

(2) 在菜单栏中单击 位图(B) → 鲜明化(S) → 🖎 非鲜明化遮罩(U)… 命令，弹出【非鲜明化遮罩】设置对话框，单击【非鲜明化遮罩】设置对话框中的 ▣ 按钮，设置完【非鲜明化遮罩】对话框之后，单击 预览 按钮，效果如图 6.145 所示，单击 确定 按钮，最终的效果如图 6.146 所示。

图 6.145

图 6.146

① 百分比(P)：通过调节 百分比(P) 右边的滑块或直接在右边的文本框中输入数值来调节【非鲜明化遮罩】的强度。

② 半径(R)：通过调节 半径(R) 右边的滑块或直接在右边的文本框中输入数值来调节【非鲜明化遮罩】效果的范围。

③ 通过调节 阈值(T) 右边的滑块或直接在右边的文本框中输入数值来设置【非鲜明化遮罩】效果的临界值，取值范围为 0 到 255。临界值越小，效果越明显。

6.11 上机实训

1. 将导入的图片即图 6.147(a)根据前面所学的知识制作成如图 6.147(b)所示的效果。

提示：将导入的图片再复制一张，将下面一张制作成卷页的效果，再将上面一张通过使用
【交互式透明工具】把不要的部分设置成透明的效果。

(a)

(b)

图 6.147

2. 将导入的图片即图 6.148(a)根据前面所学的知识制作成如图 6.148(b)所示的效果。

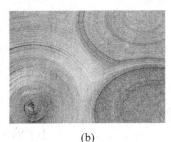

(a)

(b)

图 6.148

提示：本案例主要的操作步骤如下。

(1) 导入图片。

(2) 使用【放射式模糊】滤镜将图片进行放射模糊处理。

(3) 使用【旋涡】滤镜使图片产生旋涡的效果。

(4) 使用【素描】滤镜将图片的颜色变为灰色。

3. 将导入的图片即图 6.149(a)根据前面所学的知识制作成如图 6.149(b)所示的效果。

提示：本案例主要的操作步骤如下。

(1) 导入图片，连续使用【卷页】滤镜 4 次，使图片中的 4 个角形成卷页的效果。

(2) 使用【粒子】滤镜使图片表面产生半透明的彩色小球。

(3) 使用【虚光】滤镜使图片表面产生虚光椭圆的效果。

(4) 使用【亮度/对比度/强度】命令，调整图片的对比度和亮度。

(a)　　　　　　　　　　　　　　　　　(b)

图 6.149

小结

本章主要介绍了 CorelDRAW X4 位图效果滤镜的使用。位图效果滤镜的参数虽然设置不多，但是各个参数的不同组合会产生不同的效果，要多加练习才能使用自如。熟练掌握各个位图效果滤镜的作用和参数的设置是本章的重点。

练习

一、填空题

1. _____主要是用于将平面的图像处理成不同的立体感的效果。

2. 在 CorelDRAW X4 中为用户提供了_____种艺术笔触效果。用户可以运用手工绘画技巧为位图图像添加特殊的美术技法效果。

3. 在 CorelDRAW X4 中，_____主要是用来软化并混合位图中的像素，使图像产生平滑的效果。

4._____是到了 CorelDRAW X3 才新增的功能，其中只包括了_____一个命令。它主要是通过位图的像素向四周均匀地扩散来模拟相机的原理，使位图产生模糊、柔和、散光等效果。

5. 在 CorelDRAW X4 中，_____主要是用来改变位图中原有的颜色。使位图产生各种颜色的变化，给人以强烈的视觉效果。

6. 在 CorelDRAW X4 中，_____滤镜组主要是应用于检测和重新绘制图像的边缘，将位图按照边缘线勾勒出来，从而产生一种素描的效果。

7. 在 CorelDRAW X4 中，_____滤镜组主要是为位图添加各种具有创意性的画面效果，从而来模仿工艺品和纺织品的表面。

8.在 CorelDRAW X4 中，【扭曲】滤镜组主要是使位图产生_____变形来创建不同的变形效果。

9. 在 CorelDRAW X4 中，【杂点】滤镜组主要是用来对位图进行添加、_____等操作。

10. 在 CorelDRAW X4 中，【鲜明化】滤镜组主要是用来增大相邻像素间的_____，改变像素的色度和亮度，使位图图像的颜色锐度增强，_____的边缘效果。

二、简单题

1. 位图效果滤镜的主要作用是什么？
2. 在 CorelDRAW X4 中，三维滤镜效果主要包括了哪 7 种艺术效果。
3. 位图效果滤镜中各个【滤镜组】的主要作用分别是什么？
4. 滤镜的具体操作方法是什么？举例说明。
5. 使用滤镜应该注意哪些方面的问题？

第 7 章

图像的输出与打印

知识点：
1. 文件的导出
2. 印前的基本技术
3. 打印设置
4. 打印预览
5. 发布 PDF 文件

说明：

本章主要讲解了图像的输出与打印的一些基本常识，掌握这些基本知识后对设计有很大的帮助。这些知识并不要求能够背下来，多动手去试一试即可。

在 CorelDRAW X4 应用软件中提供了强大的图像输出与打印的功能。通过对众多版面和印前分色选项的设置，可以轻松地管理文件的输出与打印，将文件按自己的要求输出到纸上。下面来详细介绍文件的输出与打印的具体操作方法和具体的参数设置。

7.1　文件的导出

在设计过程中，经常需要使用多个图像处理软件来完成一幅作品的设计，这个时候就需要将 CorelDRAW X4 中绘制好的图形文件导出，并形成指定的文件格式，只有这样才能被其他软件所使用和操作。下面来详细介绍导出文件具体的操作步骤。

(1) 打开需要导出的文件。

(2) 在菜单栏上单击 文件(F) → 导出(E)··· 命令(或直接在工具栏中单击 按钮)，弹出【导出】设置对话框，其具体的设置如图 7.1 所示。

图 7.1

① 保存在(I)：直接单击 保存在(I) 右边的 按钮，在弹出的下拉列表中选择保存文件的路径。也可以直接单击【创建新文件夹】按钮 ，在指定的路径下创建新的保存文件夹。

② 文件名(N)：在 文件名(N) 右边的文本框中直接输入需要导出的文件名。

③ 保存类型(T)：直接单击 保存类型(T) 右边的 按钮，弹出如图 7.2 所示的下拉列表，在下拉列表中共有 40 多种文件格式，可以根据需要选择需要导出的文件格式。

④ 压缩类型(C)：如果选择导出的文件格式是位图的文件格式，该项才会起作用，CorelDRAW X4 为用户提供了 7 种压缩的类型。

⑤ 排序类型(R)：为了方便选择【保存类型】，可以在 排序类型(R) 下面选择排序的类型。这样系统会自动将用户选中的排序类型排到前面。

⑥ 不显示过滤器对话框(D)：如果 不显示过滤器对话框(D) 复选框前面被打上"√"，则在导出文件时会禁止使用【过滤器】对话框。

(3) 设置完毕之后，单击 ［ 导出 ］ 按钮，如果导山的文件格式是位图文件，则会弹出【转换为位图】设置对话框，具体设置如图 7.3 所示，设置完成后，单击 ［ 确定 ］ 按钮即可将文件导出成指定的文件格式。

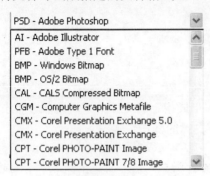

图 7.2

图 7.3

7.2 印前的基本技术

作为一个设计者来说，了解印前的基本技术对设计出完美的作品有很大的帮助。印前的基本技术主要包括工作流程、控制图像质量以满足印前的要求、分色、打样、校正色彩等内容。下面来详细介绍印前的基本技术。

1. 印前设计的一般工作流程

(1) 明确设计及印刷的要求，接受客户的要求。

(2) 进行图形的设计：主要包括文字的输入、图像、创意和排版等。

(3) 输出黑白或彩色校稿，征求客户的修改意见。

(4) 根据客户提出的修改意见进行修改。

(5) 再次输出校稿，征求客户的意见直到客户满意为止。

(6) 客户满意之后让客户签字，客户签字后输出菲林。

(7) 印前打样。

(8) 送交印刷打样，如果没有问题，让客户签字；如果有问题，需要重新修改并输出菲林。

2. 控制图像质量以满足印刷的要求

(1) 图像的阶调再现：图像阶调再现是指原稿中的明暗变化与印刷品的明暗变化之间的对应关系，阶调复制的关键在于对各种内容的原稿作相应处理，以达到最佳的复制效果。

(2) 色彩的复制：色彩复制是指两种色域空间之间的转化及颜色数值的对应关系。要注意的是，评价印刷品的色彩复制效果，不是看屏幕的颜色，而是要看原稿中的颜色是用多少的 CMYK 来表示的，数值是否是最佳的设置。

(3) 清晰度的强调处理：清晰度的强调处理是指弥补连续调的原稿经挂网后变成不连续的图像时所引起的边缘界线的模糊。评价清晰度的复制是看对不同类的原稿是否采用了相应的处理，以保证印刷品能达到被观看的要求。

3．分色的概念

分色是一个印刷专业的名词，是指将原稿上的各种颜色分解为黄、品红、青、黑 4 种原色。而在计算机印刷设计或平面设计类型软件中，分色是指将扫描图像或其他来源的图像的色彩模式转换为 CMYK 模式。

在一般情况下，用扫描仪扫描的图像或用数码相机拍摄的图像都是 RGB 模式的，从网上下载的图片也大多是 RGB 色彩模式的，所以如果要将这些图片进行印刷的话，必须要对它们进行分色处理，这样才能达到印刷要求。

4．打样的含义

打样是指模拟印刷，检验制版的阶调与色调能否取得良好的合成再现，并将复制再现的误差及应该达到的数据标准提供给制版，作为修正或再次制版的依据。同时为印刷的墨色、墨层密度及网点扩大数据提供参考的样张，并作为编辑校对的签字样张。

7.3　打　印　设　置

打印设置是指在所有设计工作都已经完成后，需要将作品打印出来供自己或他人欣赏前，对输出的版面和相关参数的调整进行设置，以确保更好地打印作品，从而更准确地表达设计意图等的相关操作。打印设置的具体操作方法如下。

单击菜单栏中的 文件(F) → 打印(P)… 命令，弹出如图 7.4 所示的【打印】设置对话框。在【打印】设置对话框中提供了【常规】、【版面】、【分色】、【预印】、【PostScript】、【其它】和【1 个问题】7 个设置标签。下面分别对每个标签中对应的设置项进行详细的介绍。

图 7.4

7.3.1　【常规】设置

当用户单击菜单栏中的 文件(F) → 打印(P)… 命令后，弹出的【打印】设置对话框的默认设置就是【常规】设置的选项，如图 7.4 所示。主要包括【目标】、【打印范围】、【副本】和【打印类型】4 项设置。下面来分别详细介绍这 4 项的具体设置。

1. 目标

用户可以直接单击 名称(N) 右边的 ▼ 按钮，在弹出的下拉列表中选择与本机连接的打印机名称。单击 [属性(P)...] 按钮，弹出如图 7.5 所示的【与设备无关的 PostScript 文件属性】设置对话框，可以根据需要进行相应设置，设置完毕后单击 [确定] 按钮，即可返回到【打印】设置对话框。

图 7.5

2. 打印范围

【打印范围】主要包括 ⊙当前文档(R) 、 ⊙文档(D) 、 ⊙当前页(U) 、 ⊙页(G) 和 ⊙选定内容(S) 5 个单选按钮。可以根据需要选择打印的范围。

(1) ⊙当前文档(R) ：如果选择 ⊙当前文档(R) 单选按钮，则会打印当前文件中所有的页面。

(2) ⊙文档(D) ：如果选择 ⊙文档(D) 单选按钮，此时在 ⊙文档(D) 下面会列出可以打印的文档。用户可以直接选择需要打印的文档。

(3) ⊙当前页(U) ：如果选择 ⊙当前页(U) 单选按钮，则只能打印当前页面。

(4) ⊙页(G) ：如果选择 ⊙页(G) 单选按钮，可以在 ⊙页(G) 右边的文本框中直接输入需要打印的页码，也可以在下拉列表中选择【打印奇数页】、【偶数页】、【奇数和偶数页】中的任意一项。

(5) ⊙选定内容(S) ：只打印页面中选中的图形对象。

3. 副本

在【副本】中可以设置打印的份数、是否进行分页等。

4. 打印类型

单击 打印类型(Y) 右边的 ▼ 按钮，弹出下拉列表，在下拉列表中根据需要选择打印的类型。

7.3.2 【版面】设置

在【打印】设置对话框中选择 版面 标签，切换到【版面】的选项卡设置界面，如图 7.6 所示。

图 7.6

（1）⊙**与文档相同(D)**：如果选择⊙**与文档相同(D)** 单选按钮，则会按照对象在绘图页面中当前的位置进行打印。

（2）⊙**调整到页面大小(F)**：如果选择⊙**调整到页面大小(F)** 单选按钮，则会快速地将绘图尺寸调整到输出设备所能打印的最大范围。

（3）⊙**将图像重定位到(R)**：如果选择⊙**将图像重定位到(R)** 单选按钮，可以在⊙**将图像重定位到(R)** 右侧的下拉列表中，选择图像在打印页面的位置。

（4）☑**打印平铺页面(T)**：如果选择☑**打印平铺页面(T)** 复选框，会以打印的大小为单位将图像分割成若干块后进行打印，还可以在预览窗口中观察平铺的情况。

（5）☑**平铺标记(M)**：当图像的尺寸较大，需要将一幅图形平铺到几张打印纸上时，如果选择☑**平铺标记(M)** 复选框则可以有效地避免混淆、提高工作效率。

（6）**平铺重叠(V)**：主要是用来设置出血边缘的数值。

（7）☑**出血限制(B)**：是指图形延展时超出切割标记的距离限制，从而避免在切割时图形边缘露出白边(当图形边缘为片色时，影响较大)。一般设置为 0.125～0.25 英寸就足够了。

（8）**版面布局(L)**：用户也可以单击 **版面布局(L)** 右边的 ∨ 按钮，在弹出的下拉列表中选择需要的版面布局。

7.3.3 【分色】设置

在【打印】设置对话框中单击 **分色** 标签，切换到【分色】选项卡，在【分色】选项卡中，可以设置是否分色打印，一般只有在出片打印时才能用得上此选项卡，在普通打印中不会用到此选项卡，如图 7.7 所示。

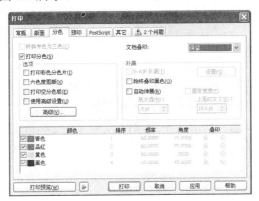

图 7.7

（1）☑**打印分色(S)**：如果☑**打印分色(S)** 复选框被选中，则【分色】对话框下方的分色片列表框被激活，并且列表框中的 4 种色片的复选框都处于被启用的状态，表示每一个分色片都将分别被打印。

（2）☑**六色度图版(X)**：如果☑**六色度图版(X)** 复选框被选中，则在【分色】选项卡下方的分色片列表框中将显示 6 色模式下的每个颜色的分色片。

（3）☑**使用高级设置(U)**：如果☑**使用高级设置(U)** 复选框被选中，则可以对半色调网屏和彩色陷印值等参数进行重新的设置。

(4) 文档叠印：在 文档叠印 中，系统默认为【保留】选项，如果选择该项，可以保留文档中的叠印设置。

(5) ☑始终叠印黑色(O)：如果 ☑始终叠印黑色(O) 复选框被选中，可以使任何含 95%以上的黑色与其下的对象叠印在一起。

(6) ☑自动伸展(R)：主要用来给对象指定与填充颜色相同的轮廓，然后使轮廓叠印在对象的下面。

(7) ☑固定宽度(F)：主要用来设置固定宽度的自动扩展。

7.3.4 【预印】设置

【预印】设置选项卡主要是用来设置页面是否打印文件信息及页码等参数。在【打印】设置对话框中单击 预印 标签，切换到【预印】设置选项卡，如图 7.8 所示。

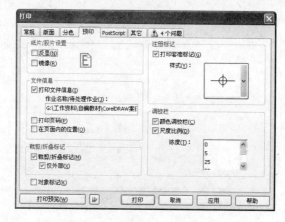

图 7.8

(1) 纸片/胶片设置：主要用来设置打印前需要用到的效果。

(2) ☑打印文件信息(I)：此复选框，主要是用来设置打印前文件的位置。

(3) ☑打印页码(P)：此复选框，主要是用来设置是否在打印的文件中加上页码。

(4) ☑在页面内的位置(O)：选中该复选框，则在页面内打印文件的信息。

(5) ☑裁剪/折叠标记(M)：选中该复选框，则在打印的文件上设置标记。

(6) ☑仅外部(X)：选中该复选框，则可以在同一张纸上打印出多个面，并可将其分割成单张。

(7) ☑对象标记(K)：选中该复选框，则将打印标记置于对象的边框，而不是页面的边框上。

(8) 注册标记：在 注册标记 的下面选中 ☑打印套准标记(G) 复选框，则在页面上打印【套准标记】。

(9) ☑颜色调校栏(C)：选中该复选框，则在打印出来的图像旁边打印出包含 6 种基本颜色的色条，此项主要是用于质量较高的打印输出。

(10) ☑尺度比例(D)：选中该复选框，则可以在每个分色版上打印出一个不同灰度深浅的条，它允许被称为浓度计的工具来检查其输出内容的精确性、质量程度和一致性。可以在【浓度】下面的列表框中选择颜色的浓度值。

7.3.5 【PostScript】设置

在【打印】设置对话框中单击 PostScript 标签，切换到【PostScript】设置选项卡，如图 7.9 所示。在【PostScript】设置选项卡中可以设置 3 种 PostScript 等级。

图 7.9

(1) 兼容性(Y)：单击 兼容性(Y) 下面的 ∨ 按钮，在弹出的下拉列表中有【等级 1】、【等级 2】和【PostScript 3】3 个选项供选择。【等级 1】是指输出时使用了透镜效果的图形对象或者其他合成对象。【等级 2】和【PostScript 3】是指打印设备可以减少打印的错误，提高打印的速度。

(2) 位图：如果打印的是位图图像，则可以通过 位图 中的相关设置来控制位图的打印质量。

(3) 字体：在默认的情况下，☑下载 Type 1 字体(D) 和 ☑将 True Type 转换成 Type 1 (1) 复选框被选中，在打印时打印驱动程序会自动下载 Type1 字体到输出设备上，如果取消这两个复选框的选择，字体将以图形的方式来打印。

(4) PDF 标记：可以在 PDF 标记选项组中选择打印超链接和书签。

7.3.6 【其他】设置

在【打印】设置对话框中单击 其他 标签，切换到【其他】设置选项卡，如图 7.10 所示。【其它】设置选项卡主要是用来设置输出的其他杂项的。

图 7.10

(1) ☑应用ICC预置文件(P)：在默认情况下，该复选框处于被选中状态，其主要是用来分离预置文件的。

(2) ☑打印作业信息表(I)：如果选中该复选框，则在打印时作业信息表也将被打印。

(3) 校样选项：可以在校样选项下面选择需要打印的信息的复选框。

7.3.7 【问题】设置

在【打印】设置对话框中单击 ⚠2个问题 标签，切换到【2个问题】设置选项卡，如图 7.11 所示。【2个问题】设置选项卡主要是用来自动检测绘图页面中存在的打印冲突和打印错误的信息，用户可以根据参考信息修正打印错误。

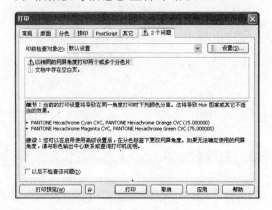

图 7.11

7.4 打 印 预 览

在 CorelDRAW X4 中提供了强大的打印预览功能，通过打印预览可以在打印前观察到页面中的图形打印出来的效果，可以根据打印预览的效果决定是否打印还是继续对不满意的地方进行修改。

单击菜单栏中的 文件(F) → 🔍 打印预览(R)… 命令，即可弹出如图 7.12 所示的打印预览窗口。

图 7.12

使用预览窗口工具栏中的各种工具，就可以快速设置一些打印的参数。下面对各个打印预览工具作一个简单的介绍。

(1) ✚【打印样式另存为】：单击该按钮，即可将当前打印选项保存为新的打印类型。

(2) ➖【删除打印样式】：单击该按钮，即可删除打印的样式。

(3) ➿【打印选项】：单击该按钮，即可弹出【打印】设置对话框。用户可以参考 7.3 介绍的内容进行相应的设置。

(4) 🖨【打印】：单击该按钮，即可打印该文档。

(5) ⊞【满屏】：单击该按钮，即可将打印对象满屏的显示，此时用户可以更清晰地进行预览。

(6) 🗗【启用分色】：单击该按钮，即可将美术作品分成四色进行打印。

(7) ▤【反色】：单击该按钮，即可打印文档的底片效果。

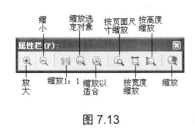

图 7.13

(8) 🄴【镜相】：单击该按钮，打印文档的镜像或反片效果。

(9) 📇【关闭打印预栏】：单击该按钮，即可关闭打印预览窗口。

(10) 🔍【缩放工具】：单击该按钮，在工具栏中就显示缩放操作的各个工具，用户可以根据操作的需要选择相应的工具进行操作，各个缩放工具如图 7.13 所示。

7.5　发布 PDF 文件

PDF 是一种常用的文件格式，使用 PDF 格式的文件可以存储多页的信息。在 PDF 格式文件中还包括图形和文件的查找和导航功能，而且 PDF 是 Adobe 公司指定的一种可移置的文档格式。它的适用范围非常广，例如 Windows、Mocos、VNX 和 DOS 等操作系统。PDF 文档格式已经成为计算机跨平台传递文档、图片等数据的通用格式文件。将 CDR 文件格式转换为 PDF 文件格式的具体操作方法如下。

(1) 打开需要进行转换的文件。

(2) 在菜单栏中单击 文件(F) → 🖼 发布至 PDF(H)… 命令，弹出如图 7.14 所示的【发布至 PDF】设置对话框，

图 7.14

① 保存在(L)：单击 保存在(L) 右边的 ∨ 按钮，在弹出的下拉列表中选择保存的路径。

② 文件名(N)：在 文件名(N) 右边的文本框中输入保存的名字。

③ 保存类型(T)：在这里没有用户选择的余地，只有 PDF 文件格式。

④ PDF 样式(Y)：单击 PDF 样式(Y) 右边的 ∨ 按钮，在弹出的下拉列表中选择 PDF 样式。

(3) 设置完毕之后，单击 保存(S) 按钮即可完成将 CDR 文件格式转换为 PDF 文件格式。

7.6 上机实训

1. 将自己设计的作品打印出来。

提示：具体操作步骤可参考 "7.3 打印设置" 和 "7.4 打印预览" 两节的介绍。

2. 自己设计一幅作品并导出为 PDF 文件格式。

提示：具体操作步骤可参考 "7.5 发布 PDF 文件"。

小结

本章主要讲解了文件的导出、印前的基本技术、打印设置、打印预览、发布 PDF 文件等知识点。重点要掌握文件的导出、印前基本技术和打印设置。

练习

一、填空题

1. 印前的基本技术主要包括_____、_____以满足印前的要求、分色、打样、校正色彩等内容。

2. _____是指在所有设计工作都完成后，需要将作品打印出来供自己和他人欣赏之前，对输出的版面和相关参数进行调整设置，以确保更好地打印作品，更准确地表达设计意图等相关的操作。

3. _____是 Adobe 公司指定的一种可移置的文档格式，它的适用范围非常广。

二、简单题

1. 印前设计的一般工作流程是什么？

2. 打印预览有什么作用？

第 **8** 章

综合案例设计

知识点:

1. 碎块拖尾字
2. 发射文字
3. 卷边文字效果
4. 胶片字效果
5. 交互式渐变文字
6. 立体图片文字效果
7. 绘制斑斓孔雀
8. 制作书籍条形码
9. 燃烧的蜡烛的效果制作
10. 可口可乐罐的制作
11. 制作邮票效果
12. 房地产 DM 单的制作
13. 台历的制作
14. 礼品包装的设计
15. 书籍装帧的设计
16. 名片的设计
17. 绘制圣诞老人
18. 设计中国移动通信的宣传广告

说明:

本章主要通过 18 个典型案例的讲解,来学习在 CorelDRAW X4 中如何进行文字特效和图形的设计。在讲解过程中最好是先让学生观看最终的效果图,然后再进行讲解。

8.1　碎块拖尾字

【案例目的】

本案例主要是应用【文字工具】、【矩形工具】和其他知识点来制作一个碎块拖尾字。

【案例要点】

本案例使用的工具和命令主要有：【矩形工具】、【文字工具】、【调和工具】、【形状工具】、【挑选工具】和【修剪】命令等。

【案例效果】

案例的最终效果如图 8.1 所示。

图 8.1

【技术实训】

(1) 启动 CorelDRAW X4 应用软件，新建一个文件，并将其保存为"碎块拖尾字.cdr"。

(2) 在工具箱中单击【矩形工具】按钮□，然后在页面右边的【调色板】中单击"青色"色块，再在工具箱中单击【轮廓工具】下的 X 无 按钮后，在页面中绘制两个矩形，其大小和位置如图 8.2 所示。

(3) 单击工具箱中的【调和工具】按钮，然后将鼠标移到右边的矩形上，在按住鼠标左键不放的同时拖曳到左边的矩形上后松开鼠标，即可得到如图 8.3 所示的效果图形。

图 8.2　　　　　　　　　　　　　　　　　图 8.3

(4) 在工具属性栏中 【步长和调和形状之间的偏移量】的右边文本框中输入"6"，此时调和的效果如图 8.4 所示。

(5) 单击工具箱中的【挑选工具】按钮，将鼠标移到选中的图形上右击，在弹出的快捷菜单中单击 折分 调和群组 于 图层 1(B) 命令，效果如图 8.5 所示。

图 8.4　　　　　　　　　　　　　　图 8.5

(6) 利用【挑选工具】按钮 选择中间的矩形块，如图 8.6 所示，然后将鼠标移到选中的图形上右击，在弹出的快捷菜单中单击 取消全部群组 (N) 命令即可取消该群组。

(7) 选择所有的矩形进行复制、粘贴的操作，调整好位置，如图8.7所示。

图8.6

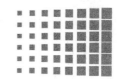

图8.7

(8) 方法同上，利用【矩形工具】按钮□绘制一个矩形，填充为"青色"，如图8.8所示。

(9) 单击工具箱中的【文字工具】按钮 字，在输入文字后调整文字的大小，首先选中文字和绘制的矩形，如图8.9所示。

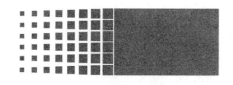

图8.8

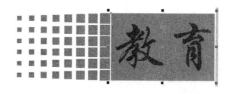

图8.9

(10) 单击工具属性栏中的【修剪】按钮□，选中其中的文字并将其删除，最终效果如图8.10所示。

(11) 单击工具箱中的【形状工具】按钮，选中矩形右边的两个角点，如图8.11所示。

图8.10

图8.11

(12) 单击工具属性栏中的【转换直线为曲线】按钮，再单击【生成对称节点】按钮。

(13) 利用【形状工具】按钮调整节点的位置，最终效果如图8.12所示。

(14) 单击工具箱中的【文字工具】按钮 字，将鼠标移到大矩形的曲线上单击，输入文字并将文字设置为红色，如图8.13所示(文字在矩形曲面上的位置的调整可以通过工具属性栏中的 1.5 mm -15.773 mm 来进行)。

图8.12

图8.13

【案例小结】

本案例主要是利用基本工具来制作一个"碎块拖尾字"效果，通过该案例的制作，可以达到巩固和灵活运用前面所学知识点的目的。

【举一反三】

利用前面所学的知识制作出如图 8.14 所示的效果。

图 8.14

提示：在制作该案例的时候，在创建了两个矩形之间的调和之后，将其选中，然后根据设
计需要单击工具属性栏中的 、 、 这 3 个按钮中的一个，即可创建各种颜色
的渐变效果。

8.2　发 射 文 字

【案例目的】

利用【文字工具】和【交互变形工具】来制作发射文字的效果。

【案例要点】

本案例使用的工具和命令主要有：【文字工具】、【交互式变形工具】、【渐变填充
工具】、【挑选工具】、【转换为曲线】命令和【添加节点】命令等。

【案例效果】

案例的最终效果如图 8.15 所示。

中国职业教育研究中心

图 8.15

【技术实训】

(1) 启动 CorelDRAW X4 应用软件，新建一个文件，并将其保存为"放射字.cdr"。

(2) 单击工具箱中的【文字工具】按钮 字，输入文字并调整文字的大小，如图 8.16 所示。

(3) 单击工具箱中的【挑选工具】按钮 ，将鼠标放到字母上右击，在弹出的快捷菜
单中单击 转换为曲线(V) 命令，即可将字母转换为曲线，如图 8.17 所示。

(4) 利用【形状工具】按钮，选中比较密集的点，然后按 Delete 键将其删除，如图 8.18 所示，再选中保留的所有节点，如图 8.19 所示。

图 8.16   图 8.17   图 8.18   图 8.19

(5) 在确保保留的所有节点被选中的情况下，连续单击工具箱中的【添加节点】按钮 ，达到如图 8.20 所示的效果。

(6) 单击工具箱中的 变形 工具按钮，并将鼠标移到文字的中心，在按住鼠标左键不放的同时往右拖动到一定距离后松开鼠标，即可得到如图 8.21 所示的效果。

(7) 单击工具箱中的 渐变 工具按钮，弹出【渐变填充】设置对话框，对话框的具体设置如图 8.22 所示(在 从(F) 右边的下拉列表中选择红色，在 到(O) 右边的下拉列表中选择青色，单击 按钮)。

图 8.20   图 8.21   图 8.22

(8) 设置完毕之后单击 确定 按钮，即可得到如图 8.23 所示的效果。

(9) 单击工具箱中的【文字工具】按钮 字，输入文字并调整文字的大小，如图 8.24 所示。

(10) 单击工具箱中的 渐变 工具按钮，弹出【渐变填充】设置对话框，对话框的具体设置如图 8.25 所示(在 从(F) 右边的下拉列表中选择红色，在 到(O) 右边的下拉列表中选择青色，单击 按钮)。

中国职业教育研究中心

图 8.23   图 8.24   图 8.25

(11) 设置完毕之后单击 确定 按钮，即可得到如图 8.26 所示的效果。

图 8.26

【案例小结】

本案例主要讲解了发射文字制作的详细过程，其步骤比较简单，但是在制作的过程要明白所使用的每一个工具或命令的作用。

【举一反三】

利用前面所学的知识制作出如图 8.27 所示的效果。

图 8.27

8.3 卷边文字效果

【案例目的】

利用前面所学的知识制作出一个卷边文字效果。

【案例要点】

本案例使用的工具和命令主要有：【文字工具】、【交互式轮廓图工具】、【转换为位图】命令和【卷页】滤镜等。

【案例效果】

案例的最终效果如图 8.28 所示。

图 8.28

【技术实训】

(1) 启动 CorelDRAW X4 应用软件，新建一个文件，并将其保存为"卷边文字效果.cdr"。

(2) 单击工具箱中的【文字工具】按钮 字，输入文字调整文字的大小，如图 8.29 所示。

(3) 单击工具箱中的【交互式轮廓图工具】按钮 轮廓图，然后将鼠标移到文字中在按住鼠标左键不放的同时进行拖动，其工具属性栏的设置如图 8.30 所示。

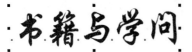

图 8.29　　　　　　　　　　　　　　　　　图 8.30

(4) 单击工具箱中的【文字工具】按钮 字 并选中文字，并将文字的颜色设置为黄色，效果如图 8.31 所示。

(5) 确保文字被选中的情况下，单击菜单栏中的 位图(B) → 转换为位图(_)… 命令，弹出【转换为位图】设置对话框，具体设置如图 8.32 所示。

图 8.31　　　　　　　　　　　　　　　　　图 8.32

(6) 设置完毕之后单击 确定 按钮，即可将文字转换为位图，最终效果如图 8.33 所示。

(7) 单击菜单栏中的 位图(B) → 三维效果(3) → 卷页(A)… 命令，弹出【卷页】设置对话框，其具体的设置如图 8.34 所示。

图 8.33　　　　　　　　　　　　　　　　　图 8.34

(8) 设置完毕之后单击 [确定] 按钮，即可得到如图 8.35 所示的效果。

图 8.35

(9) 使用第(7)步的方法制作出另一边卷页，最终效果如图 8.36 所示。

图 8.36

【案例小结】

　　本案例的制作比较简单，所以在制作过程中要注意：在使用【交互式轮廓图工具】之后，在更改文字的颜色时才会出现模糊边缘的文字效果，所以在制作卷页之前，要先将文字转换为位图。

【举一反三】

　　根据前面所学的知识制作出如图 8.37 的效果。

图 8.37

8.4　胶片字效果

【案例目的】

利用【造形】命令制作胶片字效果。

【案例要点】

本案例使用的工具和命令主要有：【文字工具】、【矩形工具】、【修剪】命令和【位置】命令等。

【案例效果】

案例的最终效果如图 8.38 所示。

图 8.38

【技术实训】

(1) 启动 CorelDRAW X4 应用软件，新建一个文件，将其保存为"胶片字效果.cdr"。

(2) 单击工具箱中的【文字工具】按钮 字，输入文字并调整文字的大小，如图 8.39 所示。

(3) 单击工具箱中的【矩形工具】按钮 □，然后在页面中绘制一个小矩形并单击工具箱【轮廓工具】按钮 下的 ✕ 无 按钮，调整矩形的位置，如图 8.40 所示。

图 8.39　　　　　　　　　　　　　　　　　　图 8.40

(4) 单击工具箱中的 窗口(W) → 变换(F) → 位置(P) 命令，弹出【变换】泊坞窗，具体的设置如图 8.41 所示。

(5) 连续单击 应用到再制 按钮，直到复制到需要的矩形为此，如图 8.42 所示。

图 8.41　　　　　　　　　　　　　　　　　　图 8.42

(6) 选择所有的矩形，再复制一排，调整位置如图 8.43 所示。

(7) 选中所有的矩形，如图 8.44 所示。

图 8.43　　　　　　　　　　　　　　　　　　图 8.44

(8) 单击工具箱中的 窗口(W) → 造形(P) 命令，弹出【造型】泊坞窗，其具体的设置如图 8.45 所示。

(9) 单击 修剪 按钮，将鼠标移动到"中"字上单击即可完成【修剪】命令的操作。选中所有的矩形，按 Delete 键，即可得到如图 8.46 所示的效果。

图 8.45   图 8.46

(10) 方法同上，继续制作其他文字的造型效果，最终效果如图 8.47 所示。

图 8.47

【案例小结】

本案例的制作比较简单，但是也比较容易出错，在使用泊坞窗的时候，需要注意各个参数的设置，但是各参数的数值不一定要按照上面提供的参考数值，而是要根据自己在设计过程中的需要做适当的调整。

【举一反三】

根据前面所学的知识制作出如图 8.48 所示的效果。

图 8.48

8.5　交互式渐变文字

【案例目的】

使用【交互式渐变调和工具】制作渐变文字效果。

【案例要点】

本案例使用的工具和命令主要有：【文字工具】、【交互式调和工具】和【顺时针调和】命令等。

【案例效果】

案例的最终效果如图 8.49 所示。

图 8.49

【技术实训】

(1) 启动 CorelDRAW X4 应用软件，新建一个文件，将其保存为"交互式渐变文字.cdr"。

(2) 单击工具箱中的【文字工具】按钮 字，输入文字并调整文字的大小，如图 8.50 所示。

(3) 单击工具箱中的【交互式调和工具】按钮，将鼠标移到"青色"的文字上按住鼠标左键不放的同时，拖到"红色"的文字上松开鼠标，即可得到如图 8.51 所示的效果。

(4) 确保调和文字被选中，单击工具属性栏中的【顺时针调和】按钮，即可得到如图 8.52 所示的效果。

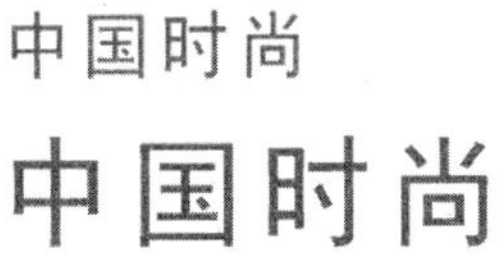

中国时尚

中国时尚

图 8.50

图 8.51

图 8.52

(5) 根据需要适当调整调和文字，最终效果如图 8.53 所示。

图 8.53

【案例小结】

本案例主要使用【交互式调和工具】来创建文字之间的调和效果。其制作非常简单，这样用户可以使用不同的文字来创建调和文字效果。

【举一反三】

根据前面所学的知识制作出如图 8.54 所示的效果。

图 8.54

8.6　立体图片文字效果

【案例目的】

利用【交互式立体工具】来创建一个立体图片文字效果。

【案例要点】

本案例使用的工具和命令主要有：【文字工具】、【交互式立体工具】、【导入图片】命令和【框图精确剪裁】命令等。

【案例效果】

案例的最终效果如图 8.55 所示。

三维艺术创作

图 8.55

【技术实训】

(1) 启动 CorelDRAW X4 应用软件，新建一个文件，并将其保存为"立体图片文字效果.cdr"。

(2) 单击工具箱中的【文字工具】按钮 字，输入文字并调整文字的大小，如图 8.56 所示。

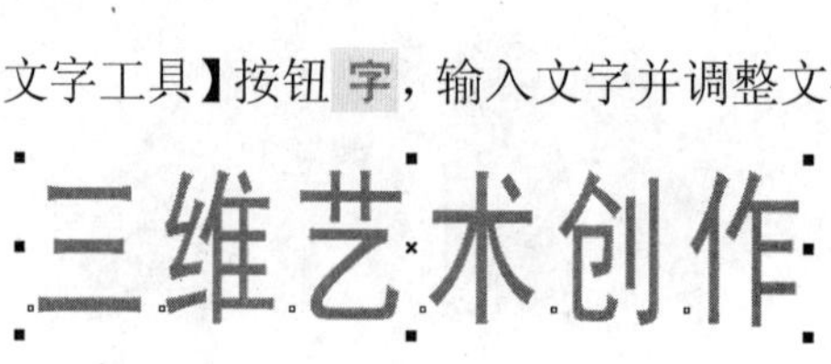

三维艺术创作

图 8.56

(3) 单击工具箱中的 ⬛ 立体化 工具按钮，将鼠标移到文字上，在按住鼠标左键不放的同时进行拖动，并到适当的位置后松开鼠标，即可得到如图 8.57 所示的效果。

图 8.57

(4) 单击工具属性栏中的【颜色】按钮 ⬛，弹出的下拉列表的具体设置如图 8.58 所示，即可得到如图 8.59 所示的效果。

图 8.58

图 8.59

(5) 导入一张如图 8.60 所示的图片。

图 8.60

(6) 选中导入的图片，单击菜单栏中的 效果(C) → 图框精确剪裁(W) → 放置在容器中(P)… 命令，此时，鼠标会变成 ➡ 的形状，移动到立体文字上单击，即可将图片放入文字中，如图 8.61 所示。

图 8.61

(7) 选中该立体文字，单击菜单栏中的 效果(C) → 图框精确剪裁(W) → 编辑内容(E) 命令，即可编辑图片。

(8) 单击工具箱中的 ⬛ 透明度 工具按钮，为图片创建透明的效果，如图 8.62 所示。

(9) 单击菜单栏中的 效果(C) → 图框精确剪裁(W) → 结束编辑(F) 命令，即可得到如图 8.63 所示的效果。

图 8.62　　　　　　　　　　　　　　　　　图 8.63

【案例小结】

本案例主要是利用【交互式立体工具】和图片相结合的方法来制作立体图片文字效果。其制作比较简单，主要要求掌握【框图精确剪裁】命令的使用。

【举一反三】

利用前面所学的知识制作出如图 8.64 所示的效果。

图 8.64

8.7　绘制斑斓孔雀

【案例目的】

利用 CorelDRAW【交互式变形工具】来绘制斑斓孔雀。

【案例要点】

本案例使用的工具和命令主要有：【椭圆工具】、【交互式调和工具】、【贝塞尔工具】、【交互式变形工具】、【轮廓工具】和【顺时针调和】命令等。

【案例效果】

案例的最终效果如图 8.65 所示。

图 8.65

【技术实训】

(1) 启动 CorelDRAW X4 应用软件，新建一个文件，将其保存为"绘制斑斓孔雀.cdr"。

(2) 单击工具箱中的 ⬡ 多边形(P) 工具按钮，在工具属性栏中设置多变形的边数为"8"，在页面中绘制一个八边形，并填充为黄色，如图 8.66 所示。

(3) 在工具箱中单击【轮廓工具】按钮 ✎ 下的 ✕ 无 按钮，将多边形的轮廓取消，如图 8.67 所示。

(4) 在工具箱中单击 ↻ 变形 工具按钮，将鼠标移到多边形上，在按住鼠标左键不放的同时进行拖动，直到达到需要的效果为止，如图 8.68 所示。

(5) 单击工具箱中的 ⬭ 椭圆形(E) 工具按钮，在页面中绘制一个椭圆并将其轮廓取消，并填充为白色，位置大小如图 8.69 所示。

(6) 单击工具箱中的 ⬚ 调和 工具按钮，将鼠标移到白色的椭圆上，在按住鼠标左键不放的同时拖到变了形的多变形上，松开鼠标即可得到如图 8.70 所示的效果。

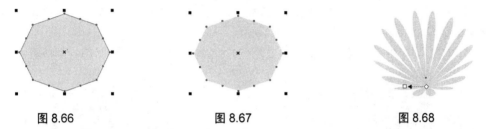

图 8.66   图 8.67   图 8.68

(7) 在工具属性栏中单击【顺时针调和】按钮 🔲，即可得到如图 8.71 所示的效果。

图 8.69   图 8.70   图 8.71

(8) 方法同上。利用 ⬭ 椭圆形(E) 工具在页面中绘制一个椭圆并将其填充为橙色，如图 8.72 所示。

(9) 单击工具箱中的 ⬚ 调和 工具按钮，在橙色椭圆与白色椭圆之间创建调和效果，如图 8.73 所示。

(10) 单击工具箱中的 ⬡ 多边形(P) 工具按钮，在工具属性栏中设置多变形的边数为"8"，在页面中绘制一个八边形，填充为黄色并将其轮廓取消，如图 8.74 所示。

图 8.72   图 8.73   图 8.74

(11) 在工具箱中单击 ↻ 变形 工具按钮，将鼠标移到刚绘制的多边形上，在按住鼠标左键不放的同时进行拖动，直到达到需要的效果为止，如图 8.75 所示。

(12) 利用 ○ 椭圆形 (E) 工具绘制几个椭圆，大小、位置、颜色如图 8.76 所示。

(13) 再绘制两个黑色的小椭圆，位置、大小如图 8.77 所示。

| 图 8.75 | 图 8.76 | 图 8.77 |

(14) 单击工具箱中的 ↖ 贝塞尔 (B) 工具按钮，绘制一个闭合的曲线并将其填充为白色，如图 8.78 所示。

(15) 在工具箱中单击【轮廓】工具 ♨ 下的 ✕ 无 按钮，将轮廓取消，如图 8.79 所示。

| 图 8.78 | 图 8.79 |

【案例小结】

本案例主要是使用【交互式调和工具】、【交互式变形工具】和其他工具来绘制斑斓孔雀的。在制作的过程中要注意【交互式变形工具】在变形时的选择方式，其中各个图形的颜色搭配很关键。

【举一反三】

根据上面所学的知识制作出如图 8.80 所示的效果。

图 8.80

8.8　制作书籍条形码

【案例目的】

利用 CorelDRAW X4 中自带的条形码应用程序制作书籍条形码。

【案例要点】

本案例使用的工具和命令主要有：【文字工具】、【挑选工具】、【插入条形码】命令、【复制】命令、【选择性粘贴】命令和【取消全部群组】命令等。

【案例效果】

案例的最终效果如图 8.81 所示。

图 8.81

【技术实训】

(1) 启动 CorelDRAW X4 应用软件，新建一个文件，将其保存为"制作书籍条形码.cdr"。

(2) 单击菜单栏中的 编辑(E) → 插入条形码(B)… 命令，弹出【条码向导】设置对话框，具体设置如图 8.82 所示。

(3) 设置完毕之后，单击 下一步 按钮，弹出下一个设置对话框，具体的设置如图 8.83 所示。

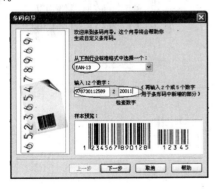

图 8.82

图 8.83

(4) 设置完毕之后，单击 下一步 按钮，弹出下一个设置对话框，具体的设置如图 8.84 所示。

(5) 设置完毕之后，单击 完成 按钮，即可得到如图 8.85 所示的效果。

图 8.84

图 8.85

(6) 单击菜单栏中的 编辑(E) → 复制(C) 命令来复制条形码。

(7) 单击菜单栏中的 编辑(E) → 选择性粘贴(S)··· 命令，弹出【选择性粘贴】设置对话框，具体的设置如图 8.86 所示，再单击 确定 按钮，即可复制出一个条形码如图 8.87 所示。

图 8.86

图 8.87

(8) 在复制出来的条形码上右击，在弹出的快捷菜单中单击 取消全部群组(N) 命令，将条形码群组取消，如图 8.88 所示。

(9) 利用【挑选工具】按钮 选择条形码数字，如图 8.89 所示。

图 8.88

图 8.89

(10) 将字体设置为黑体，并适当调整条形码数字的位置，如图 8.90 所示。

图 8.90

【案例小结】

本案例主要是利用 CorelDRAW X4 中自带的条形码应用程序来制作书籍条形码的。在制作的过程中要特别注意【选择性粘贴】对话框的设置，这是制作成功与否的关键。

【举一反三】

利用前面所学的知识制作出如图 8.91 所示的效果。

adngn644623dnasng(64) dj hhf! d64646465

图 8.91

8.9 燃烧的蜡烛的效果制作

【案例目的】

利用【交互式调和工具】制作燃烧的蜡烛的效果。

【案例要点】

本案例使用的工具和命令主要有：【矩形工具】、【形状工具】、【交互式透明工具】、【交互式调和工具】、【轮廓工具】、【复制】命令、【粘贴】命令和【群组】命令等。

【案例效果】

案例的最终效果如图 8.92 所示。

图 8.92

【技术实训】

(1) 启动 CorelDRAW X4 应用软件，新建一个文件，将其保存为"燃烧的蜡烛.cdr"。

(2) 单击工具箱中的 □ 矩形 ⓡ 工具按钮，在页面中绘制一个矩形，如图 8.93 所示。

(3) 单击工具箱中的 ⟨ 形状 工具按钮，调整矩形的节点，最终的效果如图 8.94 所示。

(4) 单击工具箱中的 ■ 渐变 工具按钮，弹出【渐变填充】设置对话框，具体的设置如图 8.95 所示。

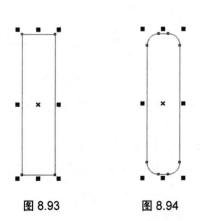

图 8.93　　　图 8.94

图 8.95

(5) 设置完毕之后单击 确定 按钮，即可得到如图 8.96 所示的效果。

(6) 单击工具箱中的 ⟨ 手绘 ⓕ 工具按钮，在页面中绘制一个闭合的曲线，颜色为红色，大小、位置如图 8.97 所示。

(7) 按 Ctrl+C 键复制刚才绘制的闭合曲线，再按 Ctrl+V 键两次，复制两个闭合曲线，调整它们的大小，分别填充为黄色和白色，如图 8.98 所示。

(8) 单击工具箱中的 调和 工具按钮，分别在这 3 个闭合的曲线之间创建调和效果，如图 8.99 所示。

(9) 将其全部选中，如图 8.100 所示，单击【轮廓工具】按钮 中的 X 无 按钮，最终的效果如图 8.101 所示。

图 8.96　　　　图 8.97　　　　图 8.98　　　　图 8.99　　　　图 8.100　　　　图 8.101

(10) 方法同第(6)～(9)步。制作蜡烛的火舌效果，最终效果如图 8.102 所示。

(11) 绘制 3 个椭圆，调整椭圆的层次，如图 8.103 所示，并分别填充为"红色"、"浅黄色"和"白色"，最终的效果如图 8.104 所示。

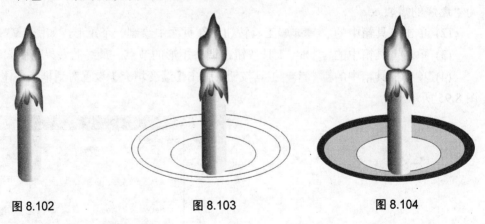

图 8.102　　　　　　　图 8.103　　　　　　　图 8.104

(12) 单击工具箱中的 调和 工具按钮，分别在这 3 个椭圆之间创建调和效果，如图 8.105 所示。

(13) 单击【轮廓工具】 中的 X 无 按钮，最终的效果如图 8.106 所示。

(14) 将蜡烛全部选中并进行组合，单击 透明度 工具按钮，对蜡烛进行透明调和，如图 8.107 所示。

(15) 再复制几根蜡烛，调整其大小和位置，如图 8.108 所示。

图 8.105

图 8.106

图 8.107

图 8.108

【案例小结】

　　本案例主要使用【交互式调和工具】来制作燃烧的蜡烛小规模。本案例的制作比较简单，其中调和颜色搭配是制作"燃烧蜡烛"成功的关键。

【举一反三】

　　根据前面所学的知识制作出如图 8.109 所示的效果。

图 8.109

提示：选中一根蜡烛并复制几个，使用 变形 工具进行变
　　　形操作，即可得到所需要的变形效果。

8.10　可口可乐罐的制作

【案例目的】

　　制作可口可乐罐的效果图。

【案例要点】

　　本案例使用的工具和命令主要有：【矩形工具】、【椭圆形工具】、【形状工具】、【交互式透明工具】、【交互式调和工具】、【轮廓工具】、【转换为曲线】命令和【群组】命令等。

【案例效果】

　　案例的最终效果如图 8.110 所示。

图 8.110

【技术实训】

(1) 启动 CorelDRAW X4 应用软件，新建一个文件，将其保存为"可口可乐罐.cdr"。

(2) 单击中工具箱中的 □ 矩形⑧ 工具按钮，在页面中绘制一个矩形，如图 8.111 所示。

(3) 单击工具箱中的 ↖ 形状 F10 工具按钮，将鼠标移到绘制的矩形的节点上，在按住鼠标左键不放的同时进行拖动，拖到合适的位置松开鼠标即可得到如图 8.112 所示的效果。

(4) 确保调整好的矩形被选中，单击工具属性栏中的【转换为曲线】按钮 ◎，即可将矩形轮廓转换为曲线，如图 8.113 所示。

(5) 利用工具箱中的 ↖ 形状 F10 工具为矩形曲线添加一个节点并进行调整，调整好的效果如图 8.114 所示。

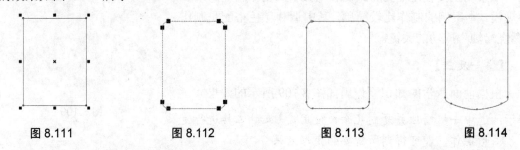

图 8.111　　　　　图 8.112　　　　　图 8.113　　　　　图 8.114

(6) 将闭合曲线填充为红色，如图 8.115 所示。

(7) 单击工具箱中的 ○ 椭圆形⑧ 工具按钮，在页面中绘制 3 个椭圆，大小、位置如图 8.116 所示。

(8) 椭圆从大到小分别填充为："30%黑"、"白色"和"20%黑"，最终效果如图 8.117 所示。

(9) 单击工具箱中的 ▣ 调和 工具按钮，在它们 3 个椭圆之间创建调和效果，如图 8.118 所示。

(10) 选中所有绘制的图形，单击【轮廓工具】按钮 ◎ 下的 ✕ 无 按钮，即可得到如图 8.119 所示的效果。

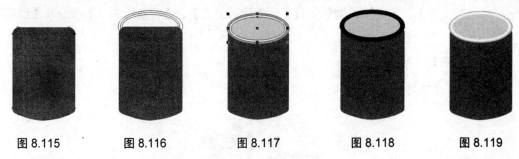

图 8.115　　　　　图 8.116　　　　　图 8.117　　　　　图 8.118　　　　　图 8.119

(11) 单击工具箱中的 ↖ 贝塞尔⑧ 工具按钮，绘制一个闭合曲线并填充为黑色，如图 8.120 所示。

(12) 单击工具箱中的 □ 矩形⑧ 工具按钮，绘制一个矩形并填充为白色，根据实际需要调整图形的顺序，如图 8.121 所示。

(13) 单击工具属性栏中的【转换为曲线】按钮 ◎，利用 ↖ 形状 F10 工具对曲线进行调整，最终效果如图 8.122 所示。

(14) 单击工具箱中的【文字工具】按钮 字，输入文字并进行旋转，如图 8.123 所示。

(15) 单击工具箱中的 ○ 椭圆形(E) 工具按钮并绘制两个椭圆，调整图形的顺序，如图 8.124 所示。

图 8.120　　　　　图 8.121　　　　　图 8.122　　　　　图 8.123　　　　　图 8.124

(16) 将大的椭圆填充为"10%黑"，小的椭圆填充为"20%黑"，单击【轮廓工具】按钮 ⬥ 下的 ✕ 无 按钮，即可得到如图 8.125 所示的效果。

(17) 利用工具箱中的 ✎ 手绘(F) 工具绘制闭合曲线，填充为白色，如图 8.126 所示。

(18) 单击【轮廓工具】按钮 ⬥ 下的 ✕ 无 按钮，如图 8.127 所示。

(19) 单击工具箱中的 ♀ 透明度 工具按钮，创建交互式填充效果，如图 8.128 所示。

(20) 选中所有图形对象，在选中的对象上右击，在弹出的快捷菜单中单击 ⊞ 群组(G) 按钮，即可将所有对象进行群组，如图 8.129 所示。

(21) 将【群组】的对象再复制几个，效果如图 8.130 所示。

图 8.125　　　　　图 8.126　　　　　图 8.127　　　　　图 8.128

图 8.129　　　　　　　　图 8.130

【案例小结】

本案例主要是使用 CorelDRAW X4 的基本工具和透视原理来制作可口可乐罐的效果的。在制作过程中要注意各个对象的叠放顺序和颜色的搭配。

【举一反三】

根据前面所学的知识制作出如图 8.131 所示的效果。

图 8.131

8.11   制作邮票的效果

【案例目的】

制作一张邮票的效果图。

【案例要点】

本案例使用的工具和命令主要有：【矩形工具】、【椭圆工具】、【文本工具】、【轮廓工具】、【应用到复制】命令、【放置在容器中】命令、【页面背景设置】命令和泊坞窗面板的使用等。

【案例效果】

案例的最终效果如图 8.132 所示。

【技术实训】

(1) 启动 CorelDRAW X4 应用软件，新建一个文件，将其保存为"制作邮票的效果.cdr"。

图 8.132

(2) 单击工具箱中的 □ 矩形 (R) 工具按钮，在页面中绘制一个矩形，并将其填充为白色，如图 8.133 所示。

(3) 单击工具箱中的 ○ 椭圆形 (E) 工具按钮，在页面中绘制一个圆，大小位置如图 8.134 所示。

(4) 单击菜单栏中的 窗口 (W) → 泊坞窗 (D) → 变换 (F) → 位置 (P) 命令，弹出【变换】设置泊坞窗，具体的设置如图 8.135 所示。

(5) 连续单击 应用到再制 按钮，复制多个圆，然后进行适当的位置调整，最终的效果如图 8.136 所示。(水平右边的文本框中的数值不一定是"12"，而是要根据用户绘制的圆的大小而定，如果要向下复制多个圆的话，则要在垂直右边的文本框中输入负值)。

(6) 方法同上，继续绘制其他的圆并进行适当的位置调整，最终效果如图 8.137 所示。

(7) 单击【挑选工具】按钮，并将所有绘制的图形对象选中，如图 8.138 所示。

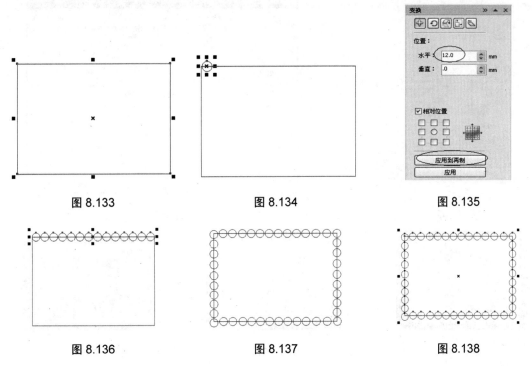

图 8.133 图 8.134 图 8.135

图 8.136 图 8.137 图 8.138

(8) 单击工具属性栏中的【后剪前】按钮 ▣ ，最终的效果如图 8.139 所示。

(9) 单击工具箱中的 ▢ 矩形 ⑧ 工具按钮，在页面中绘制一个矩形，如图 8.140 所示。

(10) 导入一张如图 8.141 所示的图片。

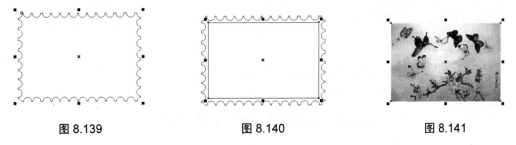

图 8.139 图 8.140 图 8.141

(11) 在菜单栏中单击 效果(C) → 图框精确剪裁(W) → 🖻 放置在容器中(P)… 命令，此时鼠标变成 ➡ 的形状，将鼠标移到第 9 步绘制的矩形上单击，即可得到如图 8.142 所示的效果。

(12) 单击菜单栏中的 版面(L) → 🖹 页面背景(B)… 命令，弹出【选项】设置对话框，具体的设置如图 8.143 所示，将背景设置为黑色。

(13) 单击 确定 按钮，即可得到如图 8.144 所示的效果。

(14) 单击【挑选工具】按钮 ▷ ，将所有绘制的图形对象选中，单击【轮廓工具】 △ 下的 ✕ 无 按钮，即可得到如图 8.145 所示。

(15) 单击工具箱中的【文本工具】按钮 字 ，并在页面中输入文字，大小、字体、位置如图 8.146 所示。

图 8.142

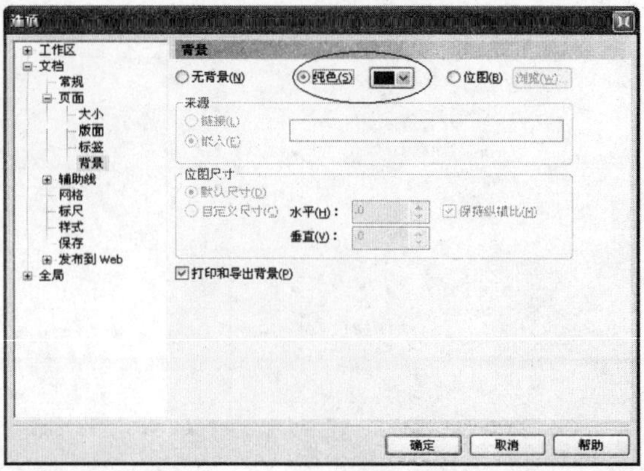

图 8.143

图 8.144

图 8.145

图 8.146

【案例小结】

本案例主要是利用【修剪工具】和【造型】泊坞窗中的
【应用到复制】命令来制作邮票的效果，在制作过程要注意
页面背景的设置，否则就达不到所需要的效果。

【举一反三】

根据前面所学的知识制作出如图 8.147 所示的效果。

图 8.147

8.12 房地产 DM 单的制作

【案例目的】

利用前面所学的知识制作房地产 DM 单广告。

【案例要点】

本案例使用的工具和命令主要有：【矩形工具】、【交互式透明工具】、【文本工具】、
【轮廓工具】、【交互式变形工具】、【应用】命令、【放置在容器中】命令和【导入图片】
命令等。

【案例效果】

案例的最终效果如图 8.148 所示。

图 8.148

【技术实训】

(1) 启动 CorelDRAW X4 应用软件，新建一个文件，将其保存为"房地产 DM 单的制作.cdr"。

(2) 单击工具箱中的 □ 矩形(R) 工具按钮，在页面中绘制一个矩形，如图 8.149 所示。

(3) 单击中页面右边的调色板中的"红色"色块，将矩形填充为红色，再单击【轮廓工具】按钮 下的 ✕ 无 按钮，即可得到如图 8.150 所示。

(4) 单击工具箱中的 ○ 多边形(P) 工具按钮，绘制一个多边形并填充为黄色，再单击【轮廓工具】按钮 下的 ✕ 无 按钮，如图 8.151 所示。

(5) 单击工具箱中的 ♡ 变形 工具按钮，对绘制的多边形进行变形处理，效果如图 8.152 所示。

(6) 将变形的图形再复制一个，填充为红色并进行缩放，大小和位置如图 8.153 所示。

(7) 单击工具箱中的 ⬚ 调和 工具按钮，在制作的两个变形图形之间进行调和处理，再进行旋转操作，最终效果如图 8.154 所示。

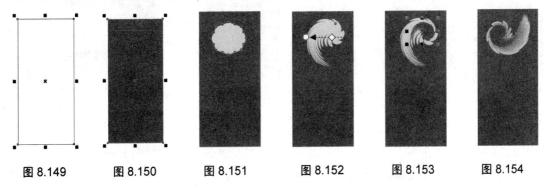

图 8.149　　图 8.150　　图 8.151　　图 8.152　　图 8.153　　图 8.154

(8) 单击工具箱中的 ✍ 手绘(F) 工具按钮，绘制两个闭合曲线，大的填充为黄色，小的填充为红色，如图 8.155 所示。

(9) 单击工具箱中的 ⬚ 调和 工具按钮，并在绘制的两个闭合曲线之间进行调和处理，再单击【轮廓工具】按钮 下的 ✕ 无 按钮，如图 8.156 所示。

(10) 单击工具箱中的【文本工具】按钮 字 并输入文字，如图 8.157 所示。

(11) 将所有的对象选中，在选中的对象上右击，弹出快捷菜单，在快捷菜单中单击 ⬚ 群组(G) 命令。

(12) 单击工具箱中的 □ 矩形(R) 工具按钮，并在页面中绘制一个矩形，填充为青色，再单击【轮廓工具】按钮 下的 ✕ 无 按钮，如图 8.158 所示。

(13) 导入一张如图 8.159 所示的图片。

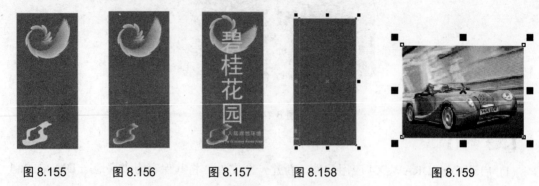

图 8.155　　　　图 8.156　　　　图 8.157　　　　图 8.158　　　　　图 8.159

(14) 单击菜单栏中的 位图(B) → 创造性(V) → 虚光(V)… 命令，弹出【虚光】设置对话，具体的设置如图 8.160 所示。

(15) 设置完毕之后，单击 确定 按钮，并调整好位置，如图 8.161 所示。

(16) 再导入一张如图 8.162 所示的图片。

图 8.160　　　　　　　图 8.161　　　　　　图 8.162

(17) 确保导入的图片被选中，单击菜单栏中的 效果(C) → 图框精确剪裁(W) → 放置在容器中(P)… 命令，此时，鼠标变成 ➡ 的形状，单击并将其填充为青色的矩形，最终效果如图 8.163 所示。

(18) 单击菜单栏中的 效果(C) → 图框精确剪裁(W) → 编辑内容(E) 命令，如图 8.164 所示。

(19) 调整好位图的位置，单击工具箱中的 透明度 工具按钮，进行透明度操作，如图 8.165 所示。

(20) 单击菜单栏中的 效果(C) → 图框精确剪裁(W) → 结束编辑(F) 命令，即可得到如图 8.166 所示。

(21) 单击工具箱中的【文本工具】按钮 字 并输入文字，如图 8.167 所示。

图 8.163　　　　　图 8.164　　　　　　图 8.165　　　　　　图 8.166　　　　　图 8.167

（22）选中需要群组的对象，如图 8.168 所示。在选中的对象上右击，弹出快捷菜单，在快捷菜单中单击 群组(G) 命令。

（23）方法同上，再制作一个如图 8.169 所示的效果并进行群组。

（24）绘制一个矩形并将其填充为黄色，再单击【轮廓工具】按钮 下的 无 按钮，如图 8.170 所示。

（25）单击工具箱中的 手绘(F) 工具按钮，绘制一个闭合曲线并将其填充为红色，再单击【轮廓工具】按钮 下的 无 按钮，如图 8.171 所示。

（26）单击工具箱中的 透明度 工具按钮，并将其进行透明度操作，如图 8.172 所示。

（27）单击工具箱中的【文本工具】按钮 并输入文字，如图 8.173 所示。

图 8.168　　　　图 8.169　　　　　图 8.170　　　　　图 8.171　　　　图 8.172　　　图 8.173

（28）选中需要群组的对象，如图 8.174 所示。在选中的对象上右击，弹出快捷菜单，在快捷菜单中单击 群组(G) 命令。

（29）将所有制作的矩形效果排在一起，如图 8.175 所示。

图 8.174　　　　　　　　　　　　　　图 8.175

(30) 选中左边的第一个矩形，单击 窗口(W) → 泊坞窗(D) → 变换(F) → 倾斜(K) 命令，弹出【变换】设置对话框，具体设置如图 8.176 所示，单击 应用 按钮，即可得到如图 8.177 所示的效果。

图 8.176

图 8.177

(31) 选中左边的第 2 个矩形，设置【变换】对话框，具体的设置如图 8.178 所示。单击 应用 按钮，即可得到如图 8.179 所示的效果。

图 8.178

图 8.179

(32) 选中左边的第 3 个矩形，设置【变换】对话框，具体的设置如图 8.180 所示，单击 应用 按钮，即可得到如图 8.181 所示的效果。

图 8.180

图 8.181

(33) 选中左边的第 4 个矩形，设置【变换】对话框，具体的设置如图 8.182 所示，单击 | 应用 | 按钮，即可得到如图 8.183 所示的效果。

图 8.182

图 8.183

【案例小结】

本案例主要是综合使用前面所学的知识来制作房地产 DM 单广告。制作虽然简单，但用户要注意，每一个矩形内的内容都要进行群组。这也是在后面使用【变换】操作成功的关键所在。

【举一反三】

根据前面所学的知识制作出如图 8.184 所示的效果。

图 8.184

8.13　台历的制作

【案例目的】

制作一个房地产台历效果图。

【案例要点】

本案例使用的工具和命令主要有：【矩形工具】、【交互式调和工具】、【文本工具】、【轮廓工具】、【交互式变形工具】、【表格工具】、【贝塞尔工具】、【应用再复制】命令、【放置在容器中】命令和【导入图片】命令等。

【案例效果】

案例的最终效果如图 8.185 所示。

图 8.185

【技术实训】

(1) 启动 CorelDRAW X4 应用软件，新建一个文件，将其保存为"台历.cdr"。

(2) 单击工具箱中的□ 矩形⑧工具按钮，在页面中绘制一个矩形，填充为青色，单击【轮廓工具】按钮 下的 × 无 按钮，如图 8.186 所示。

(3) 单击工具箱中的 【挑选工具】按钮，再双击绘制的矩形，此时，矩形变成如图 8.187 所示的效果。

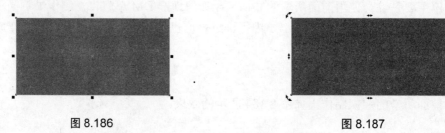

图 8.186   图 8.187

(4) 将鼠标放到矩形的上边界的 ↔ 上，在按住鼠标左键不放的同时向右拖动到合适的位置上松开鼠标，即可得到如图 8.188 所示的效果。

(5) 确保刚才的斜矩形被选中，按键盘上的 Ctrl+C 组合键进行复制，再按 Ctrl+V 组合键进行粘贴，同时填充为"香蕉黄色"。

(6) 将粘贴的倾斜矩形进行向左倾斜操作，并适当缩小高度，最终效果如图 8.189 所示。

图 8.188   图 8.189

(7) 按键盘上的 Ctrl+Page Down 组合键一次，即可得到如图 8.190 所示的效果。

(8) 单击工具箱中的□ 矩形⑧工具按钮，绘制两个矩形并将其选中，如图 8.191 所示。

(9) 单击工具属性栏中的 【修剪】按钮，即可得到如图 8.192 所示的效果。

(10) 将其全部选中，并在选中的对象上右击，弹出快捷菜单，在快捷菜单中单击 群组⑥命令，即可将两个矩形组合成一个，如图 8.193 所示。

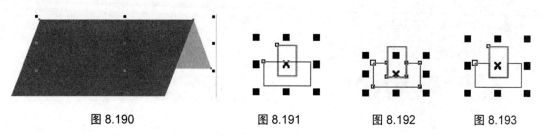

图 8.190   图 8.191   图 8.192   图 8.193

(11) 调整组合图形的大小、位置，并将其填充为白色。方法同上并进行倾斜操作，最终效果如图 8.194 所示。

(12) 单击 窗口(W) → 泊坞窗(D) → 变换(F) → 位置(P) 命令，弹出【变换】设置对话框，具体设置如图 8.195 所示，连续单击 [应用到再制] 按钮，即可得到如图 8.196 所示的效果(水平后面的文本框中输入的数值为 "20")。

(13) 单击工具箱中的 □ 矩形(R) 工具按钮，绘制一个矩形并将其填充为 "浅黄色"，方法同上进行倾斜操作，再连续按 Ctrl+Page Down 组合键，达到如图 8.197 所示的效果为止。

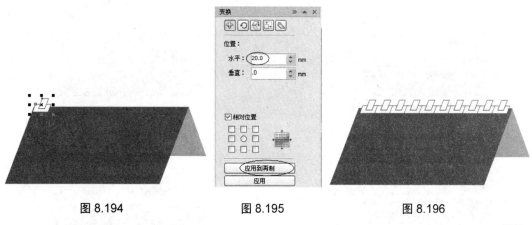

图 8.194   图 8.195   图 8.196

(14) 单击工具箱中的 □ 矩形(R) 工具按钮，绘制一个矩形，单击【轮廓工具】按钮 下的 8 点 按钮，并将其轮廓填充为白色，再进行倾斜操作，最终的效果如图 8.198 所示。

(15) 导入一张如图 8.199 所示的图片。

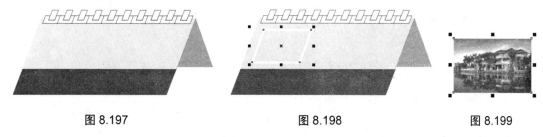

图 8.197   图 8.198   图 8.199

(16)确保导入的图片被选中，单击菜单栏中的 效果(C) → 图框精确剪裁(W) → 放置在容器中(P)… 命令，此时，鼠标变成 的形状，单击轮廓为白色的倾斜矩形，即可得到如图 8.200 所示的效果。

(17) 单击工具箱中的工具按钮 ，绘制表格，利用前面所学的知识编辑表格并输入文字，再进行倾斜操作，最终的效果如图 8.201 所示。

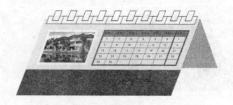

图 8.200   图 8.201

(18) 单击工具箱中的 【调和】 工具按钮，进行调和处理，然后再进行倾斜处理，如图 8.202 所示。

(19) 单击工具箱中的【文本工具】按钮 字 ，输入文字并进行倾斜操作，最终的效果如图 8.203 所示。

(20) 单击工具箱中的 【贝塞尔⑧】 工具按钮，绘制曲线并填充为黄色，如图 8.204 所示的效果。

(21) 单击【轮廓工具】按钮 下的 【× 无】 按钮，最终的效果如图 8.205 所示。

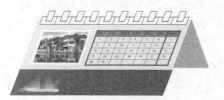

图 8.202

图 8.203

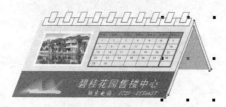

图 8.204

图 8.205

【案例小结】

本案例主要是利用前面所学的综合知识来制作台历效果图。在本案例中主要复习表格的编辑和透视原理的使用。

【举一反三】

根据前面所学的知识制作出如图 8.206 所示的效果。

图 8.206

8.14　礼品包装的设计

【案例目的】

制作一个礼品包装盒。

【案例要点】

本案例使用的工具和命令主要有：【矩形工具】、【椭圆工具】、【交互式透明工具】、【文本工具】、【轮廓工具】、【贝塞尔工具】、【放置在容器中】命令、【修剪】命令和【导入图片】命令等。

【案例效果】

案例的最终效果如图 8.207 所示。

图 8.207

【技术实训】

(1) 启动 CorelDRAW X4 应用软件，新建一个文件，将其保存为"礼品包装的设计.cdr"。

(2) 单击工具箱中的□ 矩形 ®工具按钮，在页面中绘制一个矩形，并将其填充为白色，如图 8.208 所示。

(3) 按键盘上的 Ctrl+C 组合键，再按 Ctrl+V 组合键，即可复制出一个完全相同的矩形，再将复制的矩形缩小其宽度。

(4) 单击工具箱中的○ 椭圆形 ⓔ 工具按钮，绘制一个椭圆，并选中该椭圆和复制的矩形，如图 8.209 所示。

(5) 单击工具属性栏中的【后剪前】按钮 ⬚，即可得到如图 8.210 所示的效果。

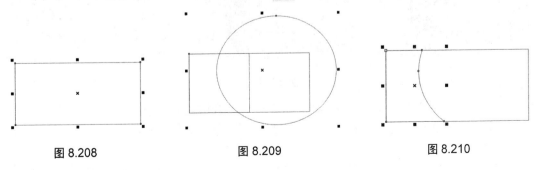

图 8.208　　　　　　　图 8.209　　　　　　　图 8.210

(6) 单击页面右边【调色板】中的"红色"色块，再单击【轮廓工具】按钮 ✍ 下的 ✕ 无 按钮，得到如图 8.211 所示的效果。

(7) 按键盘上的 Ctrl+C 组合键，再按 Ctrl+V 组合键，复制出一个完全相同的红色填充图形，单击页面右边【调色板】中的"20%黑"色块，再按 Ctrl+Page Down 组合键一次，再将其填充为"20%黑"的图形向右移动一段距离，如图 8.212 所示。

(8) 导入一张如图 8.213 所示的图片。

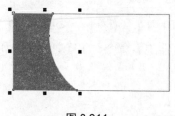 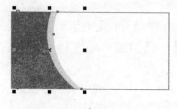 

图 8.211 　　　　　　　　图 8.212 　　　　　　　　图 8.213

(9) 确保导入的图片被选中，单击菜单栏中的 效果(C) → 图框精确剪裁(W) → 🔲 放置在容器中(P)… 命令，此时，鼠标变成 ➡ 的形状，则最先绘制的矩形即可得到如图 8.214 所示的效果。

(10) 单击菜单栏中的 效果(C) → 图框精确剪裁(W) → 🔲 编辑内容(E) 命令，如图 8.215 所示。

(11) 调整好位图的位置，单击工具箱中的 🔲 透明度 工具按钮，将其进行透明度操作，再单击菜单栏中的 效果(C) → 图框精确剪裁(W) → 🔲 结束编辑(F) 命令，如图 8.216 所示。

图 8.214 　　　　　　　　图 8.215 　　　　　　　　图 8.216

(12) 单击工具箱中的【文本工具】按钮 字，输入如图 8.217 所示的文字。

(13) 单击工具箱中的 ◯ 椭圆形(E) 工具按钮，绘制两个椭圆并选中，如图 8.218 所示。

(14) 单击工具属性栏中的【后剪前】按钮 🔲，填充为白色，再单击【轮廓工具】按钮 ✍ 下的 ✕ 无 按钮，如图 8.219 所示的效果。

图 8.217 　　　　　　　　图 8.218 　　　　　　　　图 8.219

(15) 按键盘上的 Ctrl+C 组合键，再按 Ctrl+V 组合键复制一个，并进行缩小，再绘制一个小圆并填充为白色，单击【轮廓工具】按钮 ✍ 下的 ✕ 无 按钮，调整好这 3 个对象的位置，如图 8.220 所示。

(16) 选中所有对象，单击【轮廓工具】按钮 ✍ 下的 ✕ 无 按钮，将轮廓去除，在选中的对象上右击，弹出快捷菜单，在快捷菜单中单击 群组(G) 按钮，将所有的对象群组，如图 8.221 所示。

(17) 方法同上，再制作一个如图 8.222 所示的效果，将选中的对象群组。

图 8.220　　　　　　　　　　　图 8.221　　　　　　　　　　　图 8.222

(18) 方法同上，再制作一个如图 8.223 所示的效果并进行群组。

(19) 单击工具箱中的【挑选工具】按钮 ，单击需要倾斜和缩放的操作对象，如图 8.224 所示。

(20) 对选中的对象进行倾斜和缩放操作，最终的效果如图 8.225 所示。

图 8.223　　　　　　　　　　　图 8.224　　　　　　　　　　　图 8.225

(21) 方法同第(19)和(20)步，对侧面的矩形进行倾斜和缩放操作，最终的效果如图 8.226 所示。将所有的对象群组，如图 8.227 所示。

(22) 单击工具箱中的 贝塞尔(B) 工具按钮，绘制闭合的曲线并填充为"黄色"，单击【轮廓工具】按钮 下的 无 按钮将轮廓去除，如图 8.228 所示。

图 8.226　　　　　　　　　　　图 8.227　　　　　　　　　　　图 8.228

(23) 单击工具箱中的 透明度 工具按钮，进行透明度操作，如图 8.229 所示。

(24) 方法同第(22)和(23)步，制作如图 8.230 所示的效果。

图 8.229　　　　　　　　　　　　　　　　图 8.230

【案例小结】

本案例使用前面所学的知识制作礼品盒的效果图。在制作的过程要注意图形对象的叠放顺序、透视原理和【交互式透明工具】的灵活运用，这是制作该效果成功的关键。

图 8.231

【举一反三】

根据前面所学的知识制作出如图 8.231 所示的效果。

8.15　书籍装帧的设计

【案例目的】

制作书籍装帧效果图。

【案例要点】

本案例使用的工具和命令主要有：【矩形工具】、【交互式变形工具】、【椭圆工具】、【交互式透明工具】、【文本工具】、【轮廓工具】、【贝塞尔工具】、【放置在容器中】命令和【导入图片】命令等。

【案例效果】

案例的最终效果如图 8.232 所示。

图 8.232

【技术实训】

(1) 启动 CorelDRAW X4 应用软件，新建一个文件，将其保存为"书籍装帧设计.cdr"。

(2) 单击工具箱中的□ 矩形⑧工具按钮，在页面中绘制一个矩形，并将轮廓设置为青色、填充色也为青色，如图 8.233 所示。

(3) 导入一张如图 8.234 所示的图片。

(4) 确保导入的图片被选中，单击菜单栏中的 效果ⓒ → 图框精确剪裁ⓦ → 放置在容器中⑫… 命令，此时，鼠标变成 ➡ 形状，单击绘制的矩形，则最终效果如图 8.235 所示。

(5) 单击菜单栏中的 效果ⓒ → 图框精确剪裁ⓦ → 编辑内容⑫ 命令，如图 8.236 所示。

图 8.233　　　　　　　图 8.234　　　　　　　图 8.235　　　　　　　图 8.236

(6) 调整好位图的位置，单击工具箱中的 透明度 工具按钮，进行透明度操作，如图 8.237 所示。

(7) 单击菜单栏中的 效果(C) → 图框精确剪裁(W) → 结束编辑(F) 命令，如图 8.238 所示。

(8) 单击工具箱中的【文本工具】按钮 字，利用前面所学知识，输入文字并设置文字的颜色，调整文字的大小和位置，最终效果如图 8.239 所示。

(9) 单击工具箱中的 多边形(P) 工具按钮，绘制一个多变形，填充为黄色，再单击【轮廓工具】按钮 下的 ╳ 无 按钮将轮廓去除，如图 8.240 所示。

图 8.237　　　　　　　图 8.238　　　　　　　图 8.239　　　　　　　图 8.240

(10) 单击工具箱中的 变形 工具按钮，对多边形进行变形操作，如图 8.241 所示。

(11) 选中所有对象，在选中的对象上面右击弹出快捷菜单，在快捷菜单中单击 群组(G) 命令。将所有的对象进行群组，最终的效果如图 8.242 所示。

(12) 方法同上，制作如图 8.243 所示的效果。

(13) 选中需要群组的对象，如图 8.244 所示。在选中的对象上面右击弹出快捷菜单，在快捷菜单中单击 群组(G) 命令，将所选对象进行群组。

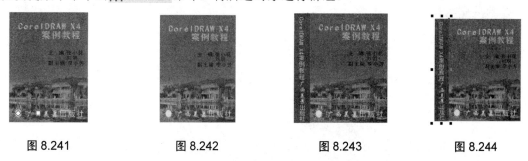

图 8.241　　　　　　　图 8.242　　　　　　　图 8.243　　　　　　　图 8.244

(14) 方法同上，制作封底并选中制作的封底，进行群组，最终效果如图 8.245 所示。

(15) 单击工具箱中【挑选工具】按钮 ，对封面进行倾斜和缩放操作，最终效果如图 8.246 所示。

(16) 利用【挑选工具】按钮 对"书脊"进行倾斜和缩放操作，最终效果如图 8.247 所示。

图 8.245

图 8.246

图 8.247

(17) 利用【挑选工具】 对封底进行倾斜和缩放操作，调整好封底的位置，最终的效果如图 8.248 所示。

(18) 单击工具箱中的 贝塞尔 ⑧ 工具按钮，绘制闭合曲线并填充为灰色，调整好闭合曲线的叠放顺序，最终效果如图 8.249 所示。

(19) 将所有对象进行组合，再复制两个对象，进行适当的倾斜和旋转操作，最终的效果如图 8.250 所示。

图 8.248

图 8.249

图 8.250

【案例小结】

本案例主要讲解了书籍装帧设计的制作方法。在制作过程中要注意倾斜和缩放操作的灵活使用，如果配合不好就达不到所需要的效果，同时还要注意对象叠放顺序的操作。

【举一反三】

根据前面所学的知识制作出如图 8.251 所示的效果。

图 8.251

8.16 名片的设计

【案例目的】

制作名片效果图

【案例要点】

本案例使用的工具和命令主要有：【矩形工具】、【基本形状工具】、【交互式透明工具】、【交互式填充工具】、【文本工具】、【轮廓工具】、【渐变填充工具】和【贝塞尔工具】等。

【案例效果】

案例的最终效果如图 8.252 所示。

图 8.252

【技术实训】

(1) 启动 CorelDRAW X4 应用软件，新建一个文件，并将其保存为"名片设计.cdr"。

(2) 单击工具箱中的 □ 矩形 ⑧ 工具按钮，在页面中绘制一个矩形，如图 8.253 所示(尺寸大小长×宽为 94mm×54mm)。

(3) 单击工具箱中的 ■ 渐变 工具按钮，弹出【渐变填充】设置对话框，具体设置如图 8.254 所示。

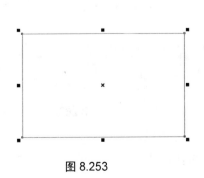

图 8.253

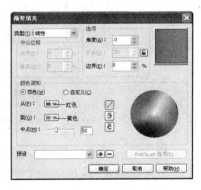

图 8.254

(4) 单击 确定 按钮，即可得到如图 8.255 所示的效果。

(5) 单击工具箱中的 □ 矩形(R) 工具按钮，在页面中绘制一个矩形，填充为白色，如图 8.256 所示，选中两个矩形并单击【轮廓工具】按钮 ✎ 下的 ✕ 无 按钮去除轮廓，效果如图 8.257 所示。

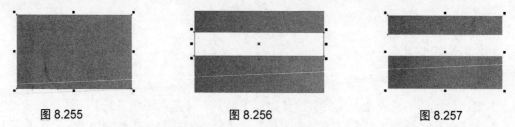

图 8.255　　　　　　　图 8.256　　　　　　　图 8.257

(6) 单击工具箱中的 ✎ 贝塞尔(B) 工具按钮，绘制闭合曲线，填充为白色，再单击【轮廓工具】按钮 ✎ 下的 ✕ 无 按钮去除轮廓，效果如图 8.258 所示。

(7) 单击工具箱中的 ♀ 透明度 工具按钮，对刚绘制的闭合曲线进行透明度操作，效果如图 8.259 所示。

(8) 方法同第(6)、(7)步，绘制一个闭合曲线填充白色并创建【交互式透明】，最终的效果如图 8.260 所示。

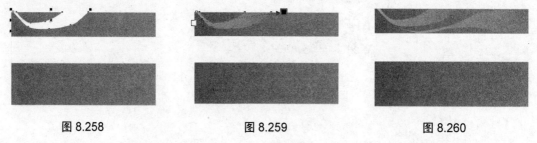

图 8.258　　　　　　　图 8.259　　　　　　　图 8.260

(9) 方法同第(6)、(7)步，再绘制两个闭合曲线并填充为白色，分别创建【交互式透明】，最终效果如图 8.261 所示。

(10) 单击工具箱中的 □ 矩形(R) 工具按钮，在页面中绘制一个矩形，并填充为白色，再单击 ✎【轮廓工具】下的 ✕ 无 按钮去除轮廓，效果如图 8.262 所示。

(11) 单击工具箱中的【文本工具】按钮 字 输入文字，如图 8.263 所示。

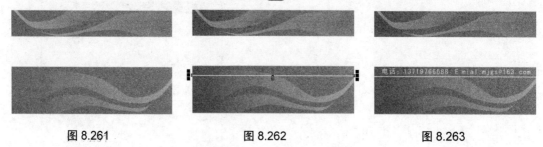

图 8.261　　　　　　　图 8.262　　　　　　　图 8.263

(12) 输入如图 8.264 所示的文字。

(13) 单击工具箱中 ✎【轮廓工具】下的 ━ 8点 按钮，此时，文字变成如图 8.265 所示的效果。

(14) 单击工具箱中 ✎【轮廓工具】下的 ▤ 颜色(C) 按钮，弹出【颜色】设置泊坞窗，在【颜色】泊坞窗中单击颜色为白色的色条，再单击 轮廓(Q) 按钮，即可得到如图 8.266 所示的效果。

图 8.264　　　　　　　图 8.265　　　　　　　图 8.266

(15) 单击工具箱中的【文本工具】按钮 字 并输入文字，文字的颜色、位置、大小如图 8.267 所示。

(16) 单击工具箱中的 □ 矩形(R) 工具按钮并在页面中绘制一个矩形，进行渐变填充，效果如图 8.268 所示。

(17) 单击工具箱中的【文本工具】按钮 字 并输入文字，如图 8.269 所示。

图 8.267　　　　　　　图 8.268　　　　　　　图 8.269

(18) 单击工具箱中的 ⬡ 多边形(P) 工具按钮，绘制一个八边形，填充为红色，如图 8.270 所示。

(19) 单击工具箱中的 🔄 变形 工具按钮，进行变形操作，最终效果如图 8.271 所示。

(20) 单击工具箱中的【文本工具】按钮 字 并输入文字，其大小、位置如图 8.272 所示。

图 8.270　　　　　　　图 8.271　　　　　　　图 8.272

(21) 将所有对象选中，在选中的对象上右击，弹出快捷菜单，在快捷菜单中单击 ⠿ 群组(G) 按钮，即可将所有对象群组。

(22) 再复制一个，改变填充色并进行倾斜操作，最终效果如图 8.273 所示。

图 8.273

【案例小结】

本案例主要讲解了制作名片的方法。在设计过程中要注意文字边框的添加，这是本案例的重点，希望同学们能多加练习。

【举一反三】

根据前面所学的知识制作出如图 8.274 所示的效果。

图 8.274

8.17　绘制圣诞老人

【案例目的】

使用【贝塞尔工具】绘制圣诞老人。

【案例要点】

本案例使用的工具和命令主要有：【挑选工具】、【手绘工具】、【贝塞尔工具】和 Ctrl+PageDown 命令等。

【案例效果】

案例的最终效果如图 8.275 所示。

【技术实训】

(1) 启动 CorelDRAW X4 应用软件新建一个文件，将其保存为"绘

图 8.275

制圣诞老人.cdr"。

(2) 单击工具箱中的 🖊️ 贝塞尔⒝ 工具按钮，在页面中绘制圣诞老人的帽子及边缘，帽子填充为红色，边缘部分填充为白色，如图 8.276 所示。

(3) 单击工具箱中的 〰️ 手绘⒡ 工具按钮，绘出圣诞老人的脸庞、眉毛、眼睛和胡子，颜色的填充与形状如图 8.277 所示。

(4) 调整好各个部位的位置，通过按 Ctrl+PageDown 组合键调节各个部位的层次关系，如图 8.278 所示。

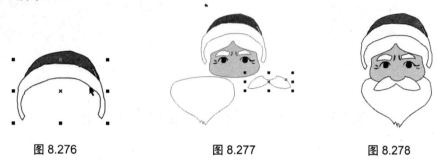

| 图 8.276 | 图 8.277 | 图 8.278 |

(5) 单击工具箱中的 〰️ 手绘⒡ 工具按钮，绘制一个半圆弧形作为圣诞老人的鼻子，如图 8.279 所示。

(6) 单击工具箱中的 🖊️ 贝塞尔⒝ 工具按钮，依次绘出圣诞老人的衣服(填充为红色)、袖子(填充为白色)、手(填充为褐色)以及袜子(填充为深红色)，另外还要绘出圣诞老人的裤带等，如图 8.280 所示。

(7) 调整好各个部位的位置和层次关系，如图 8.281 所示。

(8) 利用 ⬭ 椭圆形⒠ 和 🖊️ 贝塞尔⒝ 工具，绘制出他肩上扛的礼物袋，如图 8.282 所示。

| 图 8.279 | 图 8.280 | 图 8.281 | 图 8.282 |

(9) 调整好肩上的礼物袋，通过按 Ctrl+PageDown 组合键调节礼物与圣诞老人的层次关系，最终的效果如图 8.283 所示。

【案例小结】

本案例主要讲解了使用【手绘工具】和【贝塞尔工具】绘制圣诞老人的方法，在制作的过程中没有什么技术难点，只是要注意圣诞老人各个部位的层次关系即可。

【举一反三】

根据前面所学的知识制作出如图 8.284 所示的效果。

图 8.283

图 8.284

8.18　设计中国移动通信的宣传广告

【案例目的】

设计中国移动通信的宣传广告。

【案例要点】

本案例使用的工具和命令主要有：【挑选工具】、【手绘工具】、【轮廓工具】、【文本工具】、【贝塞尔工具】和 Ctrl+PageDown 命令等。

【案例效果】

案例的最终效果如图 8.285 所示。

图 8.285

【技术实训】

(1) 启动 CorelDRAW X4 应用软件，新建一个文件，将其保存为"中国移动通信的宣传广告.cdr"。

（2）单击工具箱中的 ⊾ 贝塞尔⑧ 工具按钮，在页面中绘制人物的脸和头发，如图 8.286 所示。

（3）将头发填充为"黑色"，脸填充为"渐粉色"，并调整好它们的位置和层次关系，如图 8.287 所示。

（4）单击工具箱中的【挑选工具】按钮 ↳，将脸和头发全部选中，单击【轮廓工具】 ⚬ 下的 ✕ 无 按钮去除轮廓，如图 8.288 所示。

（5）单击工具箱中的 ⊾ 贝塞尔⑧ 工具按钮，在页面中绘制人物的眼睛，根据需要为其填充颜色，单击【轮廓工具】 ⚬ 下的 ✕ 无 按钮，最终的效果如图 8.289 所示。

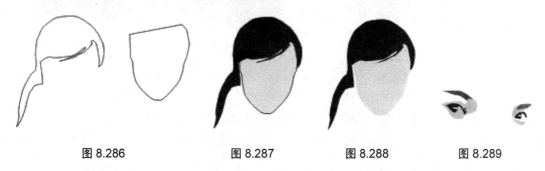

图 8.286　　　　　　　图 8.287　　　　　　　图 8.288　　　　　　　图 8.289

（6）将眼睛放到人物的脸上并调整好位置和大小，最终效果如图 8.290 所示。

（7）单击工具箱中的 ⊾ 贝塞尔⑧ 工具按钮，在页面中绘制人物的嘴巴并填充相应的颜色，单击【轮廓工具】 ⚬ 下的 ✕ 无 按钮，调整好位置，最终效果如图 8.291 所示。

（8）单击工具箱中的 ⊾ 贝塞尔⑧ 工具按钮，在页面中绘制耳罩、填充颜色、去除轮廓、并调整位置，最终效果如图 8.292 所示。

（9）单击工具箱中的 ⊾ 贝塞尔⑧ 工具按钮，在页面中绘制鼻子并填充颜色，去除轮廓，并调整位置，最终效果如图 8.293 所示。

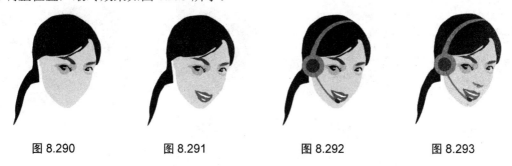

图 8.290　　　　　　　图 8.291　　　　　　　图 8.292　　　　　　　图 8.293

（10）单击工具箱中的 ⊾ 贝塞尔⑧ 工具按钮，在页面中绘制人物的脖子并填充颜色，去除轮廓，如图 8.294 所示。

（11）调整好位置，按键盘上的 Ctrl+PageDown 组合键，调整位置和层次关系，最终效果如图 8.295 所示。

（12）单击工具箱中的 ⊾ 贝塞尔⑧ 工具按钮，在页面中绘制人物的衣服并填充颜色，去除轮廓，如图 8.296 所示。

（13）调整好位置，按键盘上的 Ctrl+PageDown 组合键，调整位置和层次关系，最终效果如图 8.297 所示。

图 8.294　　　　　图 8.295　　　　　图 8.296　　　　　图 8.297

（14）单击工具箱中的 贝塞尔⑧ 工具按钮，在页面中绘制笔记本电脑并填充颜色，去除轮廓，调整好位置，最终效果如图 8.298 所示。

（15）单击工具箱中的 贝塞尔⑧ 工具按钮，在页面中绘制人物的手并填充颜色，去除轮廓，调整好位置，按下 Ctrl+PageDown 组合键调整其层次关系，最终效果如图 8.299 所示。

（16）单击工具箱中的 贝塞尔⑧ 工具按钮，在页面中绘制书籍并填充颜色，去除轮廓、按下 Ctrl+PageDown 组合键调整其层次关系和调整位置，最终效果如图 8.300 所示。

（17）单击工具箱中的 贝塞尔⑧ 工具按钮，在页面中绘制背景并填充颜色，去除轮廓，按下 Ctrl+PageDown 组合键调整层次关系和调整位置，最终效果如图 8.301 所示。

图 8.298　　　　　图 8.299　　　　　图 8.300　　　　　图 8.301

（18）单击工具箱中的 贝塞尔⑧ 工具按钮，在页面中绘制移动通信的标志并填充颜色，去除轮廓，调整好位置，最终效果如图 8.302 所示。

（19）单击工具箱中的【文本工具】按钮 字，输入文字并调整好位置，最终效果如图 8.303 所示。

（20）单击工具箱中的 贝塞尔⑧ 工具按钮，绘制一条直线，填充为蓝色，调整好位置，最终效果如图 8.304 所示。

图 8.302

图 8.303

图 8.304

【案例小结】

　　本案例主要是通过设计"中国移动通信的宣传广告"来锻炼使用【手绘工具】的熟练程度，在制作过程中要特别注意各个对象之间的层次关系和颜色的搭配，如果用户对颜色的搭配不是特别熟练的话，希望多去看一看有关色彩搭配方面的书籍。

【举一反三】

　　使用前面所学的知识设计出如图 8.305 所示的效果。

图 8.305

参 考 文 献

[1] 史宇宏，肖玉坤，皇甫闻奉. CorelDRAW 绘图与包装设计循序渐进 400 例[M]. 北京：清华大学出版社，2007.

[2] 本书编委会. CorelDRAW11/12 时尚创作 200 例[M]. 西安：西北工业大学出版社，2004.

[3] 龙马工作室. CorelDRAW X3 中文版完全自学手册[M]. 北京：人民邮电出版社，2007.

[4] 杨冰，李旭. CorelDRAW X3 文字特效创意经典 108 例[M]. 北京：中国青年出版社，2007.

[5] 盛亨王景文化，毛小平，徐春红，尹小港. CorelDRAW X3 360°全景学习手册[M]. 北京：人民邮电出版社，2007.

[6] 导向科技. CorelDRAW 12 图形设计培训教程[M]. 北京：人民邮电出版社，2007.

[7] 赵道强. CorelDRAW X3 从入门到精通[M]. 北京：中国铁道出版社，2007.

[8] 锦宏科技，林楠，王恒. CorelDRAW X3 图形绘制与平面设计实例精讲[M]. 北京：人民邮电出版社，2007.

21世纪全国高职高专计算机、电子商务系列教材

序号	标准书号	书　名	主　编	定价(元)	出版日期
1	ISBN 978-7-301-11522-0	ASP.NET 程序设计教程与实训(C#语言版)	方明清等	29.00	2007 年出版
2	ISBN 978-7-301-10226-8	ASP 程序设计教程与实训	吴鹏，丁利群	27.00	2008 年第 4 次印刷
3	ISBN 7-301-10265-8	C++程序设计教程与实训	严仲兴	22.00	2008 年重印
4	ISBN 978-7-301-10883-3	C 语言程序设计	刘迎春，王磊	26.00	2007 年重印
5	ISBN 978-7-301-09770-0	C 语言程序设计教程	季昌武，苗专生	21.00	2008 年第 3 次印刷
6	ISBN 7-301-09593-7	C 语言程序设计上机指导与同步训练	刘迎春，张艳霞	25.00	2007 年重印
7	ISBN 7-5038-4507-4	C 语言程序设计实用教程与实训	陈翠松	22.00	2008 年第 2 次印刷
8	ISBN 978-7-301-10167-4	Delphi 程序设计教程与实训	穆红涛，黄晓敏	27.00	2007 年重印
9	ISBN 978-7-301-10441-5	Flash MX 设计与开发教程与实训	刘力，朱红祥	22.00	2007 年重印
10	ISBN 978-7-301-09645-1	Flash MX 设计与开发实训教程	栾蓉	18.00	2007 年重印
11	ISBN 7-301-10165-1	Internet/Intranet 技术与应用操作教程与实训	闻红军，孙连军	24.00	2007 年重印
12	ISBN 978-7-301-09598-0	Java 程序设计教程与实训	许文宪，董子建	23.00	2008 年第 4 次印刷
13	ISBN 978-7-301-10200-8	PowerBuilder 实用教程与实训	张文学	29.00	2007 年重印
14	ISBN 978-7-301-10173-5	SQL Server 数据库管理与开发教程与实训	杜兆将，郭仙凤，刘占文	30.00	2008 年第 8 次印刷
15	ISBN 7-301-10758-7	Visual Basic .NET 数据库开发	吴小松	24.00	2006 年出版
16	ISBN 978-7-301-10445-9	Visual Basic .NET 程序设计教程与实训	王秀红，刘造新	28.00	2006 年重印
17	ISBN 978-7-301-10440-8	Visual Basic 程序设计教程与实训	康丽军，武洪萍	28.00	2007 年重印
18	ISBN 7-301-10879-6	Visual Basic 程序设计实用教程与实训	陈翠松，徐宝林	24.00	2006 年出版
19	ISBN 7-301-09698-4	Visual C++ 6.0 程序设计教程与实训	王丰，高光金	23.00	2005 年出版
20	ISBN 978-7-301-10288-6	Web 程序设计与应用教程与实训(SQL Server 版)	温志雄	22.00	2007 年重印
21	ISBN 978-7-301-09567-6	Windows 服务器维护与管理教程与实训	鞠光明，刘勇	30.00	2006 年重印
22	ISBN 978-7-301-10414-9	办公自动化基础教程与实训	靳广斌	36.00	2007 年第 3 次印刷
23	ISBN 978-7-301-09640-6	单片机实训教程	张迎辉，贡雪梅	25.00	2006 年重印刷
24	ISBN 978-7-301-09713-7	单片机原理与应用教程	赵润林，张迎辉	24.00	2007 年重印
25	ISBN 978-7-301-09496-9	电子商务概论	石道元，王海，蔡玥	22.00	2007 年第 3 次印刷
26	ISBN 978-7-301-11632-6	电子商务实务	胡华江，余诗建	27.00	2008 年重印
27	ISBN 978-7-301-10880-2	电子商务网站设计与管理	沈凤池	22.00	2008 年重印
28	ISBN 978-7-301-10444-6	多媒体技术与应用教程与实训	周承芳，李华艳	32.00	2006 年重印
29	ISBN 7-301-10168-6	汇编语言程序设计教程与实训	赵润林，范国渠	22.00	2005 年出版
30	ISBN 7-301-10175-9	计算机操作系统原理教程与实训	周峰，周艳	22.00	2006 年重印
31	ISBN 978-7-301-09536-2	计算机常用工具软件教程与实训	范国渠，周敏	26.00	2008 年第 4 次印刷
32	ISBN 7-301-10881-8	计算机电路基础教程与实训	刘辉珞，张秀国	20.00	2007 年第 2 次印刷
33	ISBN 978-7-301-10225-1	计算机辅助设计教程与实训(AutoCAD 版)	袁太生，姚桂玲	28.00	2007 年重印
34	ISBN 978-7-301-10887-1	计算机网络安全技术	王其良，高敬瑜	28.00	2008 年第 3 次印刷
35	ISBN 978-7-301-10888-8	计算机网络基础与应用	阚晓初	29.00	2007 年重印
36	ISBN 978-7-301-09587-4	计算机网络技术基础	杨瑞良	28.00	2007 年第 4 次印刷
37	ISBN 978-7-301-10290-9	计算机网络技术基础教程与实训	桂海进，武俊生	28.00	2008 年第 4 次印刷
38	ISBN 978-7-301-10291-6	计算机文化基础教程与实训(非计算机)	刘德仁，赵寅生	35.00	2007 年第 3 次印刷
39	ISBN 7-301-09639-9	计算机应用基础教程(计算机专业)	梁旭庆，吴焱	27.00	2006 年重印
40	ISBN 7-301-10889-3	计算机应用基础实训教程	梁旭庆，吴焱	24.00	2007 年重印
41	ISBN 978-7-301-09505-8	计算机专业英语教程	樊晋宁，李莉	20.00	2007 年第 3 次印刷
42	ISBN 978-7-301-10459-0	计算机组装与维护	李智伟	28.00	2008 年第 3 次印刷
43	ISBN 978-7-301-09535-5	计算机组装与维修教程与实训	周佩锋，王春红	25.00	2007 年第 3 次印刷
44	ISBN 978-7-301-10458-3	交互式网页编程技术(ASP .NET)	牛立成	22.00	2007 年重印
45	ISBN 978-7-301-09691-8	软件工程基础教程	刘文，朱飞雪	24.00	2007 年重印
46	ISBN 978-7-301-10460-6	商业网页设计与制作	丁荣涛	35.00	2007 年重印

序号	标准书号	书　名	主　编	定价(元)	出版日期
47	ISBN 7-301-09527-9	数据库原理与应用(Visual FoxPro)	石道元，邵亮	22.00	2005 年出版
48	ISBN 7-301-10289-5	数据库原理与应用教程(Visual FoxPro 版)	罗毅，邹存者	30.00	2007 年重印
49	ISBN 978-7-301-09697-0	数据库原理与应用教程与实训(Access 版)	徐红，陈玉国	24.00	2006 年重印
50	ISBN 978-7-301-10174-2	数据库原理与应用实训教程(Visual FoxPro 版)	罗毅，邹存者	23.00	2007 年重印
51	ISBN 7-301-09495-7	数据通信原理及应用教程与实训	陈光军，陈增吉，王鸿磊	25.00	2005 年出版
52	ISBN 978-7-301-09592-8	图像处理技术教程与实训(Photoshop 版)	夏燕，姚志刚	28.00	2008年第4次印刷
53	ISBN 978-7-301-10461-3	图形图像处理技术	张枝军	30.00	2007 年重印
54	ISBN 978-7-301-09667-3	网络安全基础教程与实训	杨诚，尹少平	26.00	2008年第6次印刷
55	ISBN 978-7-301-10166-7	网页设计与制作教程与实训	于巧娥，何金奎	30.00	2007年第4次印刷
56	ISBN 978-7-301-10413-2	网站规划建设与管理维护教程与实训	王春红，徐洪祥	28.00	2008年第4次印刷
57	ISBN 7-301-09597-X	微机原理与接口技术	龚荣武	25.00	2007 年重印
58	ISBN 978-7-301-10439-2	微机原理与接口技术教程与实训	吕勇，徐雅娜	32.00	2007 年重印
59	ISBN 978-7-301-10443-9	综合布线技术教程与实训	刘省贤，李建业	33.00	2007年第3次印刷
60	ISBN 7-301-10412-X	组合数学	刘勇，刘祥生	16.00	2006 年出版
61	ISBN 7-301-10176-7	Office 应用与职业办公技能训练教程(1CD)	马力	42.00	2006 年出版
62	ISBN 978-7-301-12409-3	数据结构(C 语言版)	夏燕，张兴科	28.00	2007 年出版
63	ISBN 978-7-301-12322-5	电子商务概论	于巧娥，王震	26.00	2008 年重印
64	ISBN 978-7-301-12324-9	算法与数据结构(C++版)	徐超，康丽军	20.00	2007 年出版
65	ISBN 978-7-301-12345-4	微型计算机组成原理教程与实训	刘辉珞	22.00	2007 年出版
66	ISBN 978-7-301-12347-8	计算机应用基础案例教程	姜丹，万春旭，张飚	26.00	2007 年出版
67	ISBN 978-7-301-12589-2	Flash 8.0 动画设计案例教程	伍福军，张珈瑞	28.00	2007 年出版
68	ISBN 978-7-301-12346-1	电子商务案例教程	龚民	24.00	2007 年出版
69	ISBN 978-7-301-09635-2	网络互联及路由器技术教程与实训	宁芳露，杨旭东	27.00	2006 年重印
70	ISBN 978-7-301-13119-0	Flash CS3 平面动画制作案例教程与实训	田启明	36.00	2008 年出版
71	ISBN 978-7-301-12319-5	Linux 操作系统教程与实训	易著梁，邓志龙	32.00	2008 年出版
72	ISBN 978-7-301-12474-1	电子商务原理	王震	34.00	2008 年出版
73	ISBN 978-7-301-12325-6	网络维护与安全技术教程与实训	韩最蛟，李伟	32.00	2008 年出版
74	ISBN 978-7-301-12344-7	电子商务物流基础与实务	邓之宏	38.00	2008 年出版
75	ISBN 978-7-301-13315-6	SQL Server 2005 数据库基础及应用技术教程与实训	周奇	34.00	2008 年出版
76	ISBN 978-7-301-13320-0	计算机硬件组装和评测及数码产品评测教程	周奇	36.00	2008 年出版
77	ISBN 978-7-301-12320-1	网络营销基础与应用	张冠凤，李磊	28.00	2008 年出版
78	ISBN 978-7-301-13321-7	数据库原理及应用(SQL Server 版)	武洪萍，马桂婷	30.00	2008 年出版
79	ISBN 978-7-301-13319-4	C#程序设计基础教程与实训(1CD)	陈广	36.00	2008 年出版
80	ISBN 978-7-301-13632-4	单片机 C 语言程序设计教程与实训	张秀国	25.00	2008 年出版
81	ISBN 978-7-301-13641-6	计算机网络技术案例教程	赵艳玲	28.00	2008 年出版
82	ISBN 978-7-301-13570-9	Java 程序设计案例教程	徐翠霞	33.00	2008 年出版
83	ISBN 978-7-301-13997-4	Java 程序设计与应用开发案例教程	汪志达，刘新航	28.00	2008 年出版
84	ISBN 978-7-301-13679-9	ASP .NET 动态网页设计案例教程(C#版)	冯涛，梅成才	30.00	2008 年出版
85	ISBN 978-7-301-13663-8	数据库原理及应用案例教程(SQL Server 版)	胡锦丽	40.00	2008 年出版
86	ISBN 978-7-301-13571-6	网站色彩与构图案例教程	唐一鹏	40.00	2008 年出版
87	ISBN 978-7-301-13569-3	新编计算机应用基础案例教程	郭丽春，胡明霞	30.00	2008 年出版
88	ISBN 978-7-301-14084-0	计算机网络安全案例教程	陈昶，杨艳春	30.00	2008 年出版
89	ISBN 978-7-301-14473-2	CorelDRAW X4 实用教程与实训	张祝强，赵冬晚，伍福军	35.00	2009 年出版

电子书(PDF 版)、电子课件和相关教学资源下载地址：http://www.pup6.com/ebook.htm，欢迎下载。
欢迎访问立体教材建设网站：http://blog.pup6.com。
欢迎免费索取样书，请填写并通过 E-mail 提交教师调查表，下载地址：http://www.pup6.com/down/教师信息调查表 excel 版.xls，欢迎订购，欢迎投稿。
联系方式：010-62750667，li62750667@126.com，linzhangbo@126.com，欢迎来电来信。